新世纪土木工程系列规划教材

高层建筑结构设计

主　编　王　萱

副主编　谢　群　孙修礼　周翠玲

参　编　杨涛春　王新元　徐宗美

主　审　翟爱良

机械工业出版社

《高层建筑结构设计》主要是根据《高等学校土木工程本科专业指导性专业规范》规定的知识点，并结合我国高层建筑结构设计涉及的现行规范和标准编写的。本书主要介绍了高层混凝土结构设计的理论和方法，内容主要包括高层建筑结构体系与结构布置、高层建筑结构的荷载与地震作用、高层建筑结构的计算分析与设计要求、钢筋混凝土框架结构设计、钢筋混凝土剪力墙结构设计、钢筋混凝土框架—剪力墙结构设计、钢筋混凝土筒体结构设计、复杂高层建筑结构设计及高层混合结构设计。为方便读者学习，编写了适量的典型例题，章后附有思考题或习题。

　　《高层建筑结构设计》可作为高等院校土木工程专业相关课程的教学用书，也可作为土建工程技术人员的参考书以及职业资格考试的培训教材。

图书在版编目（CIP）数据

高层建筑结构设计/王萱主编. —北京：机械工业出版社，2018.1
新世纪土木工程系列规划教材
ISBN 978-7-111-58450-6

Ⅰ.①高…　Ⅱ.①王…　Ⅲ.①高层建筑-结构设计-高等学校-教材
Ⅳ.①TU973

中国版本图书馆 CIP 数据核字（2017）第 276669 号

机械工业出版社（北京市百万庄大街 22 号　邮政编码 100037）
策划编辑：马军平　责任编辑：马军平　责任校对：杜雨霏
封面设计：张　静　责任印制：张　博
河北鑫兆源印刷有限公司印刷
2018 年 1 月第 1 版第 1 次印刷
184mm×260mm · 17 印张 · 413 千字
标准书号：ISBN 978-7-111-58450-6
定价：43.00 元

前　言

我国可耕地面积只占世界可耕地面积的7%左右，却要养活世界上约20%的人口。为解决节约土地、保证吃饭和基本建设等问题，发展高层建筑是理所当然的事情。高层建筑体量较大，造价较高，发展高层建筑需要有雄厚的经济实力做后盾。进入21世纪以来，随着经济的迅速发展，高层建筑如雨后春笋般在全国各地迅猛发展，我国已是全球在建高层建筑最多的国家，其中，钢筋混凝土结构是高层建筑结构的主体，混合结构应用也越来越广泛，复杂高层建筑结构层出不穷。为适应我国高层建筑的发展，满足土木工程专业高层建筑结构设计的教学需要，我们编写了这本书。

本书根据土木工程专业本科教学大纲的要求，覆盖《高等学校土木工程本科专业指导性专业规范》相应核心知识点和技能点，在编写过程中参考了大量同类优秀教材，并结合国内外高层建筑的发展和应用现状及相关职业资格考试，对高层建筑结构的基本知识、结构选型与结构布置、荷载与地震作用、设计计算的基本规定、高层钢筋混凝土框架结构设计、钢筋混凝土剪力墙结构设计、钢筋混凝土框架—剪力墙结构设计、钢筋混凝土筒体结构设计、复杂高层结构设计和高层混合结构设计等问题进行讨论。本书主要依据我国现行的《高层混凝土结构技术规程》《混凝土结构设计规范》《建筑抗震设计规范》《建筑结构荷载设计规范》等有关规范规程编写，注重理论上的系统性，同时强调叙述简明扼要，力求适用和实用。

学习高层建筑结构设计重要的是概念清楚，掌握基本的设计计算方法。为此，本书主要阐述了高层建筑结构常用的设计计算方法，并配有一定量的例题和习题，辅助说明方法的应用，实用性强。通过本书的学习，可以帮助读者深刻理解高层建筑结构的受力性能、变形特点和设计原则，掌握高层建筑结构各种结构体系的布置特点、应用范围等，获得高层建筑结构设计方面的知识，加深对相关规范和标准的理解，为学生毕业后从事高层建筑结构的设计、施工和技术管理打下基础。

本书由王萱任主编。全书共10章，第1章、第6章6.5~6.7节及第7章由王萱编写；第2章、第3章、第4章4.1~4.5节、第6章6.1~6.4节由谢群编写；第5章、第8章和第10章由孙修礼编写；第4章4.6~4.7由杨涛春编写；第6章6.8~6.9节由周翠玲编写；第9章由王新元、徐宗美编写。本书由翟爱良教授主审。在此表示衷心感谢。

在本书编写过程中，编者参考和借鉴了相关书籍和图片资料，得到了有关老师和朋友的大力支持，在此一并致谢！

由于编者水平有限，书中难免有欠妥之处，敬请有关专家、同行和广大读者提出宝贵意见。

编　者

目 录

绪 论 第1章

本章提要
(1) 高层建筑的概念及其结构设计特点
(2) 高层建筑的发展历史及趋势
(3) 高层建筑结构的类型

1.1 高层建筑的概念

高层建筑是相对于多层建筑而言的，通常是以建筑高度和层数作为两个主要指标来划分的。1972 年召开的国际建筑会议建议，将 9 层及 9 层以上的建筑定义为高层建筑，并按建筑的高度和层数划分为四类：第一类，9~16 层，高度不超过 50m；第二类，17~25 层，高度不超过 75m；第三类，26~40 层，高度不超过 100m；第四类，40 层以上，高度为 100m 以上，又称为超高层建筑。

不同的国家或地区根据其具体情况，综合考虑经济条件、建筑技术、电梯设备、消防装置、建筑类别等因素又有各自的规定。如美国规定高度为 22~25m 以上或 7 层以上的建筑为高层建筑；英国规定高度为 24.3m 以上的建筑为高层建筑；日本规定 11 层以上或高度超过 31m 的建筑为高层建筑。

JGJ 3—2010《高层建筑混凝土结构技术规程》（以下简称为《高规》）规定，10 层及 10 层以上或房屋高度大于 28m 的住宅建筑和房屋高度大于 24m 的其他高层民用建筑为高层建筑。

高层建筑房屋高度是指自建筑物室外地面至房屋主要屋面的高度，不包括突出屋面的电梯机房、水箱、构架等高度。

GB 50016—2014《建筑设计防火规范》规定，建筑高度大于 27m 的住宅建筑和建筑高度大于 24m 的非单层厂房、仓库和其他民用建筑为高层建筑。

世界上许多国家将高度超过 100m 或层数在 30 层以上的高层建筑称为超高层建筑。

1.2 高层建筑的发展概况

高层建筑的发展可分为古代高层建筑和现代高层建筑两部分。古代高层建筑主要是寺庙或纪念性建筑，结构形式大多是木结构和砖石结构。如公元前 280 年建成的埃及亚历山大港口的灯塔，高 150m，采用石材砌筑，耸立至今。公元 338 年建成的巴比伦城巴贝尔塔，90m

高。欧洲古代的罗马城在公元 80 年已有砖墙承重的 10 层建筑。我国古代高层建筑主要表现在各种宝塔，现存最早的嵩岳寺塔，位于河南省登封市的嵩山南麓，建于公元 523 年，总高 41m 左右，砖砌单层筒体，平面呈正十二边形，外形为 15 层密檐（图 1.1）。现存最高的砖塔为建于公元 1055 年河北定县城内的开元寺塔（又称料敌塔），塔高 84m，砖砌双层筒体，共 11 层，平面为正八角形。现存最早的玻璃饰面砖塔是建于公元 1049 年开封佑国寺塔，高 55m，八角 13 层，是仿木构的楼阁式砖塔。初建于公元 7 世纪的西藏拉萨布达拉宫（外 13 层，内 9 层，占地 10 万多 m²）是海拔最高、规模宏大的宫堡式建筑群，花岗岩砌筑，最高点为达赖灵塔的金顶，高度 110m，海拔 3756.5m（图 1.2）。

图 1.1　嵩岳寺塔

图 1.2　西藏布达拉宫

古代高层建筑结构平面大多设计成圆形或正多边形，可减少水平荷载作用效应，增大结构刚度，受力性能好，为许多近代和现代高层建筑所效仿。

近现代高层建筑是城市化、工业化和科学技术发展的产物。科学技术进步、新材料新工艺涌现、结构设计理论的发展、机械化电气化在建筑的应用、计算机在设计中的应用、施工机械和施工技术的发展等，使人们在高空居住和工作成为可能。世界近现代高层建筑的发展一般分为三个阶段。

第一阶段从 19 世纪中期至 19 世纪末，为高层建筑的形成期。随着工业的发展和经济的繁荣，人口向城市集中，造成用地紧张，迫使建筑物向高层发展。1851 年电梯系统的发明和 1857 年第一台自控客用电梯的出现，解决了高层建筑的竖向运输问题，为建造更高的建筑创造了条件。1801 年在英国曼彻斯特建成的一座 7 层棉纺厂房，采用铸铁框架承重；作为近代高层建筑起点的标志是建于 1884—1886 年的芝加哥家庭保险公司大楼（Home Insurance Building，11 层，高 55m），采用铸铁框架，部分钢梁和砖石自承重外墙。1891—1895 年在芝加哥建造的共济会神殿大楼（Masonis Temple，20 层，高 92m），是首次全部用钢做框架的高层建筑。1898 年在纽约建造的 Park Row 大厦（30 层，高 118m），为 19 世纪世界上最高的建筑。

第二阶段从 19 世纪末至 20 世纪 50 年代初，为高层建筑的发展期。钢铁工业的发展和钢结构设计技术的进步，使高层建筑逐步向上发展。在结构理论方面突破了纯框架抗侧力体系，提出在框架结构中设置竖向支撑或剪力墙来增加高层建筑的侧向刚度。1903 年在辛辛那提建造的英格尔大楼（Ingall，16 层，高 64m）是最早的钢筋混凝土框架高层建筑。1931

年在纽约建成的帝国大厦（Empire State Building，102 层，381m，图 1.3）保持世界最高建筑长达 41 年之久。第二次世界大战之前，超过 200m 的高层建筑已有 10 栋。这一时期主要采用平面结构设计理论，建筑材料的强度较低，材料用量较多，结构自重较大。20 世纪 30 年代开始的世界经济大萧条和第二次世界大战的爆发，高层建筑的发展一度趋于停顿。

图 1.3 帝国大厦

　　第三阶段从 20 世纪 50 年代开始，高层建筑进入繁荣发展时期。20 世纪 60 年代美国著名的结构专家弗茨勒·汉（Fazlur Khan，1929—1982）提出了框筒结构设计概念，为建造高层建筑提供了理想的结构形式。这种体系又衍生出筒中筒、多束筒和斜撑筒等结构体系，将高层建筑的发展推向了新阶段。焊接和高强螺栓在钢结构制造中的推广和进一步应用，建成了一批有代表性高层建筑物，如建成于 1968 年的芝加哥约翰汉考克中心（John Hancock Center，100 层，高 344m），采用对角支撑桁架型筒体结构体系；建成于 1973 年的纽约世界贸易中心（World Trade Center）双塔楼（北楼高 417m，南楼高 415m，均 110 层），采用钢结构框筒结构（外筒内框），该工程首次进行了模型风洞试验，首次采用了压型钢板组合楼板，首次在楼梯井道采用了轻质防火隔板，首次采用黏弹性阻尼器进行风振效应控制等，对后来的高层建筑结构的设计和建造都具有重要的参考价值（注：2001 年 9 月 11 日遭恐怖分子毁灭性袭击，造成两座大楼先后竖向逐层坍塌）。建成于 1974 年的芝加哥西尔斯大厦（Sears Tower，110 层，高 443m），采用钢结构成束框架筒体结构，作为新的世界最高建筑享誉 22 年之久。西尔斯大厦的用钢量仅为 $161kg/m^2$，而采用平面结构框架体系的帝国大厦用钢量为 $206kg/m^2$（图 1.4）。

　　美国是近代高层建筑发源地和中心，高层建筑经历了百余年的发展，如今已经遍及世界各地。

　　东欧在 20 世纪 50 年代建造了两座摩天大楼，1953 年苏联建造的莫斯科国立大学主楼

3

（36 层，高 240m）和 1955 年波兰建造的华沙文化宫大厦（42 层，高 231m），直到 80 年代还保持着欧洲最高建筑的纪录。1975 年在波兰华沙建成的 Palace Kulturgi Nauki 大楼（47 层，高 241m），迄今仍为欧洲最高的建筑。1973 年在巴黎建造了 Maine Montparnasse 办公大楼（64 层，高 229m），1975 年在多伦多建造了第一银行塔楼（72 层，高 285m）。

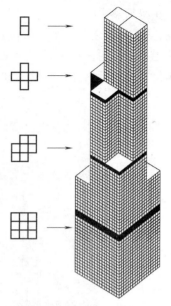

图 1.4　西尔斯大厦图

加拿大的高层建筑数量仅次于美国，如 1974 年在多伦多市建成的贸易理事会大楼（57 层，高 239m）。

1986 年在澳大利亚首都墨尔本建造了瑞阿托中心大厦（70 层，高 243m）为南半球最高的建筑。在非洲的约翰内斯堡建造的卡尔顿中心（Calton Center）（50 层，高 220m）为非洲大陆最高的建筑。

20 世纪 90 年代以后，由于亚洲经济的崛起，西太平洋沿岸的日本、朝鲜、韩国、中国大陆、中国香港、中国台湾、新加坡和马来西亚等国家和地区，陆续成为继美国之后新的高层建筑中心，如 1998 年在马来西亚吉隆坡建成的彼得罗纳斯大厦（Petronas Tower，88 层，高 452m）为当时世界最高的建筑。

日本 1964 年废除了建筑高度不得超过 31m 的限制，于 1968 年建成了霞关大厦（36 层，高 147m），1978 年在东京建造了阳光大厦（60 层，高 226m），后又建造了多幢高度超过 100m 的高层建筑。

我国大陆地区的高层建筑发展，经过一段从低到高，从单一到复杂的发展阶段。

20 世纪 50 年代北京的十大建筑工程推动了我国高层建筑的发展，如 1959 年建成的北京民族饭店（12 层，高 47.4m），1968 年建成的广州宾馆（27 层，高 88m）为 60 年代我国最高的建筑。

20 世纪 70 年代，我国高层建筑有了较大的发展，1974 年建成的北京饭店东楼（19 层，高 87.15m）为当时北京最高的建筑；1977 年广州白云宾馆（33 层，高 114.05m）的建造，使我国高层建筑的高度突破了 100m。

20 世纪 80 年代是我国高层建筑发展的繁荣期，建筑层数和高度不断地突破，功能和造型越来越复杂，分布地区越来越广泛，结构体系日趋多样化。北京、广州、深圳、上海等 30 多个大中城市建造了一大批高层建筑，如 1987 年建造的北京彩色电视中心（27 层，高 112.7m），采用钢筋混凝土结构，为当时我国 8 度地震区中最高的建筑；1988 年建成的上海锦江饭店分馆（43 层，高 153.52m）采用框架芯墙全钢结构体系，同年建造的上海静安希尔顿饭店（43 层，高 143.62m）采用钢—混凝土混合结构，1988 年建造的深圳发展中心大厦（43 层，高 165.3m）为我国第一幢大型高层钢结构建筑。

20 世纪 90 年代以后，高层建筑在国内得到了前所未有的发展，2015 年建成上海中心大厦（125 层，高 632m）是目前我国最高建筑（图 1.5），世界第二高建筑。

2003 年在中国台北建成的国际金融中心 101 大楼（101 层，高 508m），曾拿下了"世界高楼"四项指标中的三项世界之最，即"最高建筑物"（高 508m）、"最高使用楼层"（高 438m）和"最高屋顶高度"（高 448m），如图 1.6 所示。

图 1.5　上海中心大厦

图 1.6　国际金融中心 101 大楼

根据世界高层建筑与城市住宅委员会（Council on Tall Buildings & Urban Habitat）公布的结果，表 1.1 给出了前 10 幢世界上最高建筑。

高层建筑发展速度在逐年增加，目前世界前 10 名最高建筑中中国为 6 幢，高层建筑的重心正在逐步向中国、亚洲转移，超高层建筑多采用钢—混凝土混合结构。

表 1.1　前 10 幢世界上最高建筑

序号	名称	国家	城市	建成年份	层数	高度/m			结构材料类型	用途
						结构顶	使用楼层	塔（杆）顶		
1	哈利法塔（Burj Khalifa）	阿联酋	迪拜	2010	163+1	828	584.5	829.8	钢筋/混凝土	办公/住宅/酒店
2	上海中心大厦（Shanghai Tower）	中国	上海	2015	128+5	632	561.3	632	复合	酒店/办公
3	麦加皇家钟塔饭店（Makkah Royal Clock Tower）	沙特阿拉伯	麦加	2012	120+3	601	494.4	601	钢/混凝土	酒店/其他
4	平安金融中心（Ping An Finance Center）	中国	深圳	2017	115+4	599	562.2	599	复合	办公
5	乐天世界大厦（Lotte World Tower）	韩国	首尔	2017	123+6	554.5	497.6	557.7	复合	酒店/办公
6	世贸中心一号大楼（One World Trade Center）	美国	纽约	2014	94+5	541.3	386.5	546.2	复合	办公
7	广州周大福金融中心（Guangzhou CTF Finance Centre）	中国	广州	2016	111+5	530	494.5	530	复合	酒店/住宅/办公
8	台北 101 大厦（TAIPEI 101）	中国	台北	2004	101+5	508	438	508	复合	办公

（续）

序号	名称	国家	城市	建成年份	层数	高度/m			结构材料类型	用途
						结构顶	使用楼层	塔（杆）顶		
9	上海环球金融中心 （Shanghai World Financial Center）	中国	上海	2008	101+3	492	474	494.3	复合	酒店/办公
10	环球贸易广场 （International Commerce Centre）	中国	香港	2010	108+4	484	468.8	484	复合	酒店/办公

注：根据高层建筑与城市住宅委员会（CTBUH）2017年5月发布数据整理 http://buildingdb.ctbuh.org/。

1.3 高层建筑结构的设计特点

高层建筑结构可看作支承在地面上的竖向悬臂构件，与低层、多层建筑结构设计相比较，结构设计在各专业中占有更重要的地位，不同结构体系的选择直接关系到建筑平面布置、立面体形、楼层高度、机电管道设置、施工技术要求、施工工期长短和投资造价高低等。高层建筑结构设计的主要特点如下。

1. 水平荷载（作用）对结构的影响大，侧移成为结构设计的主要控制因素

高层建筑结构同时承受竖向和水平荷载的作用，有抗震设防要求的还要考虑抵抗地震作用。荷载对结构产生的内力是随着建筑物高度而变化的。在低层和多层建筑结构中，以重力荷载为代表的竖向荷载控制着结构设计，同时整个结构的水平位移较小；随着建筑高度的增大，水平荷载效应逐渐增大，虽然竖向荷载对结构设计仍有着重要的影响，但随着高宽比增大，水平荷载（包括风力和地震作用）产生的侧移和内力所占比重增大，逐渐成为确定结构方案、材料用量和造价的决定因素。根本原因是，水平荷载产生的侧移和内力随建筑高度的增加而增长迅速，且作为水平风荷载和水平地震作用，其数值与结构的动力特性等有关，具有较大的变异性。

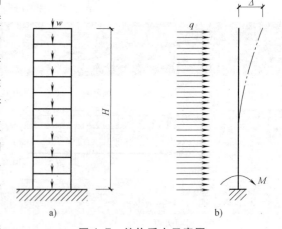

图 1.7 结构受力示意图
a）重力荷载 b）水平均布荷载

图 1.7 为高层建筑在竖向荷载和水平荷载作用下受力示意图，结构底部产生的轴力 N、倾覆力矩 M、结构顶点侧移 Δ 与结构高度 H 存在着如下关系式：

竖向结构的轴力 $\qquad\qquad N=wH=f(H)$ $\qquad\qquad$ (1.1)

结构底部的倾覆力矩 $\qquad M=\frac{1}{2}qH^2=f(H^2)$ （水平均布荷载） $\qquad$ (1.2)

结构顶点侧移

$$\Delta = \frac{qH^4}{8EI} = f(H^4)$$ (1.3)

式中 w、q——沿建筑单位高度的竖向荷载和水平荷载（kN/m）；

   H——建筑高度（m）；

   EI——建筑总体抗弯刚度（E 为弹性模量，I 为惯性矩）。

结构内力（N、M）、位移（Δ）与高度（H）的关系如图 1.8 所示。可见，随着建筑物高度增大，结构顶点的侧移增加最快，水平荷载对结构的影响也越来越大。在高层建筑结构设计时，为了有效地抵抗水平荷载或作用产生的内力和变形，必须选择可靠的抗侧力结构体系，使结构不仅具有足够大的承载力，还要具有足够大的侧向刚度，保证结构在水平荷载作用下产生的侧移被控制在一定范围内。结构侧移大小与结构的使用功能和安全有着密切的关系。

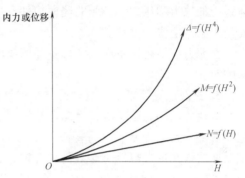

图 1.8 结构内力、位移与高度关系

1）侧移过大，会使人产生不安全感，如结构在强阵风作用下的振动加速度超过 $0.015g$ 时就会影响楼房内人的生活和工作。

2）层间相对侧移量过大，会使填充墙和主体结构间出现裂缝或损坏；顶点总位移过大，会造成电梯轨道变形，机电管道受到破坏，影响正常使用。

3）高层建筑的重心位置较高，过大的侧移还会造成结构因 $P\text{-}\Delta$ 效应而产生较大的附加内力等，甚至可导致建筑物倒塌。

2. 应考虑构件各种变形对结构的影响

在一般房屋结构分析中，构件的轴力和剪力产生的影响很小，通常只考虑构件弯曲变形影响，而忽略构件轴向变形和剪切变形的影响。高层建筑结构由于层数多、高度大，轴力很大，从而沿高度逐渐积累的轴向变形显著，中部构件与边部、角部构件的轴向变形差别大，对结构内力分配的影响大。图 1.9a 为未考虑各柱轴向变形时框架梁的弯矩分布，图 1.9b 为

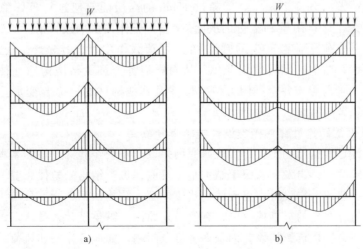

a)   b)

图 1.9 柱轴向变形对高层框架梁弯矩分布的影响

考虑各柱差异轴向变形时框架梁的弯矩分布。高层建筑特别是超高层建筑中，竖向构件的轴向压缩变形对预制构件的下料长度和楼面标高会产生较大的影响。如美国休斯敦75层的德克萨斯商业大厦，采用型钢混凝土墙和钢柱组成的混合结构体系，中心钢柱由于负荷面积大，截面尺寸小，重力荷载下底层的轴向压缩变形要比型钢混凝土墙多 260mm，为此该钢柱制作下料时需加长 260mm，并需逐层调整。

随着建筑高度的增大，结构的高宽比增大，水平荷载作用下的整体弯曲越来越大。整体弯曲使竖向结构体系产生轴向压力和拉力，其数值与建筑高度的二次方成正比。而竖向结构体系中的拉力和压力使一侧的竖向构件产生轴向压缩，另一侧的竖向构件产生轴向拉伸，从而使结构产生水平侧移。

在剪力墙结构体系中应考虑整片墙或墙肢的剪切变形，在筒体结构中应考虑剪力滞后的影响等。

3. 抗震设计要求高，延性是结构设计的重要指标

对地震区的高层建筑，应确保结构在地震作用下具有较好的抗震性能。结构的抗震性能主要取决于其"能量吸收与耗散"能力的大小，而它又取决于结构延性的大小。因此，为了保证结构在进入塑性变形后仍具有较好的抗震性能，需加强结构抗震概念设计，采取抗震构造措施，满足柱轴压比、梁和剪力墙的剪压比、构件配筋率等，确保结构具有较好的延性。

4. 减轻结构自重具有重要意义

从地基承载力或桩基承载力考虑，在同样的地基或桩基情况下，减轻房屋自重意味着可以建造更多的层数或高度，获得较高的经济效益；另外，地震效应与建筑结构的自重成正比，减轻自重是提高结构抗震能力的有效办法。高层结构的自重大了，不仅使结构上的地震剪力大，还由于重心高、地震倾覆力矩大，对竖向构件产生很大的附加轴力，$P\text{-}\Delta$ 效应会造成很大的附加弯矩。

5. 要重视结构的整体稳定、抗倾覆问题，考虑扭转效应对结构的影响

建筑物在竖向荷载作用下，由于构件的压屈，可能造成整体失稳，当高宽比 H/B 大于 5 时应验算整体稳定性；高层建筑由于高度值很大、基底面积相对较小，在水平荷载和水平地震作用下，产生很大的倾覆力矩。高度超过 150m 的高层建筑应进行整体稳定和抗倾覆验算，并应在整体计算时考虑 $P\text{-}\Delta$ 效应，防止结构发生整体失稳的破坏情况。

当结构的质量分布、刚度分布不均时，在水平荷载作用下，容易产生较大的扭转作用，扭转作用会使抗侧力结构的侧移发生变化，从而影响各个抗侧结构构件（柱、剪力墙或筒体）受到的剪力，进而影响各个抗侧力结构构件及其他构件的内力与变形。因此，结构的扭转效应是不可忽视的问题。

6. 相对于合理的结构计算，概念设计同样十分重要

结构概念设计是根据结构理论、实验研究结果以及工程经验等形成的基本设计原则和理念，是从结构的宏观整体出发，着眼于结构整体反应，进行结构的整体布置，确定结构细部构造等，处理高层建筑结构设计中遇到的如建筑体型、结构体系、刚度分布、结构延性等问题。概念设计有的有明确的标准或界限，有的只是原则，需要设计人员认真领会，并结合具体情况创造发挥。高层建筑结构设计涉及许多复杂问题，如地震作用和风荷载具有很强的复杂性和不确定性，准确预测其有关特性、参数及对结构的影响方法还不够完善，因此高层建

筑结构设计除了依靠数学、力学的分析计算外，还必须借助概念设计。

1.4 高层建筑结构的类型

高层建筑结构按其采用的材料，有砌体结构、混凝土结构、钢结构、钢-钢筋混凝土组合结构等类型。根据不同结构类型的特点，正确选用材料，是经济合理地建造高层建筑的一个重要方面。

砌体结构具有取材容易、施工简便、造价低廉等优点，但砌体是一种脆性材料，其抗拉、抗弯、抗剪强度均较低，抗震性能较差，现代高层建筑已很少采用无筋砌体结构。在砌体内配置钢筋可改善砌体结构受力性能，使之用于建造高层建筑成为可能。

混凝土结构具有取材容易、良好的耐久性和耐火性、承载能力大、刚度好、节约钢材、降低造价、可模性好以及能浇制成各种复杂的截面和形状的优点；现浇整体式混凝土结构的整体性好，经过合理设计，可获得较好的抗震性能的优点；混凝土结构布置灵活方便，可组成各种结构受力体系。因此混凝土结构在高层建筑中得到广泛应用。世界第一幢混凝土高层建筑是建于1903年的美国辛辛那提市的英格尔斯（Ingalls）大楼；我国的广州中天广场大厦（68层，高322m）为混凝土结构；朝鲜平壤的柳京大厦（105层，高306m）是目前混凝土结构层数最多的建筑。目前发展中国家的高层建筑主要以混凝土结构为主。

混凝土结构自重大，使结构构件占据面积大。如广东国际大厦（65层，高200m），底层柱截面尺寸已达1.8m×2.2m。此外，混凝土结构施工工序复杂、建造周期较长、受季节的影响等缺点，对高层建筑也较为不利。随着高性能混凝土材料的发展和施工技术的不断进步，混凝土结构仍将是今后高层建筑的主要结构类型。

钢结构具有材料强度高、构件断面小、自重轻、塑性和韧性好、施工周期短、抗震性能好等优点，在高层建筑中有较广泛的应用，尤其是地基条件差、抗震要求高的高层建筑。但高层建筑钢结构用钢量大、造价高，另外钢结构防火性能差，需要采取防火保护措施，也增加了工程造价。近年来，随着我国钢产量的大幅度提高以及高层建筑建造高度的增加，采用钢结构的高层建筑不断增多。

美国纽约的帝国大厦（102层，高384m）、已遭恐怖袭击倒塌的世界贸易中心（110层，高412m）、美国芝加哥的西尔斯大厦（110层，高442m）、我国深圳的地王大厦（81层，高384m）、北京的京广中心（56层，高208m），以及上海的锦江宾馆分馆（46层，高153.53m）等均采用了钢结构。

组合结构和混合结构能够在钢筋混凝土结构基础上，充分发挥钢结构优良的抗拉性能和混凝土结构的抗压性能，进一步减轻结构自重，提高结构延性。两种材料互相取长补短，可取得经济合理、技术性能优良的效果。

钢—混凝土组合结构是用钢材来加强钢筋混凝土构件的强度，钢材放在构件内部，外部是钢筋混凝土，成为钢骨（或型钢）混凝土构件。或在钢管内部填充混凝土，做成外包钢构件，成为钢管混凝土。前者可充分利用外包混凝土的刚度和耐火性能，又可利用钢骨减小构件断面和改善抗震性能，目前应用较为普遍。北京的香格里拉饭店（24层，高83m）采用钢骨混凝土柱，上海环球金融中心大厦（95层，高460m）采用钢骨混凝土框筒结构，深圳的赛格广场大厦（76层，高292m）采用圆钢管混凝土柱。

钢和混凝土的混合结构是部分抗侧力结构用钢结构，部分采用钢筋混凝土结构（或部分采用钢骨混凝土结构）。在多数情况下是用钢筋混凝土做筒（剪力墙），用钢材做框架梁、柱。刚度很大的剪力墙或筒体承受风力和地震作用，钢框架主要承受竖向荷载。如上海静安希尔顿饭店（43 层，高 143m）。

混合结构的另一种形式是外框筒采用钢筋混凝土或钢骨混凝土结构，内部则采用钢框架以满足使用空间的要求。如美国芝加哥的 Three First National Plaza 大厦（58 层，高 236m），外筒为柱距 5m 的钢筋混凝土筒体，内部为钢框架。

还有一些高层建筑是由钢—钢骨混凝土（或钢管混凝土）—钢筋混凝土组成的混合结构，如上海的金茂大厦（93 层，高 370m），核心筒为钢筋混凝土结构，四边的大柱为钢骨混凝土柱，其余周边柱为钢柱，楼面梁为钢梁。

一般高层建筑主要采用框架结构、剪力墙结构、框架—剪力墙结构和筒体结构四大常规体系，但由于这些体系难以达到最大的高度及满足提供更自由灵活使用大空间的功能要求，在超高层建筑中，钢框架—混凝土核心筒的混合结构和组合结构已有相当的数量。表 1.2 为高层建筑结构体系的发展过程。

表 1.2　高层建筑结构体系的发展过程

始用年代	结构体系
1885 年	砖墙、铸铁柱、钢梁
1889 年	钢框架
1903 年	钢筋混凝土框架
20 世纪初	钢框架+支撑
第二次世界大战后	钢筋混凝土框架+剪力墙，钢筋混凝土剪力墙，预制钢筋混凝土结构
20 世纪 50 年代	钢框架+钢筋混凝土核芯筒，钢骨钢筋混凝土结构
20 世纪 60 年代末和 70 年代初	框筒，筒中筒，束筒，悬挂结构，偏心支撑和带缝剪力墙板框架
20 世纪 80 年代初期	巨型结构，应力蒙皮结构，隔震结构
20 世纪 80 年中期	被动耗能结构，主动控制结构，混合控制结构

1.5　高层建筑结构的发展趋势

高层建筑的发展充分显示了科学技术的力量，结合高层建筑的发展过程，可以预测未来高层建筑结构的发展趋势将主要体现在以下方面。

1. 新材料、高强材料的开发和应用

随着高性能混凝土材料的研制和不断发展，混凝土强度等级和延性性能将得到较大的提高和改善，目前混凝土强度等级已经达到 C100 以上。高强度和良好性能的混凝土，可减小结构构件的尺寸，减轻结构自重，改善结构的抗震性能。未来轻骨料混凝土、轻混凝土、纤维混凝土、聚合物混凝土将应用于高层建筑中，高性能混凝土的开发和应用必将对高层建筑结构的发展产生重大影响。

从强度和塑性方面考虑，钢材是高层建筑结构的理想材料，高强度且具有良好焊接性能的厚钢板将成为今后高层建筑钢结构的主要用钢。特别是新型耐火耐候钢的研发，可使钢材

的防火保护层的厚度减小，或抛弃对防火材料的依赖，从而降低钢结构的造价，使钢结构更具有竞争性。

高层建筑材料发展的方向是轻质、高强、新型、复合等。

2. 高层建筑的高度出现新突破

高层建筑中的科技含量越来越高，成为一个国家或城市经济繁荣、科技实力、社会进步的重要标志，全球城市中建造最高建筑的竞争从来就没有停止过，许多国家和地区正在建造或设想建造更高的高层建筑。表 1.3 为世界高层建筑与城市住宅委员会（Council on Tall Buildings & Urban Habitat）最新公布的在建 10 栋最高建筑，还有一些超高层建筑正在酝酿中。

表 1.3 世界在建最高建筑前 10 栋

序号	名称	国家	城市	建成年份	层数	高度/m	材料	功能
1	国王塔 （Kingdom Tower）	沙特阿拉伯	吉达	2020	167	1 000	混凝土	综合
2	武汉绿地中心 （Wuhan Greenland Center）	中国	武汉	2018	125	636	混合材料	酒店/住宅/办公
3	吉隆坡 118 大厦 （Merdeka PNB118）	马来西亚	吉隆坡	2021	118	630	混合材料	酒店/办公
4	宝能环球金融中心 （Global Financial Center Tower 1）	中国	沈阳	2018	114	568	混凝土	办公
5	中国尊 （Zhongguo Zun）	中国	北京	2018	108	528	混合材料	办公
6	天誉东盟塔 （Signature Tower Jakarta1）	中国	南宁	2021	108	528	混合材料	旅馆/办公
7	恒大国际金融中心 （Evergrande IFC 1）	中国	合肥	2021	112	518	混合材料	酒店/住宅/办公
8	大连绿地中心 （Dalian Greenland Center）	中国	大连	2019	88	518	混合材料	酒店/住宅/办公
9	中央公园大厦 （Central Park Tower）	中国	重庆	2020	99	468	混凝土	住宅/酒店/零售
10	成都绿地中心 （Chengdu Greenland Tower）	中国	成都	2019	101	468	混合材料	酒店/办公

注：根据高层建筑与城市住宅委员会（CTBUH）2017 年 5 月发布数据整理 http：//buildingdb. ctbuh. org/。

3. 采用混合结构或组合结构的高层建筑将增多

经过合理设计，采用混合结构可以取得经济合理、技术性能优良、易满足高层建筑结构侧向刚度要求的效果，可建造比混凝土结构更高的建筑。随着混凝土强度的提高以及结构构造和施工技术上的改进，今后在高层建筑结构中采用外包混凝土组合柱、钢管混凝土组合柱、外包混凝土的钢管混凝土双重组合柱等运用比例会越来越大。

4. 新的设计概念和新结构形式的应用

现代建筑向多功能综合性发展，建筑体型和结构体系趋向复杂多变，新的设计概念和结构技术将应运而生，巨型结构体系、带加强层结构、蒙皮结构今后将得到更多的应用。多束筒体系已表明在适应建筑场地、丰富建筑造型、满足多种功能和减小剪力滞后等方面具有很多优点，今后也将扩大应用。

5. 耗能减震技术将得到更广泛的应用和发展

传统结构抗震通过增强结构本身的抗震性能来抵御地震作用，是被动消极的抗震对策。合理有效的抗震途径是对结构施加控制装置，由结构和控制装置共同承受地震作用，是积极主动的抗震对策。在高层建筑中，采用设耗能支撑、带竖缝耗能剪力墙、被动调谐质量阻尼器以及安装各种被动耗能的油阻尼器等被动耗能减震技术，以及采用计算机控制，由各种作动器驱动的调谐质量阻尼器对结构进行主动控制或混合控制的主动减震技术，都属于积极主动的抗震。

近年来智能驱动材料控制装置的研究和发展，使结构与其感知、驱动和执行部件一体化的减震控制智能系统设计成为可能。美国、日本、新西兰、加拿大、中国等许多国家开展了结构减震技术与理论研究，并致力于技术推广应用。因此，高层建筑的减震控制技术将有很大发展前景。

6. 其他方面会有突破和发展

计算机应用技术的发展，将使结构分析计算和仿真模拟能力有更大的提高；新的施工技术和施工工艺将不断出现；结构防震、防火、防腐、防风、防爆炸、防海啸的能力将会有很大的增强。

现代高层建筑作为城市现代化的象征，发展速度快、影响范围广。未来世界各地兴建的高层建筑，必将在规模、数量、技术、形式、外观等方面展现更多的奇迹。

—— 思 考 题 ——

1-1　我国《高层建筑混凝土技术规程》对高层建筑结构是如何定义的？

1-2　简述高层建筑结构设计的主要特点。

1-3　从结构材料方面来分，高层建筑结构有哪些类型？各有何特点？

1-4　高层建筑的发展划分为哪几个阶段？各有哪些代表性的高层建筑？

1-5　查有关资料，了解目前世界高层建筑结构的进展情况。

1-6　你认为，未来高层建筑结构会在哪些方面有更大的发展和突破？

高层建筑的结构体系与 | 第2章
结构布置

本章提要
(1) 高层建筑结构体系分类、特点和适用范围
(2) 结构平面布置和竖向布置的原则
(3) 高层建筑结构基础类型及埋置深度要求
(4) 变形缝设置原则及要求

2.1 高层建筑的结构体系

结构体系是指结构抵抗外部作用的骨架，主要是由水平构件和竖向构件组成，有时还有斜向构件（即支撑）。目前常用的高层建筑结构体系主要有框架结构、剪力墙结构、框架—剪力墙结构、筒体结构、巨型结构、悬挂结构等。不同结构体系的受力特点、抵抗水平荷载的能力、侧向刚度和抗震性能等各不相同，因而不同的结构体系适用于不同的建筑功能及不同的高度。合理的结构体系必须满足高层建筑结构的承载力、刚度、稳定性和延性要求，且能有效降低高层建筑结构的造价。

由于作用或荷载的方向不同，高层建筑结构体系分为承重结构体系和抗侧结构体系。前者是由承受竖向荷载的结构构件组成的体系；后者是由承受水平荷载的结构构件组成的体系。一般来说，竖向荷载通过水平构件（楼盖）传递给竖向构件（柱、墙等），再传递给基础；水平荷载通过楼盖的协调作用，分配给楼层的竖向构件（柱、墙等），再传递给基础。所以高层建筑结构是通过水平构件和竖向构件协同工作来抵抗荷载或作用的。一般情况下，竖向承重结构体系也是抗侧体系。

2.1.1 框架结构体系

由梁和柱两类构件通过刚节点连接而成的结构称为框架，当整个结构单元所有的竖向和水平作用完全是由框架承担时，该结构体系称为框架结构体系，分为钢筋混凝土框架、钢框架和混合结构框架三类。框架结构柱网布置形式如图 2.1 所示。

在竖向荷载和水平荷载作用下，框架结构各构件将产生内力和变形。框架结构的侧移一般主要由两部分组成（图 2.2）：由水平力引起的楼层剪力，使梁、柱构件产生弯曲变形，形成框架结构的整体剪切变形 u_1（图 2.2b）；由水平力引起的倾覆力矩，使框架柱产生轴向变形（一侧柱拉伸，另一侧柱压缩），形成框架结构的整体弯曲变形 u_2（图 2.2c）。当框架结构房屋的层数不多时，其侧移主要表现为整体剪切变形，整体弯曲变形的影响很小。

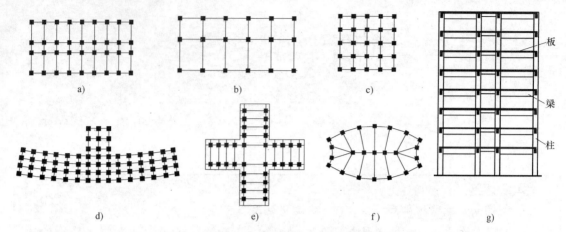

图 2.1　框架结构柱网布置平面及剖面示意图

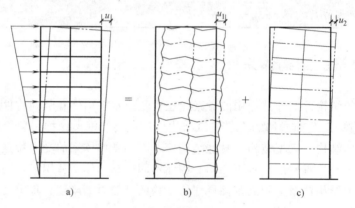

图 2.2　框架的侧移

　　框架结构体系的优点是建筑平面布置灵活，能够提供较大的使用空间，适用于商场、会议室、餐厅、车站、教学楼等公共建筑；建筑立面容易处理；结构自重较轻；计算理论比较成熟，在一定高度范围内造价较低。北京长城饭店为 18 层（局部 22 层）、高 79.5m 的钢筋混凝土框架结构，采用轻钢龙骨石膏板作为隔墙，外墙为玻璃幕墙，平面布置如图 2.3 所示。北京长富宫饭店是 26 层，高 94m 钢框架结构，底部两层采用钢骨混凝土框架结构，如图 2.4 所示。

　　框架结构体系侧向刚度较小，在水平荷载作用下侧移较大，有时会影响正常使用；如果框架结构房屋的高宽比较大，引起的倾覆作用也较大。因此，设计时应控制房屋的高度和高宽比。

　　框架节点是内力集中、关系到结构整体安全的关键部位，震害表明节点常常是导致结构破坏的薄弱环节。另外，震害中非结构性破坏，如填充墙、建筑装修和设备管道等破坏较严重。因此框架结构主要适用于抗震性能要求不高和层数较少的建筑。

2.1.2　剪力墙结构体系

　　建筑物高度较大时，如仍用框架结构，则将造成过大的柱截面尺寸，且影响房屋的使用功能。用钢筋混凝土墙代替框架，能有效地控制房屋的侧移。钢筋混凝土墙有时主要用于承

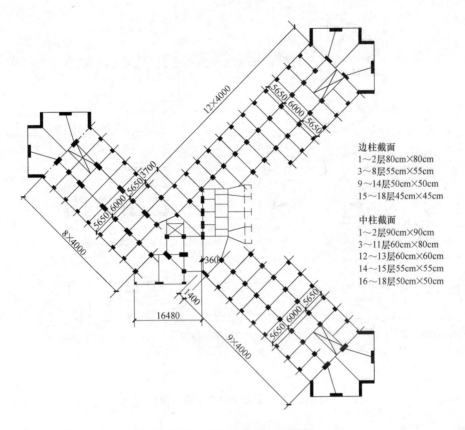

边柱截面
1～2层80cm×80cm
3～8层55cm×55cm
9～14层50cm×50cm
15～18层45cm×45cm

中柱截面
1～2层90cm×90cm
3～11层60cm×80cm
12～13层60cm×60cm
14～15层55cm×55cm
16～18层50cm×50cm

图 2.3　北京长城饭店平面图

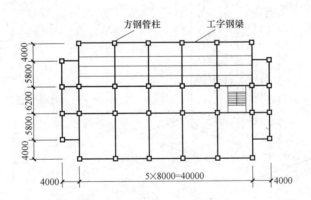

图 2.4　北京长富宫饭店结构平面图

受水平荷载，使墙体受剪和受弯，故称为剪力墙（也称抗震墙）。如果整幢房屋的承重结构全部由剪力墙组成，则称为剪力墙结构体系。典型的剪力墙结构平面布置如图 2.5 所示。

在竖向荷载作用下，剪力墙是受压的薄壁柱；在水平荷载作用下，当剪力墙的高宽比较大时，可视为下端固定上端悬臂、以受弯为主的悬臂构件；在两种荷载共同作用下，剪力墙各截面将产生轴力、弯矩和剪力，并引起变形，如图 2.6a 所示。对于高宽比较大的剪力墙，其侧向变形呈弯曲型，如图 2.6b 所示。

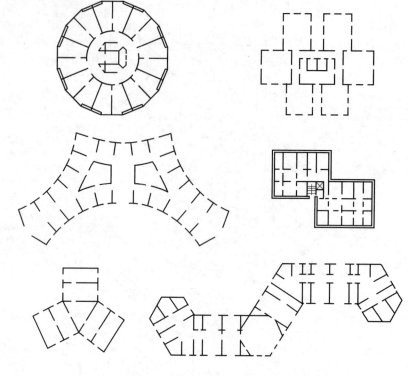

图2.5　剪力墙结构平面布置

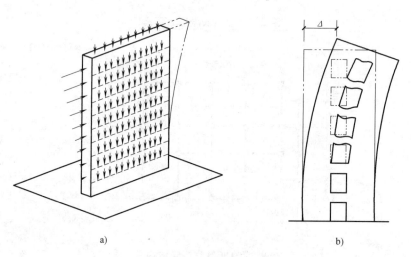

图2.6　剪力墙的受力及变形

　　剪力墙结构房屋的楼板直接支承在墙上，房间墙面及顶棚平整，层高较小，特别适用于住宅、旅馆等建筑；剪力墙结构整体性好，水平承载力和侧向刚度均很大，侧向变形较小，能够满足抗震设计变形要求，因此适用于建造较高的房屋。从国内外众多震害情况看出，剪力墙结构的震害一般较轻，因此，剪力墙结构在高设防烈度区的高层建筑中得到广泛应用。

　　但剪力墙结构中墙体较多，且间距不宜过大，使建筑平面布置不灵活，不能满足大空间公共建筑的要求。此外，由于墙体均为钢筋混凝土浇筑而成，剪力墙自身重力大，使得剪力墙结构自振周期短，地震作用较大。针对剪力墙结构的不足，衍变出以下结构形式：

（1）底部大空间剪力墙结构　这种结构又称部分框支剪力墙结构，是将剪力墙结构的底层或底部几层中的部分墙体取消，代之以框架，即一部分剪力墙不落地，底部采用框架支承上部剪力墙传来的荷载。框支层可以提供较大的使用空间，适用于商场、超市、酒店等公共建筑；而上部结构仍为剪力墙，可作为办公、住宅、旅馆等用途，满足了建筑物多样性的使用要求。由于框支层与上部剪力墙层的结构形式以及结构构件布置不同，因而在两者连接处需设置转换层，故这种结构又称带转换层高层建筑结构，如图 2.7 所示。转换层的水平转换构件，可采用转换梁、转换桁架、空腹桁架、箱形结构、斜撑、厚板等，图 2.8 为某底部

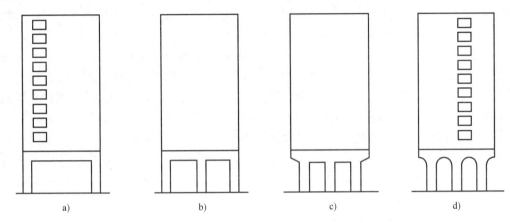

a)　　　　　　b)　　　　　　c)　　　　　　d)

图 2.7　带转换层高层建筑结构

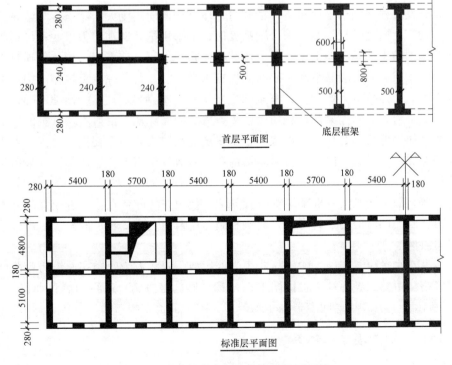

首层平面图

底层框架

标准层平面图

图 2.8　底部大空间剪力墙结构平面图

大空间剪力墙结构平面布置图。

需注意的是，由剪力墙转换为框架，结构的侧向刚度变小；带转换层高层建筑结构在其转换层上、下层间侧向刚度发生突变，形成柔性底层或底部。在地震作用下，转换层以下结构的层间变形大，框架柱破坏严重，易遭受破坏甚至倒塌。因此，地震区不允许采用底层或底部若干层全部为框架的框支剪力墙结构，结构设计时要采取措施加强底部结构刚度，避免薄弱层，如底层或底部几层需采用部分框支剪力墙、部分落地剪力墙，形成底部大空间剪力墙结构，应把落地剪力墙布置在两端或中部，并将纵、横向墙围成筒体；还可采取增大墙体厚度、提高混凝土强度等措施加大落地墙体的侧向刚度，使整个结构的上、下部侧向刚度差别减小。对于上部结构则应采取小开间的剪力墙布置方案。落地剪力墙底部承担的地震倾覆力矩不应小于结构底部地震总倾覆力矩的 50%。

（2）短肢剪力墙结构　通常剪力墙结构的墙肢截面高度与厚度的比值大于 8，当截面高度与厚度比值为 4~8 时，墙肢较普通剪力墙短，称为短肢剪力墙，短肢剪力墙有利于住宅建筑平面布置和减轻结构自重，但抗震性能和承载力较普通剪力墙结构要低。因此高层建筑不允许采用全部为短肢墙的剪力墙结构形式，应设置一定数量的剪力墙或筒体，形成短肢墙与普通墙（或筒体）共同抵抗水平作用的结构形式。一般是在电梯、楼梯部位布置剪力墙形成筒体，其他部位则根据需要，在纵横墙交接处设置 T 形、十字形、L 形截面短肢剪力墙，墙肢之间在楼面处用梁连接，形成使用功能及受力均较合理的短肢剪力墙结构体系。

短肢剪力墙承担的底部地震倾覆力矩不宜大于结构底部地震总倾覆力矩的 50%，房屋最大适用高度比一般剪力墙结构减小。

2.1.3　框架—剪力墙结构体系

为了充分发挥框架结构平面布置灵活和剪力墙结构侧向刚度大的特点，当建筑物需要有较大空间，且高度超过了框架结构的合理高度时，可采用把框架和剪力墙两种结构组合在一起、共同工作的结构体系，即框架—剪力墙结构体系。框架—剪力墙结构体系通过水平刚度很大的楼盖将框架和剪力墙联系在一起共同抵抗水平荷载，是一种双重抗侧结构。剪力墙承担大部分水平力，是抗侧力的主体；框架则主要承担竖向荷载，同时也承担少部分水平力。罕遇地震作用下剪力墙的连梁往往先屈服，使剪力墙刚度降低，由剪力墙抵抗的一部分剪力转移到框架，如果框架具有足够的承载力，则双重抗侧结构体系得到充分发挥，可避免结构严重破坏甚至倒塌。因此，框架—剪力墙结构在多遇地震作用下各层框架设计采用的地震层剪力不应过小。

框架—剪力墙结构既具有框架结构布置灵活、使用方便的特点，又有较大的刚度和较强的抗震能力，因而广泛应用于高层办公建筑和旅馆建筑中。图 2.9 是框架—剪力墙结构房屋平面布置的实例。

框架本身在水平荷载作用下的侧移曲线为剪切型，而剪力墙的侧移曲线为弯曲型，在框架—剪力墙结构中，二者通过楼板协同工作，其变形也需协调，最终的侧移曲线为弯剪型，如图 2.10 所示。上下各层层间变形趋于均匀，并减小了顶点侧移。

2.1.4　板柱—剪力墙结构体系

当楼盖为无梁楼盖时，由无梁楼板与柱组成的框架称为板柱框架，由板柱框架与剪力墙

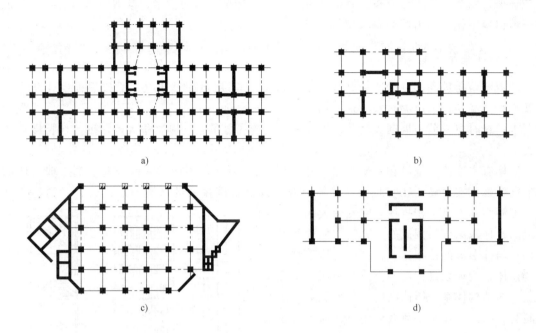

图 2.9　框架—剪力墙结构房屋平面布置实例

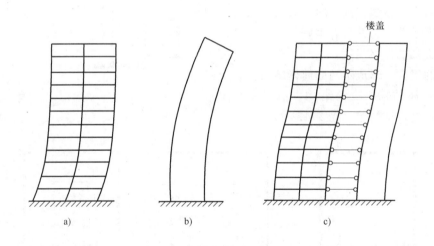

图 2.10　框架—剪力墙协同工作

共同承受竖向和水平作用的结构，称为板柱—剪力墙结构。板柱结构施工方便，楼板高度小，可减少层高，提供较大的使用空间，灵活布置隔断等。

板柱结构节点的抗震性能较差，地震作用下柱端不平衡弯矩由板柱连接点传递，在柱周边产生较大的附加剪力，加上竖向荷载的剪力，有可能使楼板发生剪切破坏。板柱结构在地震中破坏严重，不能作为抗震设计的高层建筑结构体系。

在板柱结构中设置剪力墙，或将楼、电梯间做成钢筋混凝土井筒，即成为板柱—剪力墙结构。板柱—剪力墙结构可用于抗震设防烈度不超过 8 度且高度宜低于框架—剪力墙结构。

板柱—剪力墙结构的周边应布置有梁框架，楼、电梯洞口周边设梁，其剪力墙布置要求与框架—剪力墙结构中剪力墙的要求相同。

2.1.5 筒体结构体系

随着建筑层数和高度的增加（如高度超过100m，层数超过30层），以平面工作状态的框架或剪力墙构件组成的高层建筑结构体系往往不合理、不经济，甚至不能满足刚度或强度的要求。这时可将剪力墙围成筒状，形成一个竖向布置的空间刚度很大的薄壁筒体，即筒体结构。

筒体有实腹筒、框筒和桁架筒三种基本形式，如图2.11所示。由钢筋混凝土剪力墙围成的筒体称为实腹筒；在实腹筒的墙体上开出许多规则排列的窗洞而形成的开孔筒称为框筒，框筒实际上是由密排柱和刚度很大的窗裙梁构成的密柱深梁框架围成的；若筒体的四壁是由竖杆和斜杆形成的桁架组成，则称为桁架筒。

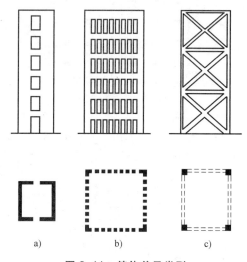

筒体结构体系是指由一个或几个筒体单元组合而成的结构体系。筒体结构的最大优势在于其空间受力特点，在水平荷载作用下，筒体可视为底端固定、顶端自由、竖向放置的悬臂构件。实腹筒实际上就是箱形截面悬臂柱，其截面抗弯刚度比矩形截面大很多，故实腹筒具有很大的侧向刚度及水平承载力，并具有很好的抗扭刚度，适用于修建更高的高层建筑。

图 2.11 筒体单元类型

a）实腹筒　b）框筒　c）桁架筒

筒体的组合可形成不同的筒体结构，如框筒结构、筒中筒结构、束筒结构、框架—筒体结构、框筒—内柱结构等（图2.12）。

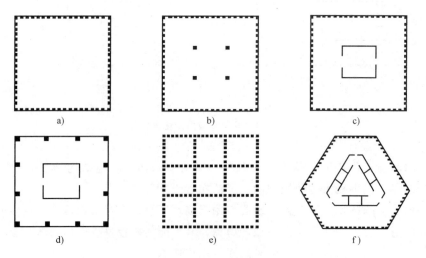

图 2.12 筒体结构形式

a）框筒结构　b）框筒—内柱结构　c）筒中筒结构　d）框架—筒体结构　e）束筒结构　f）多重筒结构

（1）框筒结构　框筒可以作为抗侧力结构体系单独使用（图 2.12a），整体上具有箱形截面的悬臂结构，在水平力作用下横截面上各柱轴力分布如图 2.13 所示，平面上具有中和轴，分为受拉和受压柱，形成受拉翼缘框架和受压翼缘框架。翼缘框架各柱所受轴向力并不均匀（图中虚线表示应力平均分布时的柱轴力分布），角柱轴力大于平均值，远离角柱的各柱轴力小于平均值；在腹板框架中，各柱轴力分布也不是直线规律。这种规律称为剪力滞后现象。剪力滞后现象越严重，参与受力的翼缘框架柱越少，空间受力特性越弱。

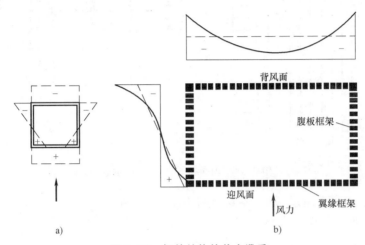

图 2.13　框筒结构的剪力滞后

a）箱形梁应力分布　b）框筒柱轴力分布

如果楼板跨度较大，可以在筒体内部设置若干柱子，以减少梁板的跨度，这些柱子只承受竖向荷载，不参与抗侧力（图 2.12b）。

（2）筒中筒结构　筒中筒结构是以框筒或桁架筒为外筒，以实腹筒为内筒的结构（图 2.12c）。内筒通常可集中在电梯、楼梯、管道井等位置。框筒的侧向变形以剪切型为主，内部实腹筒变形则以弯曲型为主，通过楼盖的连接，二者协调变形，形成较中和均匀的弯剪变形。在结构下部，内筒承担大部分水平力，而在结构上部，外框筒则分担了大部分的水平力。筒中筒结构抗侧刚度较大、侧移较小，因此适用于建造 50 层以上的高层建筑。采用框筒或筒中筒结构的广州国际大厦（63 层）、深圳地王大厦（69 层）、上海金茂大厦（88层）、上海环球金融中心（101 层）等。筒中筒结构并不一定限于双重，由多个不同大小的筒体同心排列形成的空间结构称为多重筒（图 2.12f）。多重筒具有较大的抗侧刚度，如日本东京新宿住友大厦为三重筒体结构。

（3）束筒结构　两个以上框筒排列成束状的结构称为束筒结构（图 2.12e）。该结构体系空间刚度极大，能适应很高的高层建筑受力要求。世界典型的束筒结构为美国西尔斯大厦，该楼底层平面尺寸为 68.6m×68.6m，沿结构高度分段收进，沿高度方向逐渐减少筒体数量，使刚度逐渐变化，避免结构薄弱层的出现，如图 2.14 所示。

（4）框架—核心筒结构体系　框架—核心筒结构是由核心筒与外围框架组成的结构体系，周边的框架梁柱截面较小，不能形成框筒（图 2.12d），其中筒体主要承担水平荷载，框架主要承担竖向荷载。这种结构兼有框架结构与筒体结构两者的优点，建筑平面布置灵活，便于设置大房间，又具有较大的侧向刚度和水平承载力，因此得到广泛应用。采用框

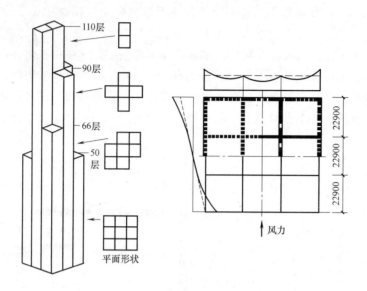

图 2.14　西尔斯大厦结构示意图

架—核心筒结构的上海联谊大厦（29 层，高 106.5m）结构平面如图 2.15 所示。框架—核心筒结构的受力和变形特点以及协同工作原理与框架—剪力墙结构类似。

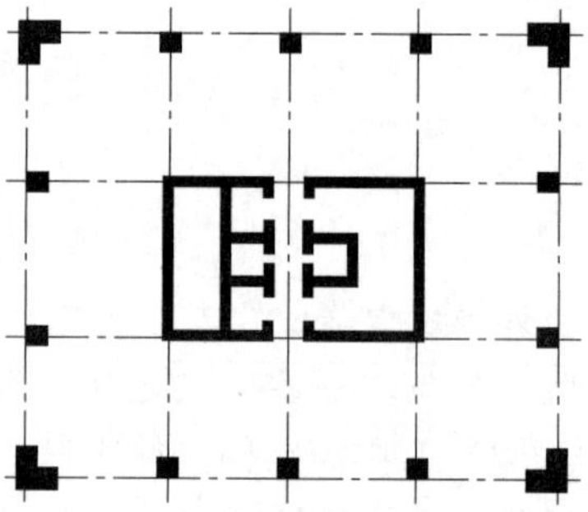

2.1.6　巨型结构体系

巨型结构体系或超级结构体系产生于 20 世纪 60 年代，是指一栋建筑由数个大型结构单元所组成的主结构与常规结构构件组成的子结构共同组成的结构体系。常见的有巨型框架结构和巨型桁架结构（图 2.16）。

图 2.15　上海联谊大厦框架—核心筒结构

巨型框架结构也称主次框架结构，主框架为巨型框架，次框架为普通框架。巨型框架结构可分为两种形式：仅由主次框架组成的巨型框架结构，由周边主次框架和核心筒组成的巨型框架—核心筒结构。

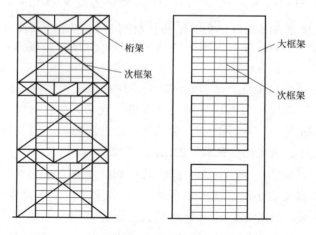

图 2.16　巨型结构

　　巨型框架柱的截面尺寸大，多数采用由墙围成的井筒，也可采用矩形或 I 形的实腹截面柱，巨型柱之间用跨度和截面尺寸都很大的梁或桁架做成的巨型梁（1~2 层楼高）连接。巨型梁之间一般 4~10 层设置次框架，次框架仅承受竖向荷载，梁柱截面较小，次框架支承在巨型梁上，竖向荷载由巨型梁传至基础，水平荷载由巨型框架承担或巨型框架和核心筒共同承担。该结构体系在使用上的优点是在上下两层横梁之间有较大的灵活空间，可以布置小框架形成多层空间，也可形成具有很大空间的中庭，以满足建筑需要。

　　图 2.17 为深圳亚洲大酒店巨型框架结构图，位于三个翼端部的筒体和位于平面中心的剪力墙作为巨柱，每隔 6 层用一层高的 4 根大梁和梁板组成箱形大梁。巨型梁之间的次框架为 5 层，次框架顶上有一层没有柱子，形成大的空旷面积。

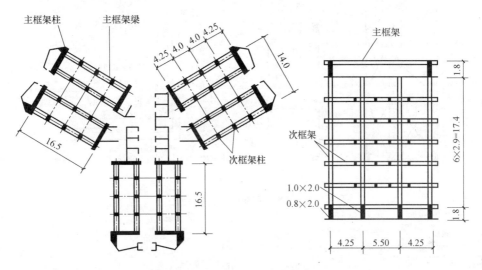

图 2.17　深圳亚洲大酒店（单位：m）

　　巨型桁架结构是以大截面尺寸的巨柱、巨梁和巨型支撑等杆件组成的空间桁架，相邻立面的支撑交汇在角柱，形成巨型空间桁架结构，可以抵抗任何方向的水平荷载和竖向荷载。水平作用产生的层剪力成为支撑斜杆的轴向力，可最大限度地利用材料。楼层竖向荷载通过楼盖、次构件传递到桁架的主要杆件上，再通过柱和斜撑传递到基础。空间桁架结构是既高效又经济的抗侧结构。

　　香港中国银行大厦是典型的巨型桁架结构，如图 2.18 所示。结构沿平面的四边和对角布置支撑，支撑为矩形截面钢管，内填混凝土。在平面的四角设置钢筋混凝土柱，柱内设置 3 根 H 型钢，分别与 3 个方向的钢支撑连接。每隔 12 层设置一层高的水平桁架作为巨型梁，支撑斜杆跨越 12 个楼层的高度，8 片巨型桁架组成了巨型空间桁架结构。从 25 层开始增加一根中柱一直到顶，并分别在 25 层、38 层、51 层切去结构平面的 1/4。

2.1.7　悬挂式结构

　　悬挂式结构是以核心筒、桁架、拱等作为竖向承力结构，全部楼面均通过钢丝束、吊索悬挂在上述承重结构的上面而形成的一种结构体系，如图 2.19 所示。该类结构具有两大特点：一是占地少，底部可形成较大的开放自由空间；二是构件分工明确，发挥各自长处，若核心筒、刚架或拱作为主要受力构件，其他构件则只承受局部范围内的作用。

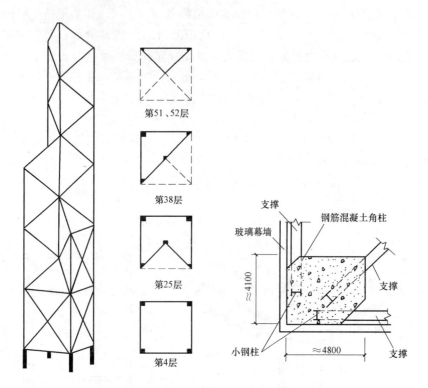

图 2.18　香港中国银行大厦

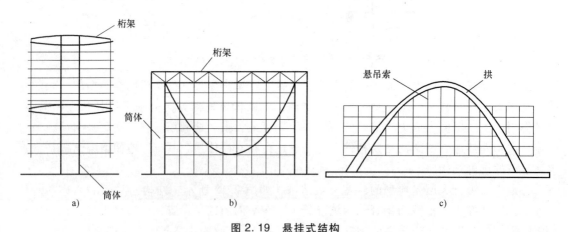

图 2.19　悬挂式结构

a）核心筒悬挂式结构　b）桁架悬挂式结构　c）拱悬挂式结构

　　南非约翰内斯堡标准银行大厦是以中央核心筒为主要承重结构，外挑三道预应力混凝土井字梁，由预应力混凝土吊杆悬挂33个楼层构成的结构，如图2.20所示。

2.1.8　各种结构体系的最大适用高度和高宽比

1. 最大适用高度

　　结构设计首先要根据房屋建筑高度、是否抗震、抗震设防烈度等因素确定结构体系，使结构效能得到充分发挥，而每种结构体系也有其最佳的适用高度范围。JGJ 3—2010《高层

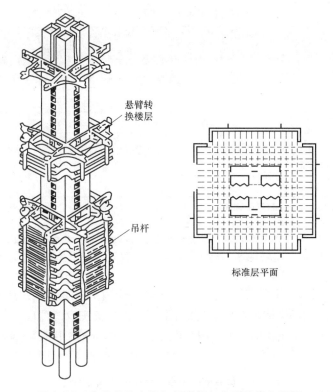

悬臂转换楼层

吊杆

标准层平面

图 2.20　南非约翰内斯堡标准银行大厦结构布置图

建筑混凝土结构技术规程》（以下简称《高规》）、GB 50011—2010《建筑抗震设计规范》（以下简称《抗规》）对各类结构体系的高层建筑适用的最大高度做了规定，将钢筋混凝土高层建筑分为两个级别：A 级和 B 级。A 级高度钢筋混凝土乙类和丙类高层建筑的最大适用高度见表 2.1。当高度超过表 2.1 的限值时，为 B 级，B 级高度钢筋混凝土乙类和丙类高层建筑最大适用高度见表 2.2。

表 2.1　A 级高度钢筋混凝土高层建筑的最大适用高度　　　　　　　（单位：m）

结构体系		非抗震设计	抗震设防烈度				
			6 度	7 度	8 度		9 度
					0.20g	0.30g	
框架		70	60	50	40	35	—
框架—剪力墙		150	130	120	100	80	50
剪力墙	全部落地剪力墙	150	140	120	100	80	60
	部分框支剪力墙	130	120	100	80	50	不应采用
筒体	框架—核心筒	160	150	130	100	90	70
	筒中筒	200	180	150	120	100	80
板柱—剪力墙		110	80	70	55	40	不应采用

注：1. 房屋高度指室外地面到主要屋面的高度，不包括局部突出屋面的电梯机房、水箱、构架等高度。
　　2. 表中框架不包括异形柱框架。
　　3. 部分框支剪力墙结构指地面以上有部分框支剪力墙的剪力墙结构。
　　4. 甲类建筑，6、7、8 度时宜按本地区抗震设防烈度提高 1 度后符合表中的要求，9 度时应专门研究。
　　5. 框架结构、板柱—剪力墙结构以及 9 度抗震设防的表列其他结构，当房屋高度超过本表数值时，结构设计应有可靠依据，并采取有效的加强措施。

表 2.2　B 级高度钢筋混凝土高层建筑的最大适用高度　（单位：m）

结构体系		非抗震设计	抗震设防烈度			
			6 度	7 度	8 度	
					0.20g	0.30g
框架—剪力墙		170	160	140	120	100
剪力墙	全部落地剪力墙	180	170	150	130	110
	部分框支剪力墙	150	140	120	100	80
筒体	框架—核心筒	220	210	180	140	120
	筒中筒	300	280	230	170	150

注：1. 房屋高度指室外地面到主要屋面的高度，不包括局部突出屋面的电梯机房、水箱、构架等高度。
　　2. 部分框支剪力墙结构指地面以上有部分框支剪力墙的剪力墙结构。
　　3. 甲类建筑，6、7、8 度时宜按本地区抗震设防烈度提高 1 度后符合表中的要求，9 度时应专门研究。
　　4. 框架结构、板柱—剪力墙结构以及 9 度抗震设防的表列其他结构，当房屋高度超过本表数值时，结构设计应
　　　 有可靠依据，并采取有效的加强措施。

JGJ 99—2015《高层民用建筑钢结构技术规程》规定了民用钢结构房屋建筑各类结构体系的最大适用高度，见表 2.3（表内筒体不包括混凝土筒）。抗震设防烈度 6~8 度且高度大于表 2.1 规定的钢筋混凝土框架结构的最大适用高度时，可在部分框架内设置钢支撑，成为钢支撑-混凝土框架结构，其最大适用高度为表 2.1 中框架结构和框架—剪力墙结构的平均值。

表 2.3　民用钢结构房屋建筑最大适用高度　（单位：m）

结构类型	非抗震设计	抗震设防烈度				9 度
		6 度、7 度(0.1g)	7 度(0.15g)	8 度		
				0.2g	0.3g	
框架	110	110	90	90	70	50
框架—中心支撑	240	220	200	180	150	120
框架—偏心支撑 框架—屈曲延性支撑 框架—延性墙板	260	240	220	200	180	160
筒体(框筒、筒中筒、桁架筒、束筒)和巨型框架	360	300	280	260	240	180

注：1. 房屋高度指室外地面到主要屋面板板顶的高度（不包括局部突出屋顶部分）。
　　2. 超过表内高度的房屋，应进行专门研究和论证，采取有效的加强措施。
　　3. 表内筒体不包括混凝土筒。
　　4. 框架柱包括全钢柱和钢管混凝土柱。
　　5. 甲类建筑，6、7、8 度时宜按本地区抗震设防烈度提高 1 度后符合本表要求，9 度时应专门研究。

JGJ 138—2016《组合结构设计规范》对组合结构各类结构体系的最大适用高度限值范围的规定见表 2.4。

表 2.4　组合结构房屋最大适用高度　（单位：m）

结构类型		非抗震设计	抗震设防烈度				9 度
			6 度	7 度	8 度		
					0.2g	0.3g	
框架结构	型钢(钢管)混凝土框架	70	60	50	40	35	24
框架—剪力墙结构	型钢(钢管)混凝土框架—剪力墙结构	150	130	120	100	80	50

（续）

结构类型		非抗震设计	抗震设防烈度				
			6度	7度	8度		9度
					0.2g	0.3g	
剪力墙结构	剪力墙结构	150	140	120	100	80	60
部分框支剪力墙结构	型钢（钢管）混凝土转换柱—钢筋混凝土剪力墙	130	120	100	80	50	不应采用
框架—核心筒结构	钢框架—钢筋混凝土核心筒	210	200	160	120	110	70
	型钢（钢管）混凝土框架—钢筋混凝土核心筒	240	220	190	150	130	70
筒中筒结构	钢外筒—钢筋混凝土核心筒	280	260	210	160	140	80
	型钢（钢管）混凝土外筒—钢筋混凝土核心筒	300	280	230	170	150	90

注：1. 平面和竖向均不规则的结构，最大适用高度宜适当降低。
　　2. 表中"钢筋混凝土剪力墙""钢筋混凝土核心筒"是指其剪力墙全部是钢筋混凝土剪力墙以及结构局部部位是型钢混凝土剪力墙或钢板混凝土剪力墙。

2. 高宽比限值

房屋的高宽比越大，水平荷载作用下的侧移越大，抗倾覆作用的能力越小。因此，应控制房屋的高宽比（H/B），避免设计高宽比很大的建筑物。H 为建筑物室外地面至主要屋面板板顶的高度，B 为房屋平面轮廓边缘的最小宽度尺寸。现浇钢筋混凝土房屋建筑、混合结构高层建筑、民用钢结构房屋建筑适用的高宽比分别见表2.5、表2.6、表2.7。

当主体结构与裙房相连时，高宽比按裙房以上建筑的高度和宽度计算。需要说明的是，如果结构体系布置合理，水平作用下结构的侧向位移、自振周期控制在允许范围内，同时地震反应或风振效应经计算也不会过大，则 H/B 可适当放宽。

表2.5　现浇钢筋混凝土房屋建筑适用的高宽比

结构体系	非抗震设计	抗震设防烈度		
		6度、7度	8度	9度
框架	5	4	3	—
板柱—剪力墙	6	5	4	—
框架—剪力墙、剪力墙	7	6	5	4
框架—核心筒	8	7	6	4
筒中筒	8	8	7	5

表2.6　混合结构高层建筑适用高宽比

抗震设防烈度	非抗震设计	6度、7度	8度	9度
框架—核心筒	8	7	6	4
筒中筒	8	8	7	5

表2.7　民用钢结构房屋建筑适用高宽比

抗震设防烈度	6度、7度	8度	9度
最大高宽比	6.5	6.0	5.5

注：1. 计算高宽比的高度从室外地面算起。
　　2. 当塔形建筑底部有大底盘时，计算高宽比的高度从大底盘顶部算起。

2.2　结构总体布置

在高层建筑结构初步设计阶段，除了应根据房屋高度选择合理的结构体系外，尚应对结构平面和结构竖向进行合理的总体布置。结构总体布置时，应综合考虑房屋的使用要求、建筑美观、结构合理以及便于施工等因素。

1）结构竖向和水平布置宜使结构具有合理的刚度和承载力，避免因刚度和承载力局部突变或结构扭转效应而形成薄弱部位。

2）应具有明确的计算简图和合理的传力路径。作用在上部结构的竖向力和侧向力，应通过直接的、不间断的传力路径传递到基础。结构应能用明确的力学模型和数学模型进行地震反应分析，得到符合实际的结果。

3）应具备必要的承载力、刚度，抗震结构还应具备良好的弹塑性变形能力和消耗地震能量的能力。

4）抗震结构应避免部分结构或构件破坏而导致整个结构丧失抗震能力或对重力荷载的承载能力，即部分结构或构件的破坏不应导致整体结构倒塌。

5）设置多道抗震防线。适当处理结构单元承载能力的强弱关系和结构构件承载能力的强弱关系，形成多道抗震防线，是增强结构抗倒塌能力的重要措施。

2.2.1　结构平面布置

建筑物从平面形式上可分为板式和塔式两类，板式结构是指房屋宽度较小，但长度较大的建筑；塔式结构是平面长度和宽度接近的建筑。板式结构平面常为一字形，短边方向抗侧刚度差，因此高宽比控制更加严格一些，当建筑高度较大时，在地震作用下侧向变形会加大，还会出现沿房屋长度平面各点变形不一致的情形。当建筑物长度较大时，风荷载作用下会出现风力不均匀及风向紊乱变化而引起的结构扭转、楼板平面挠曲等。因此，对建筑物长度宜予以限制。

1. 基本要求

高层建筑结构平面布置力求均匀对称，减少扭转的影响，应符合下述规定：

1）在高层建筑的一个独立结构单元内，结构平面形状宜简单、规则，质量、刚度和承载力分布宜均匀。不应采用严重不规则（如平面扭转不规则、凹凸不规则、楼板局部不连续）的平面布置，震害经验表明，L形、T形平面和其他不规则的建筑物，因扭转而破坏的很多。

2）高层建筑宜选用风作用效应较小的平面形状。在沿海地区，风力成为高层建筑的控制性荷载，采用风压较小的平面形状有利于抗风设计。对抗风有利的平面形状是简单、规则的凸平面，如圆形、正多边形、椭圆形、鼓形等平面。对抗风不利的平面是有较多凹、凸的复杂平面形状，如V形、Y形、H形、弧形等平面。

3）抗震设计的高层建筑，其平面布置宜符合下列规定：

① 平面宜简单、规则、对称，减少偏心。

② 平面长度 L 不宜过长，突出部分长度不宜过大（图 2.21）；L/B 宜满足表 2.8 的要求；不宜采用角部重叠或细腰形平面图形。平面过于狭长的建筑物，在地震时因两端地震波

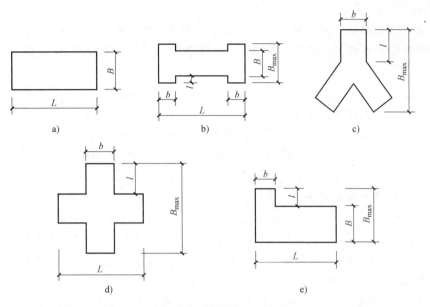

图 2.21　建筑平面示意

输入有相位差而容易产生不规则振动，产生较大的震害，故应对 L/B 值予以限制。

③ 平面突出部分的长度 l 不宜过大，宽度 b 不宜过小，l/B_{min}、l/b 宜符合表 2.8 的要求。突出部分过大时，突出部分容易产生局部振动而引发凹角处破坏。在实际工程中，l/b 最好不大于 1，以减轻由此而引发的建筑物震害。

表 2.8　平面尺寸及突出部位尺寸的比值限值

设防烈度	L/B	l/B_{min}	l/b
6、7 度	≤6.0	≤0.35	≤2.0
8、9 度	≤5.0	≤0.30	≤1.5

④ 建筑平面不宜采用角部重叠或细腰形平面布置。

4）抗震设计时，B 级高度钢筋混凝土高层建筑、混合结构高层建筑及复杂高层建筑，其平面布置应简单、规则，减少偏心。B 级高度钢筋混凝土高层建筑和混合结构高层建筑的最大适用高度较高，复杂高层建筑的竖向布置已不规则，这些结构的地震反应较大，故对其平面布置的规则性应要求更严一些。

5）结构平面布置应减少扭转的影响。在考虑偶然偏心影响的规定水平地震作用下，楼层竖向构件最大的水平位移和层间位移，A 级高度高层建筑不宜大于该楼层平均值的 1.2 倍，不应大于该楼层平均值的 1.5 倍；B 级高度高层建筑、超过 A 级高度的混合结构及复杂高层建筑不宜大于该楼层平均值的 1.2 倍，不应大于该楼层平均值的 1.4 倍。结构扭转为主的第一自振周期 T_t 与平动为主的第一自振周期 T_1 之比，A 级高度高层建筑不应大于 0.9，B 级高度高层建筑、超过 A 级高度的混合结构及复杂高层建筑不应大于 0.85。

国内外历次大地震震害表明，平面不规则、质量中心与刚度中心偏心较大和抗扭刚度太弱的结构震害严重。国内一些复杂体型高层建筑振动台模型试验结果也证明，扭转效应会导致结构的严重破坏。因此，结构平面布置应减少扭转的影响。

2. 楼板开洞的限制

为改善房间的通风、采光等性能，高层建筑的楼板经常有较大的凹入或开有较大面积的洞口。楼板开口后，楼盖的整体刚度减弱，结构各部分可能出现局部振动，降低了结构的抗震性能。《高规》规定：

1）当楼板平面比较狭长、有较大的凹入或开洞时，应在设计中考虑楼板削弱对结构产生的不利影响。有效楼板宽度不宜小于该层楼面宽度的 50%；楼板开洞总面积不宜超过楼面面积的 30%；在扣除凹入或开洞后，楼板在任一方向的最小净宽不宜小于 5m，且开洞后每一边的楼板净宽度不应小于 2m。以图 2.22 所示平面为例，其中 l_2 不宜小于 $0.5l_1$，a_1 与 a_2 之和不宜小于 $0.5l_2$ 且不宜小于 5m，a_1 与 a_2 均不应小于 2m；开口总面积（包括凹口和洞口）不宜超过楼面面积的 30%。

工程设计中应用的结构分析方法和设计软件，大多假定楼板在平面内刚度为无限大，在一般情况下这个假定是成立的。但当楼板平面比较狭长、有较大的凹入或开洞使楼板强度有较大削弱时，楼板可能产生明显的平面内变形，这时应采用考虑楼板变形影响的计算方法和相应的计算程序。

2）"卄"字头形、井字形等外伸长度较大的建筑，当中央部分楼、电梯间使楼板强度有较大削弱时，应采取加强楼板以及连接部位墙体的构造措施，必要时可在外伸段凹槽处设置连接梁或连接板。

3）楼板开大洞削弱后，宜采取以下构造措施予以加强：加厚洞口附近楼板，提高楼板的配筋率，采用双层双向配筋；洞口边缘设置边梁、暗梁；在楼板洞口角部集中配置斜向钢筋。

图 2.23 所示井字形平面建筑，由于采光通风要求，平面凹入很深，中央设置楼、电梯间后，楼板强度削弱较大，结构整体刚度降低。在不影响建筑要求及使用功能的前提下，可采取以下两种措施之一予以加强：设置拉梁 a，为美观也可以设置拉板（板厚可取 250～300mm），拉梁、拉板内配置受拉钢筋；增设不上人的挑板 b 或可以使用的阳台，在板内双层双向配钢筋，每层、每方向配筋率可取 0.25%。

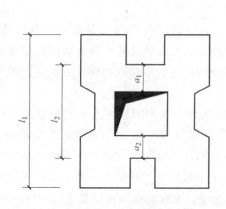

图 2.22 楼板净宽度要求示意图

图 2.23 井字形楼板加强

2.2.2 结构竖向布置

从结构受力及对抗震性能要求而言，高层建筑结构的竖向体型宜力求规则、均匀，避免沿竖向结构刚度突变、有过大的外挑或收进；结构的承载力和刚度宜下大上小，逐渐均匀变化。结构竖向不规则有侧向刚度不规则、竖向抗侧力构件不连续、楼层承载力突变等类型。

1. 抗震设计时，高层建筑相邻楼层的侧向刚度变化要求

框架结构楼层与上部相邻楼层侧向刚度比 γ_1〔式（2.1）〕，本层与相邻上层的比值不宜小于 0.7，与相邻上部三层刚度平均值的比值不宜小于 0.8（图 2.24）。

$$\gamma_1 = \frac{V_i \Delta u_{i+1}}{V_{i+1} \Delta u_i} \tag{2.1}$$

式中　V_i、V_{i+1}——第 i 层、第 $i+1$ 层对应于地震作用标准值（kN）；

　　　Δu_i、Δu_{i+1}——第 i 层、第 $i+1$ 层对应于地震作用标准值下的层间侧移（m）。

框架—剪力墙结构、板柱—剪力墙结构、剪力墙结构、框架—核心筒结构、筒中筒结构楼层侧向刚度比 γ_2〔式（2.2）〕，本层与相邻上层的比值不宜小于 0.9；当本层层高大于相邻上层层高的 1.5 倍时，该比值不宜小于 1.1；对结构底部嵌固层，该层比值不宜小于 1.5。

$$\gamma_2 = \frac{V_i \Delta u_{i+1}\ h_i}{V_{i+1} \Delta u_i h_{i+1}} \tag{2.2}$$

式中　h_i、h_{i+1}——第 i 层、第 $i+1$ 层的层高（m）。

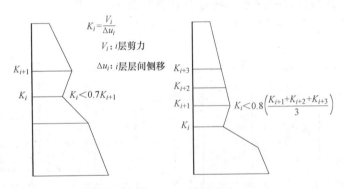

图 2.24　框架结构竖向刚度不规则

2. 楼层抗侧力结构的受剪承载力要求

楼层抗侧力结构的受剪承载力不宜有较大的突变，楼层抗侧力结构的层间受剪承载力是指在所考虑的水平地震作用方向上，该层全部柱、剪力墙、斜撑的受剪承载力之和，应满足 A 级高度建筑的楼层抗侧力结构的层间受剪承载力不宜小于其相邻上一层受剪承载力的 80%，不应小于其相邻上一层受剪承载力的 65%；B 级高度建筑的楼层抗侧力结构的层间受剪承载力不应小于相邻上一层受剪承载力的 75%。

3. 抗震设计时结构竖向布置要求

1）结构竖向抗侧力构件宜上下连续贯通，避免底层或底部若干层取消一部分剪力墙或柱子、中部楼层剪力墙中断或顶部取消部分剪力墙或内柱等，造成结构竖向抗侧力构件上下不连续，形成局部柔软层或薄弱层。当上下层结构轴线布置或结构形式发生改变时，要设置结构转换层（图 2.25）。

2）结构上部楼层收进、外挑不宜过大。理论分析及试验研究结果表明，当结构上部楼层相对于下部楼层收进时，收进的部位越高，收进后的水平尺寸越小，其高振型地震反应越明显；当结构上部楼层相对于下部楼层外挑时，结构的扭转效应和竖向地震作用效应明显。因此，当结构上部楼层收进部位到室外地面的高度 H_1 与房屋高度 H 之比大于 0.2 时，上部楼层收进后的水平尺寸 B_1 不宜小于下部楼层水平尺寸 B 的 75%（图 2.26a、b）；当上部结构楼层相对于下部楼层外挑时，上部楼层水平尺寸 B_1 不宜大于下部楼层水平尺寸 B 的 1.1 倍，且水平外挑尺寸 a 不宜大于 4m（图 2.26c、d）。

3）楼层质量沿高度宜均匀分布，楼层质量不宜大于相邻下部楼层质量的 1.5 倍；不宜采用同一楼层刚度和承载力同时不规则。

4）结构顶层取消部分墙、柱形成空旷房间时，其楼层侧向刚度和承载力可能与其下部楼层相差较多，形成刚度和承载力突变，使结构顶层的地震反应增大很多，所以应进行详细的计算分析，并采取有效的构造措施，如采用弹性或弹塑性动力时程分析进行补充计算、沿柱子全长加密箍筋、大跨度屋面构件要考虑竖向地震作用效应等。

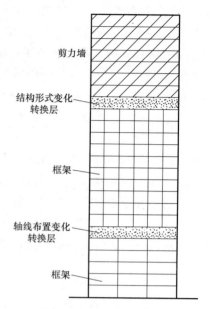

图 2.25　结构转换层

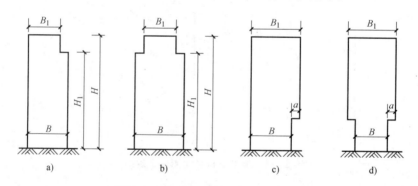

图 2.26　结构竖向的收进与外挑示意

5）高层建筑设置地下室，可利用土体的侧压力防止水平力作用下结构的滑移、倾覆，减轻地震作用对上部结构的影响；可降低地基的附加压力，提高地基的承载能力；减轻地震作用对上部结构的影响。震害也表明，有地下室的高层建筑其震害明显减轻。因此，高层建筑宜设地下室，而且同一结构单元应全部设置地下室，不宜采用部分地下室，且地下室应有相同的埋深。

2.2.3　变形缝的设置原则

房屋结构的总体布置中，考虑沉降、温度收缩和体型复杂对房屋结构的不利影响，可采用沉降缝、伸缩缝、防震缝、构造缝等将房屋分成若干独立的单元。除永久性的结构缝外，还应考虑设置施工缝、后浇带等临时性缝以消除某些暂时性的不利影响。

高层建筑设缝后会给建筑使用、立面外观及施工带来一定困难，基础防水也不容易处理，特别在抗震地区，设缝的几个结构单元往往会相互碰撞而造成震害。目前，高层建筑中总的设计原则是避免设缝，并从总体布置或构造上采取措施以减少沉降、温度变化和地震灾害造成的影响。当必须设缝时，应将高层建筑划分为几个独立的结构单元。

1. 沉降缝

高层建筑的主体结构周围常设置裙房，裙房与主体结构的重量相差悬殊，会产生相当大的沉降差。这时可用沉降缝将二者分成独立的结构单元，使各部分自由沉降。

一般在高层建筑中各部分连为一个整体不设沉降缝时，可采取以下处理措施：

1）利用压缩性小的地基，减小总沉降量和沉降差。当土质较好时，可加大埋深，利用天然地基，以减小沉降量。当地基不好时，可用桩基，桩支承在基岩上。

2）将裙房做在悬挑基础上，这样裙房与高层部分沉降一致，上海联谊大厦即采用该处理方法（图 2.27）。该方法适用于地基土软弱、后期沉降较大的情况，由于悬挑部分不能太长，因此裙房范围不宜过大。

3）主楼与裙房采用不同的基础形式。主楼采用整体刚度较大的箱形基础或筏形基础，降低土压力，并加大埋深，减少附加压力；裙房采用埋深较浅的十字交叉条形基础等，增加土压力，使主体结构与裙房沉降接近。

4）地基承载力较高、沉降计算较为可靠时，主楼与裙房的标高预留沉降差，并先施工主体，后施工裙房，使两者最终标高一致。

对后两种情况，施工时应在主体结构与裙房之间预留后浇带，待主体结构施工完毕，并完成大部分沉降后再浇筑连接部位的混凝土，这种缝称为后浇施工缝，北京长城饭店就是采用该处理方法（图 2.28）。

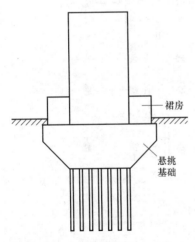

图 2.27　上海联谊大厦悬挑基础

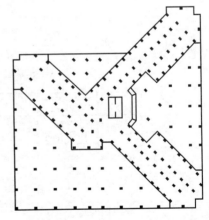

图 2.28　北京长城饭店后浇施工缝

2. 伸缩缝

由温度变化引起的结构内力使房屋产生裂缝，影响正常使用。温度应力对高层建筑造成的危害，在其底部数层和顶部数层较为明显。为消除温度和收缩对结构造成的危害，《高规》规定了伸缩缝的最大间距，见表 2.9。当房屋长度超过表中规定的限值时，宜用伸缩缝将上部结构从顶到基础顶面断开，分成独立的温度区段，但设置伸缩缝会造成材料浪费、构造复杂和施工困难。

表 2.9　伸缩缝的最大间距

结构体系	施工方法	最大间距/m
框架结构	现浇	55
剪力墙结构	现浇	45

注：1. 框架—剪力墙结构的伸缩缝间距可根据结构的具体布置情况取表中框架结构与剪力墙结构之间的数值。
　　2. 当屋面无保温或隔热措施、混凝土的收缩较大或室内结构因施工外露时间较长时，伸缩缝的间距应适当减少。
　　3. 位于气候干燥地区、夏季炎热且暴雨频繁地区的结构，伸缩缝的间距应适当减少。

当采用有效的构造措施和施工措施减少温度和混凝土收缩对结构的影响时，可适当放宽伸缩缝的间距，这些措施可包括但不限于以下几方面：

1）在顶层、底层、山墙和纵墙端开间等温度应力较大的部位提高配筋率。

2）在屋顶加强保温隔热措施或设置架空通风双层屋面，减少温度变化对屋盖结构的影响；外墙设置外保温层，减少温度变化对主体结构的影响。

3）每隔 30~40m 间距留出施工后浇带，带宽 800~1000mm，钢筋采用搭接接头，后浇带混凝土宜在 45d 后浇筑，后浇带混凝土宜采用微膨胀水泥配制。后浇带应从结构受力较小的部位曲折通过，不宜在同一平面内通过，以免全部钢筋均在同一平面内搭接。一般情况下，后浇带可设在框架梁和楼板的 1/3 跨处，设在剪力墙洞口上方连梁跨中或内外墙连接处。后浇带构造及位置如图 2.29 所示。

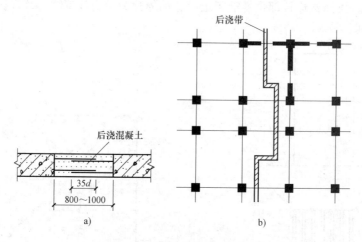

图 2.29　后浇带构造和位置
a）后浇带构造　b）后浇带位置

4）采用收缩小的水泥，减少水泥用量，在水泥中加入适宜外加剂。

5）提高每层楼板的构造配筋或采用部分预应力结构。

由于结构顶部和底部受的温度应力较大，因此在高层建筑中可采取在上部或下部几层局部设缝的方法，如加拿大多伦多海港广场大厦全长 102m，高 95.5m，只在中部留一道后浇缝，同时在 7 层以下留两道永久伸缩缝，伸缩缝未贯通全高，缝做到桩基承台，如图 2.30 所示。

3. 防震缝

当房屋的平面长度和突出部分长度超过限值而没有采取加强措施，或各部分结构刚度或荷载相差悬殊，或各部分结构采取不同材料和不同结构体系，或房屋各部分有较大错层时，在地震作用下会造成扭转及复杂的振动形式，并在房屋的连接薄弱部位造成损坏。因此宜设防震缝，防震缝应设置在房屋的下列部位：建筑平面突出部分较长处，如图 2.31 所示；房屋有错层，且楼面高差较大处；房屋各部分的刚度、高度及重量相差悬殊处。

根据大量震害结果，设计原则是首先避免设缝，若设缝，则缝宽足够宽。避免设缝的方法是：优先采用平面布置简单、长度不大的塔式结构；当结构体型复杂时，采取加强结构整体性的措施。

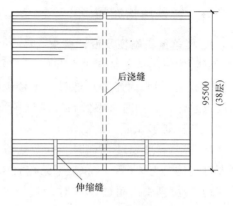

图 2.30　局部伸缩缝设置

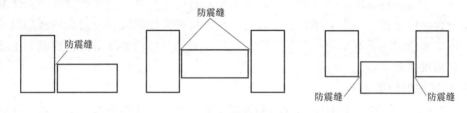

图 2.31　防震缝设置

在地震作用时，由于结构开裂、局部损坏和进入弹塑性状态，其水平位移比较大，因此，防震缝两侧的房屋很容易发生碰撞而造成震害。为此防震缝必须留有足够的宽度。防震缝净宽度原则上应大于两侧结构允许的水平位移之和。对于高层建筑结构，防震缝最小宽度应满足下列要求：

1）框架结构房屋，高度不超过 15m 时不应小于 100mm；超过 15m 时，6 度、7 度、8 度和 9 度分别每增加高度 5m、4m、3m 和 2m，宜加宽 20mm。

2）框架—剪力墙结构房屋不应小于 1）项计算出的缝宽的 70%，剪力墙结构房屋不应小于 1）项计算出的缝宽的 50%，且二者均不宜小于 100mm。

3）防震缝两侧结构体系不同时，防震缝宽应按不利的结构类型确定。

4）防震缝两侧高度不同时，防震缝宽应按较低的房屋高度确定。

5）8、9 度抗震设计的框架结构房屋，防震缝两侧结构层高相差较大时，防震缝两侧框架柱的箍筋应沿房屋全高加密，并可根据需要沿房屋全高在缝两侧各设置不小于两道垂直于防震缝的抗撞墙。

6）当相邻结构的基础存在较大沉降差时，宜增大防震缝的宽度。

7）防震缝宜沿房屋全高设置，当不兼做沉降缝时，地下室、基础可不设防震缝，但在与上部防震缝对应处应加强构造和连接。

8）结构单元之间或主楼与裙房之间不宜采用牛腿托梁的做法设置防震缝，否则应采取可靠连接。因为地震时各单元之间，尤其是高、低层之间的振动情况不同，牛腿支承处容易压碎、拉断，引发严重震害。

2.2.4 楼盖结构布置

1. 楼盖结构类型及设计要求

高层建筑的楼盖结构类型与低层、多层建筑相同，但高层建筑结构中各竖向抗侧力结构（剪力墙、框架和筒体等）通过水平楼盖结构连为空间整体结构，要求楼盖具备必要的水平刚度及整体性；同时考虑到高层建筑平面较复杂，以及应尽量减少楼盖结构的高度和重量，对楼盖结构要求如下：

1）房屋高度超过 50m 时，框架—剪力墙结构、筒体结构及复杂高层建筑结构应采用现浇楼盖结构，剪力墙结构和框架结构宜采用现浇楼盖结构。

2）房屋高度不超过 50m 时，8、9 度抗震设计时宜采用现浇楼盖结构；6、7 度抗震设计时可采用装配整体式楼盖，但应符合有关构造要求。

3）房屋顶层楼盖对于加强其顶部约束、提高抗风和抗震能力以及抵抗温度应力的不利影响均有重要作用；转换层上部抗侧力结构的剪力通过转换层楼盖传递到落地剪力墙和框支柱或数量较少的框架柱上，因而楼盖承受较大的内力；平面复杂或开洞过大的楼层以及作为上部结构嵌固部位的地下室楼层，其楼盖受力复杂，对其整体性要求更高。因此，上述楼层的楼盖应采用现浇楼盖。

2. 楼盖结构的构造要求

1）为了保证楼盖的平面内刚度，现浇楼盖的混凝土强度等级不宜低于 C20；同时由于楼盖结构中的梁和板为受弯构件，所以混凝土强度等级不宜高于 C40。

2）当采用装配整体式楼盖时，应符合下列要求：

① 无现浇叠合层的预制板，板端搁置在梁上的长度不宜小于 50mm。

② 预制板板端宜预留胡子筋，其长度不宜小于 100mm。

③ 预制板板孔端应设堵头，堵头深度不宜小于 60mm，并采用强度等级不低于 C20 的混凝土浇筑密实。

④ 楼盖预制板板缝上缘宽度不宜小于 40mm，板缝大于 40mm 时应在板缝内配置钢筋，并宜贯通整个结构单元。预制板板缝、板缝梁的混凝土强度等级应高于预制板的混凝土强度等级。

⑤ 楼盖每层宜设置钢筋混凝土现浇层，现浇层厚度不应小于 50mm，并应双向配置直径不小于 6mm、间距不大于 200mm 的钢筋网，钢筋应锚固在梁或剪力墙内。

3）一般楼层现浇楼板厚度不应小于 80mm，当板内预埋暗管时不宜小于 100mm；顶层楼板厚度不宜小于 120mm，宜双层双向配筋。箱形转换结构上下楼板厚度不宜小于 180mm，转换厚板上、下一层的楼板应适当加强，楼板厚度不宜小于 150mm。

4）采用预应力混凝土平板可以减小楼面结构的高度，减轻结构自重；大跨度平板可以增加楼层使用面积，容易改变楼层用途。近年来预应力混凝土平板在高层建筑楼盖结构中应用比较广泛。板的厚度，应考虑刚度、抗冲切承载力、防火以及防腐蚀等要求。在初步设计阶段，现浇预应力混凝土楼板厚度可按跨度的 1/50~1/45 采用，且不应小于 150mm。

5）现浇预应力楼板是与梁、柱、剪力墙等主要抗侧力构件连接在一起的，如果不采取措施，则对楼板施加预应力时，不仅压缩了楼板，对梁、柱、剪力墙也施加了附加侧向力，使其产生位移且不安全。为防止或减小主体结构刚度对施加楼盖预应力的不利影响，应采用合理的施加预应力的方案，如采用板边留缝以张拉和锚固预应力钢筋，或在板中部预留后浇带，待张拉并锚固预应力钢筋后再浇筑混凝土。

2.3　高层建筑的基础与地下室

高层建筑高度大、重量大，在水平力作用下会产生较大的倾覆力矩和剪力，因此对基础及地基的要求高，要求承载力较大、沉降量较小且稳定的地基，稳定性好、刚度大而变形小的基础，要防止倾覆和滑移，也要尽量避免地基不均匀沉降引起的倾斜。高层建筑基础设计应综合考虑场地条件、上部结构类型和房屋高度、施工技术和经济条件等因素，使建筑物不致发生过量沉降或倾斜，满足建筑物正常使用要求；还应了解邻近地下构筑物及各地下设施的位置和标高，减少对相邻建筑的相互影响。高层建筑宜设地下室。

2.3.1　基础类型选择及一般规定

基础承受房屋的全部重量和外部作用力，并将其传递到地基；抗震房屋的基础直接受到地震作用，并将地震作用传递到上部结构，使结构产生振动。基础底面积大小、基础形式和埋深，取决于上部结构的类型、重量、作用力和地基土的性质。高层建筑可以采用独立基础、交叉式条形基础、箱形基础、筏形基础和桩基础等，高层建筑的主体结构基础底面积心（采用桩基时，桩基的竖向刚度中心）宜与永久作用的重力荷载重心重合。

独立基础适用于层数不多、地基土较好，能满足承载力和变形要求的框架结构；交叉式条形基础整体性比独立基础好，可增加上部框架结构的整体性，也可直接承受墙体传来的荷载。高层建筑的重量较大，倾覆力矩也较大，为保证结构稳定性，基础要有较好的整体性且应有一定埋深，箱形基础、筏形基础和桩基础是常采用的基础形式，如图2.32 所示。

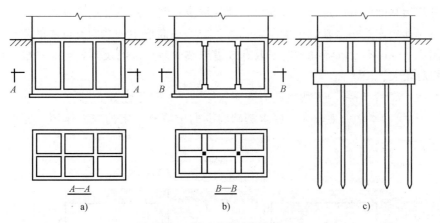

图 2.32　高层建筑结构基础形式
a）箱形基础　b）筏形基础　c）桩基础

1. 箱形基础

箱形基础是由数量较多的纵向与横向墙体和有足够厚度的底板、顶板组成的箱形空间结构。当钢筋混凝土内墙较多，基础高度不小于基础长度的 1/18，且不小于 3m，就可形成箱形基础。箱形基础的顶板、底板及墙体厚度要根据刚度、受力、防水等要求确定，但不小于250mm（底板、外墙）、200mm（内墙）、150mm（顶板）。箱形基础具有较大的结构刚度和整体性，能将上部结构和荷载较均匀地传递给地基或桩基，能利用自身的刚度调整沉降差异，减少由于沉降差产生的结构内力；箱形基础对上部结构的嵌固更接近于固定端，使计算结果与实际受力较吻合，且有助于抗震。

由于形成箱形基础必须有间距较密的纵横墙，而且墙上开洞面积受到限制，因此，在地下室需要较大空间和建筑功能上要求较灵活布置时，不宜采用箱形基础。

2. 筏形基础

筏形基础具有良好的整体刚度，适用于地基承载力较低、上部结构竖向荷载较大的结构。筏形基础本身就是地下室的底板，厚度较大，有很好的抗渗性能，可有效调节基础不均匀沉降。筏形基础不必设置很多内墙，可形成较大的自由空间，便于地下室的多种用途。

筏形基础形如倒置的楼盖，可分为平板式和梁板式两种，梁板式筏形基础的梁可设在板上或板下，当采用板上梁时，梁应留出排水孔，并设置架空地板。

3. 桩基础

桩基础具有承载力可靠、沉降小的优点，适用于软弱地基土和可能液化的地基条件。采用桩基础将荷载传到下部较坚实的土层中，或通过桩侧摩阻力来达到设计要求，采用桩基础还可减少土方量。可以采用预制钢筋混凝土桩、挖孔灌注桩或钢管桩等，桩承台上仍可做成箱形或筏形基础。

当地基承载力或变形不能满足设计要求时，可采用复合地基。我国在高层建筑中采用复合地基已有比较成熟的经验，根据需要可将地基承载力提高到300~500kPa。

2.3.2　基础的埋置深度

高层建筑的基础应有一定的埋置深度，埋置深度一般可从室外地坪算至基础底面。高层建筑基础和与其相连的裙房基础设置沉降缝时，应考虑高层主楼基础有可靠的侧向约束及有效埋深（图2.33）；不设沉降缝时应采取有效措施减少差异沉降及其影响。一般高层建筑的基础埋深相对较大，因为：

1）一般情况下，较深的土壤承载力大而压缩性小，稳定性好。

2）高层建筑的水平剪力较大，要求基础周围的土壤有一定的嵌固作用，能提供部分水平反力。

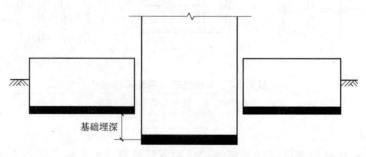

图2.33　高层结构基础埋深

3）地震作用下，较深处的地震波幅值较小，因此基础埋深大些，可减小结构地震反应。

在确定埋置深度时，应综合考虑建筑物的高度、体型、地基土质、抗震设防烈度等因素，并宜符合以下规定：

1）天然地基或复合地基，可取房屋高度的 1/15。

2）桩基础，不计桩长，可取房屋高度的 1/18。

3）岩石地基或采取有效措施时，在满足地基承载力、稳定性及基础底面与地基之间零应力区面积不超过限值的前提下，基础埋置深度可不受上述条件的限制。当地基可能产生滑移时，应采取有效的抗滑移措施。

上述埋深指侧向限制位移的土体深度，当周围地面标高不同时可取埋深较小者为有效埋深，当主楼和裙房间设置沉降缝后，若主楼、群楼基础标高相同，则主楼有效埋深为零，地震时将无侧限，十分危险。因此当主楼群楼之间设置沉降缝后，宜将主楼基础加深 1~2 层。同样当地下室周围有连续采光井时，基础无土体阻挡，宜设置短墙联系地下室与采光井挡土墙以形成侧限（图 2-34）。

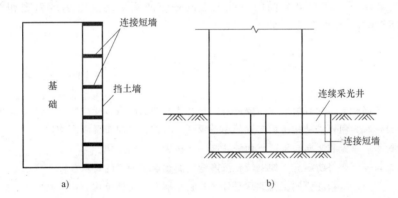

图 2.34　设置短墙增大有效基础埋深

a）平面图　b）立剖面图

当基岩较浅、基础埋深不符合要求时，应采取岩石锚杆基础。

2.3.3　地下室设计简述

高层建筑地下室设计应综合考虑上部荷载、岩土侧压力及地下水的不利作用影响。地下室应满足整体抗浮要求，可采取排水、加配重或设置抗拔锚桩（杆）等措施。当地下水具有腐蚀性时，地下室外墙及底板应采取相应的防腐措施。

1）高层建筑地下室不宜设置变形缝。当地下室长度超过伸缩缝最大间距时可考虑利用混凝土后期强度，降低水泥用量；也可每隔 30~40m 设置贯通顶板、底部及墙板的施工后浇带。后浇带设置在柱距三等分的中间范围内以及剪力墙附近，其方向宜与梁正交，沿竖向应在结构同跨内；底板及外墙的后浇带宜增设附加防水层。

2）高层建筑地下室外墙设计应满足水土压力及地面荷载侧压力下承载力要求，其竖向和水平分布钢筋应双层双向布置，间距不宜大于 150mm，配筋率不宜小于 0.3%。有窗井的地下室，应设外挡土墙，挡土墙与地下室外墙之间应有可靠连接。

3）主体结构地下室底板与扩大地下室底板交界处其截面厚度和配筋应适当加强。

4）高层建筑地下室顶板作为上部结构的嵌固部位时，应符合下列规定：

① 地下室顶板应避免开设大洞口。

② 作为上部结构嵌固部位的地下室楼层的顶楼盖应采用现浇梁板结构，混凝土强度等级不宜低于C30，楼板厚度不宜小于180mm（普通地下室顶板厚度不宜小于160mm），应采用双层双向配筋，且每层每方向的配筋率不宜小于0.25%。

③ 地下一层与相邻上层的侧向刚度比不宜小于2。

④ 地下室至少一层与上部对应的剪力墙墙肢端部边缘构件的纵向钢筋截面面积，不应小于地上一层对应的剪力墙墙肢端部边缘构件的纵向钢筋截面面积。

5）地下室顶板对应于地上框架柱的梁柱节点设计应符合下列要求之一：

① 地下一层柱截面每侧的纵向钢筋面积除应符合设计要求外，不应小于地上一层对应柱每侧纵向钢筋面积的1.1倍；地下一层梁端顶面和底面的纵向钢筋应比计算值增大10%采用。

② 地下一层柱每侧的纵向钢筋面积不小于地上一层对应柱每侧纵向钢筋面积的1.1倍，且地下室顶板梁柱节点左右梁截面与下柱上端同一方向实配的受弯承载力之和不小于地上一层对应柱下端实配的受弯承载力的1.3倍。

思 考 题

2-1 高层建筑混凝土结构有哪几种主要体系，每种体系的优缺点、受力特点和适用范围各是什么？

2-2 抗震设计时为何要求结构平面布置简单、规则、对称，竖向布置刚度均匀？

2-3 从结构平面布置和竖向布置两方面叙述哪些结构属不规则结构？

2-4 在什么情况下设置防震缝、伸缩缝、沉降缝？简述这三种缝的特点和设置要求。

2-5 框架—剪力墙结构的协同工作原理是什么？它与框架—筒体结构有何区别？

2-6 高层建筑的基础有哪些形式？基础埋深如何确定？基础埋置深度应符合哪些规定要求？

2-7 高层建筑地下室顶板作为上部结构的嵌固部位时，应符合哪些规定？

2-8 高层建筑地下室外墙设计应满足哪些要求？

第3章 高层建筑结构的荷载和地震作用

本章提要

（1）高层建筑结构承受的荷载与作用的类型
（2）永久荷载及楼面活荷载等竖向荷载计算
（3）风荷载特点及计算
（4）地震作用设计理论及计算

高层建筑结构必须能抵抗各种荷载和作用，满足使用要求，并具有足够的安全度。建筑物上的荷载和作用主要有：包括结构自重在内的各类永久荷载、楼面和屋面活荷载、雪荷载、风荷载、地震作用以及其他作用（如温度作用、地基不均匀沉降、混凝土徐变、火灾、撞击等）。高层建筑结构的竖向荷载效应远大于多层建筑结构，水平荷载的影响显著增加，必要时还要考虑竖向地震作用对高层建筑结构的影响。高层建筑结构设计应根据使用过程中在结构上可能同时出现的荷载和作用，按承载能力极限状态和正常使用极限状态分别进行荷载效应组合，并取各自的最不利效应组合进行设计。

3.1 竖向荷载

1. 永久荷载

永久荷载又称为恒荷载，包括结构自重、墙体自重、门窗自重、内外装饰层自重及固定设备自重等。通常，恒荷载在结构建成后的作用位置和大小变化不大，应按实际分布情况计算结构的荷载效应，恒荷载标准值等于构件的体积乘以材料的自重标准值，常见材料的自重标准值为：钢筋混凝土 $25kN/m^3$；钢材 $78.5kN/m^3$；水泥砂浆 $20kN/m^3$；混合砂浆 $17kN/m^3$；铝型材 $28kN/m^3$；玻璃 $25.6kN/m^3$；砂土 $17kN/m^3$；卵石 $18kN/m^3$；腐殖土 $16kN/m^3$；其他材料和构件的自重标准值可查阅 GB 50009—2012《建筑结构荷载规范》（以下简称《荷载规范》）。对某些自重变异较大的材料和构件（如现场制作的保温材料等），在设计时应根据该荷载对结构的不利状态取其自重上限值或下限值。固定设备的自重由有关专业设计人员提供。

2. 楼面活荷载

活荷载又称为竖向可变荷载，对于一般建筑结构，指楼面活荷载、屋面活荷载、雪荷载等。实际结构中楼面、屋面活荷载分布是不均匀的，为方便计算，结构设计中通常采用等效均布荷载代替实际活荷载。等效均布荷载是指在结构上产生的荷载效应与实际荷载产生的荷载效应相一致的均布荷载。

　　高层建筑中活荷载占的比例很小，特别是在住宅、旅馆和办公楼，活荷载只占全部竖向荷载的15%～20%；另外，高层结构是复杂的空间结构体系，层数、跨数很多，计算工作量大。为简化，计算竖向荷载作用下的内力时，可不考虑活荷载的不利布置，按满布活载计算内力，若活荷载较大，按满布荷载计算梁跨中弯矩，并乘以1.1～1.2的系数加以放大。但当活荷载大于$4kN/m^2$时（如图书馆书库等），仍应考虑活荷载的不利布置。

　　常用民用建筑楼面均布活荷载标准值及其组合值、频遇值和准永久系数的取值按《荷载规范》的规定选用，常见的见表3.1。《荷载规范》规定：设计楼面梁、柱及基础时，考虑到活荷载各层同时满布的可能性极少，因此需要考虑活荷载的折减，折减系数的取值见表3.2。

表3.1　民用建筑楼面均布活荷载标准值及其组合值、频遇值和准永久值系数

项次	类别			标准值/(kN/m^2)	组合值系数 ψ_c	频遇值系数 ψ_f	准永久值系数 ψ_q
1	(1)住宅、宿舍、旅馆、办公楼、医院病房、托儿所、幼儿园			2.0	0.7	0.5	0.4
	(2)试验室、阅览室、会议室、医院门诊室			2.0	0.7	0.6	0.5
2	教室、食堂、餐厅、一般资料档案室			2.5	0.7	0.6	0.5
3	(1)礼堂、剧场、影院、有固定座位的看台			3.0	0.7	0.5	0.3
	(2)公共洗衣房			3.0	0.7	0.6	0.5
4	(1)商店、展览厅、车站、港口、机场大厅及其旅客等候室			3.5	0.7	0.6	0.5
	(2)无固定座位的看台			3.5	0.7	0.5	0.3
5	(1)健身房、演出舞台			4.0	0.7	0.6	0.5
	(2)运动场、舞厅			4.0	0.7	0.6	0.3
6	(1)书库、档案库、贮藏室			5.0	0.9	0.9	0.8
	(2)密集柜书库			12.0	0.9	0.9	0.8
7	通风机房、电梯机房			7.0	0.9	0.9	0.8
8	汽车通道及客车停车库	(1)单向板楼盖(板跨不小于2m)和双向板楼盖(板跨不小于3m×3m)	客车	4.0	0.7	0.7	0.6
			消防车	35.0	0.7	0.5	0.0
		(2)双向板楼盖(板跨不小于6m×6m)和无梁楼盖(柱网不小于6m×6m)	客车	2.5	0.7	0.7	0.6
			消防车	20.0	0.7	0.5	0.0
9	厨房	(1)餐厅		4.0	0.7	0.7	0.7
		(2)其他		2.0	0.7	0.6	0.5
10	浴室、卫生间、盥洗室			2.5	0.7	0.6	0.5
11	走廊、门厅	(1)宿舍、旅馆、医院病房、托儿所、幼儿园、住宅		2.0	0.7	0.5	0.4
		(2)办公楼、餐厅、医院门诊部		2.5	0.7	0.6	0.5
		(3)教学楼及其他可能出现人员密集的情况		3.5	0.7	0.5	0.3
12	楼梯	(1)多层住宅		2.0	0.7	0.5	0.4
		(2)其他		3.5	0.7	0.5	0.3
13	阳台	(1)可能出现人员密集的情况		3.5	0.7	0.6	0.5
		(2)其他		2.5	0.7	0.6	0.5

表 3.2 活荷载按楼层折减系数

墙、柱、基础计算截面以上的层数	1	2~3	4~5	6~8	9~20	>20
计算截面以上各楼层活荷载总和的折减系数	1.00(0.90)	0.85	0.70	0.65	0.60	0.55

注：当楼面梁的从属面积超过 25m² 时，应采用括号内的系数。

3. 屋面活荷载

房屋建筑的屋面其水平投影面上的屋面均布活荷载标准值及其组合值、频遇值和准永久值系数的取值按《荷载规范》的规定选用，见表 3.3。

表 3.3 屋面均布活荷载标准值及其组合值、频遇值和准永久值系数

类型	荷载标准值/（kN/m²）	组合值系数 ψ_c	频遇值系数 ψ_f	准永久值系数 ψ_q
不上人屋面	0.5	0.7	0.5	0
上人屋面	2.0	0.7	0.5	0.4
屋顶花园	3.0	0.7	0.6	0.5
屋面运动场地	3.0	0.7	0.6	0.4

注：1. 不上人的屋面，当施工荷载或维修荷载较大时，应按实际情况采用；对不同类型的结构应按有关设计规范的规定采用，但不得低于 0.3kN/m²。

    2. 上人屋面当兼作其他用途时，应按相应楼面活荷载采用。

    3. 对于因屋面排水不畅、堵塞等引起的积水荷载，应采取构造措施加以防止；必要时，应按积水的可能深度确定屋面活荷载。

    4. 屋顶花园活荷载不应包括花圃土石等材料自重。

当屋面设有直升机停机坪时，屋面直升机停机坪荷载应按下列规定采用：

1）屋面停机坪荷载应按局部荷载考虑，或根据局部荷载换算为等效均布荷载考虑。局部荷载标准值应按直升机实际最大起飞重量确定，当没有机型技术资料时，可按表 3.4 的规定选用局部荷载标准值及作用面积。

表 3.4 屋面直升机停机坪局部荷载标准值及作用面积

类型	最大起飞重量/t	局部荷载标准值/kN	作用面积/m²
轻型	2	20	0.20×0.20
中型	4	40	0.25×0.25
重型	6	60	0.30×0.30

2）屋面直升机停机坪的等效均布荷载标准值不应低于 5.0kN/m²。

3）屋面直升机停机坪荷载组合值系数应取 0.7，频遇值系数应取 0.6，准永久值系数应取 0。

不上人的屋面均布活荷载，可不与雪荷载和风荷载同时组合。

4. 屋面雪荷载

屋面水平投影面上的雪荷载标准值 S_k 应按下式计算

$$S_k = \mu_r S_0 \tag{3.1}$$

式中 μ_r——屋面积雪分布系数，根据不同类别的屋面形式确定，单跨单坡屋面坡度 $\alpha \leqslant 25°$ 时取 1.0，$\alpha \geqslant 60°$ 时取 0，其他情况按《荷载规范》选用；

    S_0——基本雪压，应采用按《荷载规范》规定的方法确定的 50 年重现期的雪压，对雪荷载敏感的结构，应采用 100 年重现期的雪压，具体按《荷载规范》中全国基本雪压分布图及有关数据确定。

雪荷载的组合值系数应取 0.7，频遇值系数应取 0.6，准永久值系数应按雪荷载分区 Ⅰ、Ⅱ 和 Ⅲ 的不同分别取 0.5、0.2、0。

5. 施工活荷载

设计屋面板、檩条、钢筋混凝土挑檐、悬挑雨篷和预制梁时，施工或检修集中荷载标准值不应小于 1.0kN，并应在最不利位置处进行验算。

旋转餐厅轨道和驱动设备的自重应按实际情况确定，擦窗机等清洗设备应按实际情况确定其自重大小和位置。当施工中采用爬塔、附墙塔等对结构受力有影响的施工机械时，要验算这些施工机械产生的施工荷载。

从大量工程结果看，钢筋混凝土高层结构竖向荷载平均值约为 $15kN/m^2$，其中框架、框架—剪力墙结构为 $12\sim14kN/m^2$；剪力墙和筒中筒结构为 $14\sim16kN/m^2$。

3.2　风荷载

风荷载是高层建筑结构设计中很重要的荷载形式，空气在流动过程中受到建筑物的阻挡，就会在建筑物表面产生风压，从而引起结构的内力、变形、振动等。建筑物在迎风面会受到一定的压力，建筑物体型的变化还会在两侧和背面产生背风向的吸力和横风向的干扰力，这些就构成了建筑物上的风荷载。风荷载在结构表面并不是均匀分布的，随着建筑物体型、面积、高度的不同而变化，同时风本身的速度、方向、紊流等特性也会引起风荷载的变化，因此风对建筑物的作用是十分复杂的。确定风荷载的方法有两种，大多数建筑可按照《荷载规范》规定的方法计算风荷载值，少数建筑（高度大、对风荷载敏感或特殊情况）还要通过风洞试验确定风荷载，以补充规范的不足。

3.2.1　风荷载标准值

《荷载规范》规定，垂直于建筑物表面上的风荷载标准值 w_k（kN/m^2），应按下式计算：

1）当计算主要受力结构时

$$w_k = \beta_z \mu_s \mu_z w_0 \tag{3.2}$$

式中　w_0——基本风压（kN/m^2）；

μ_z——风压高度变化系数；

μ_s——风荷载体型系数；

β_z——高度 z 处的风振系数。

2）当计算围护结构时

$$w_k = \beta_{gz} \mu_{s1} \mu_z w_0 \tag{3.3}$$

式中　β_{gz}——高度 z 处的阵风系数；

μ_{s1}——风荷载局部体型系数。

1. 基本风压值 w_0

《荷载规范》给出的基本风压值 w_0 是用各地区空旷地面上离地 10m 高、重现期为 50 年（或 100 年）的 10min 平均最大风速 v_0（m/s）计算得到的。一般高层建筑取重现期为 50 年的风压值计算风荷载，但不得小于 $0.3\mathrm{kN/m}^2$；对风荷载比较敏感的高层建筑，承载力设计时应按基本风压的 1.1 倍取值。

2. 风压高度变化系数 μ_z

由于地表对风引起的摩擦作用，使接近地表的风速随着离地面的距离的减少而降低。只有在距离地表 300m（甚至于 500m 以上）的高空风速才不受地表的影响，能够在气压梯度的作用下自由流动，达到所谓的"梯度风速"。出现这种速度的高度称为梯度风高度。风速沿高度按指数函数曲线逐渐增大，随高度的变化曲线如图 3.1 所示。风速与地貌及环境也有关，不同的地面粗糙度使风速沿高度增大的梯度不同。一般来说，地面越粗糙，风的阻力越大，风速越小。《荷载规范》将地面粗糙度分为 A、B、C、D 四类。A 类指近海海面、海岛、海岸、湖岸及沙漠地区；B 类指田野、乡村、丛林、丘陵以及房屋比较稀疏的乡镇；C 类指有密集建筑群的城市市区；D 类指有密集建筑群且房屋较高的城市市区。

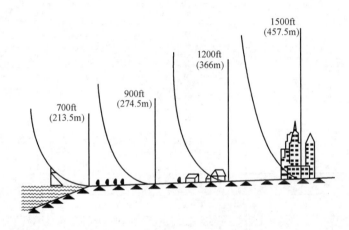

图 3.1　风速随高度变化曲线

可按下述原则近似确定某地区的地面粗糙度类别：

1）以拟建房 2km 为半径的迎风半圆影响范围内房屋高度和密集度来区分粗糙度类别，风向原则上应以该地区最大风的风向为准，但也可取其主导风。

2）以半圆影响范围内建筑物的平均高度 $\bar{h}$ 来划分地面粗糙度类别，当 $\bar{h} \geqslant 18\mathrm{m}$ 时为 D 类，当 $9\mathrm{m} < \bar{h} < 18\mathrm{m}$ 时为 C 类，当 $\bar{h} < 9\mathrm{m}$ 时为 B 类。

3）影响范围内不同高度的面域可按下述原则确定，即每座建筑物向外延伸距离为其高度的面域内均为该高度，当不同的面域相交时交叠部分的高度取大者。

4）平均高度取各面域面积为权重计算。

风压高度变化系数反映了不同高度处和不同地面情况下的风速情况。《荷载规范》仅给出了高度为 10m 处的风压值，即基本风压 w_0，所以其他高度处的风压应根据基本风压乘以风压高度变化系数换算得来。各类地区风压高度变化系数见表 3.5。

位于山峰和山坡地的高层建筑，其风压高度系数还要进行修正，可查阅《荷载规范》。建在山上或河岸附近的建筑物，其离地高度应从山脚下或水面算起。

表 3.5　风压高度变化系数 μ_z

离地面或海平面高度/m	地面粗糙度类别			
	A	B	C	D
≥550	2.91	2.91	2.91	2.91
500	2.91	2.91	2.91	2.74
450	2.91	2.91	2.91	2.58
400	2.91	2.91	2.76	2.40
350	2.91	2.91	2.60	2.22
300	2.91	2.77	2.43	2.02
250	2.78	2.63	2.24	1.81
200	2.64	2.46	2.03	1.58
150	2.46	2.25	1.79	1.33
100	2.23	2.00	1.50	1.04
90	2.18	1.93	1.43	0.98
80	2.12	1.87	1.36	0.91
70	2.05	1.79	1.28	0.84
60	1.97	1.71	1.20	0.77
50	1.89	1.62	1.10	0.69
40	1.79	1.52	1.00	0.60
30	1.67	1.39	0.88	0.51
20	1.52	1.23	0.74	0.51
15	1.42	1.13	0.65	0.51
10	1.28	1.00	0.65	0.51
5	1.09	1.00	0.65	0.51

3. 风荷载体型系数 μ_s

当风流动经过建筑物时，对建筑物不同部位产生不同的效果，一般迎风面产生压力，背风面和侧风面产生吸力，空气流动还会产生旋涡，对建筑物局部产生较大的压力和吸力。实测得到风在建筑物表面的实际分布情况，如图 3.2 所示。可看出风对建筑物表面的作用力并不等于基本风压值，风的作用力随着建筑物的体型、尺度、表面位置、表面状况而改变。在计算风荷载对建筑物的作用时，是根据各个表面的平均风压计算的，这个表面的平均风压系数称为风载体型系数，它实际上是建筑物各表面风压平均值与基本风压的比值。《高规》对《荷载规范》相关内容进行了简化和整理，对风荷载体型系数作下述规定：

（1）单体风压体型系数

1）圆形平面建筑取 0.8。

2）正多边形及截角三角形平面建筑，按下式计算

$$\mu_s = 0.8 + 1.2/\sqrt{n} \tag{3.4}$$

式中 n——多边形的边数。

3）高宽比 H/B 不大于 4 的矩形、方形、十字形平面建筑取 1.3。

4）下列建筑的风荷载体型系数取 1.4：V 形、Y 形、弧形、双十字形、井字形平面建筑；L 形、槽形及高宽比 $H/B>4$ 的十字形平面建筑；高宽比 $H/B>4$，长宽比 $L/B \leqslant 1.5$ 的矩形和鼓形平面建筑。

5）迎风面积取垂直于风向的最大投影面积。

6）需要更细致地进行风荷载计算时可按《高规》附录 B，或由风洞试验确定。

当房屋高度大于 200m 时，或者建筑平面形状或立面形状复杂、立面开洞或连体建筑、周围地形和环境较复杂的高层建筑，宜采用风洞试验来确定建筑物的风荷载。

在对复杂体型的高层建筑结构进行内力和位移计算时，正反两个方向风荷载的绝对值可按两个中的较大值采用。

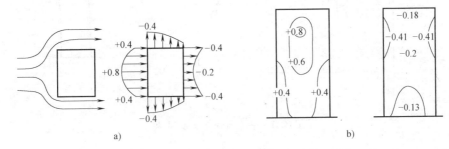

图 3.2　风压分布

a）风压对建筑物的作用（平面）　b）迎风面风压分布系数（左），背风面风压分布系数（右）

（2）群体风压体型系数　当多栋或群集的高层建筑相互间距较近时，宜考虑风力相互干扰的群体效应；一般可将单独建筑物的体型系数 μ_s 乘以相互干扰增大系数。相互干扰系数可按下列规定确定：

1）对矩形平面高层建筑，当单个施扰建筑与受扰建筑高度相近时，根据施扰建筑的位置，对顺风向风荷载可在 $1.00 \sim 1.10$ 内选取，对横风向风荷载可在 $1.00 \sim 1.20$ 内选取。

2）其他情况可比照类似条件的风洞试验资料确定，必要时宜通过风洞试验确定。

（3）局部风压体型系数　高层建筑表面的风荷载压力分布很不均匀，在计算风荷载对建筑物某个局部表面的风压时，要采用局部风压体型系数，用于计算表面围护构件、玻璃强度验算及构件连接强度验算。可按下列规定采用局部体型系数 μ_{s1}：

1）檐口、雨篷、遮阳板、阳台、边棱处的装饰条等突出构件计算局部上浮风荷载时，风荷载局部体型系数 μ_{s1} 不宜小于 2.0。

2）封闭式矩形平面房屋的墙面及屋面可按《荷载规范》表 8.3.3 采用。

3）其他房屋和构筑物可按《荷载规范》给出的体型系数 μ_s 的 1.25 倍取值。

4）设计高层建筑的幕墙结构时，风荷载应按有关的标准规定采用。

4. 顺风向风振和风振系数 β_z

风作用的大小、方向会随机变化，这种波动风压会在建筑物上产生一定的动力效应。如图 3.3a 所示的实测风速时程曲线可以看出，风速的变化分为两部分：一种是长周期成分，一般在 10min 以上；另一种是短周期成分，一般只有几秒。为便于分析通常把实际风分解为平均风（稳定风）和脉动风两部分。由于平均风的长周期远大于一般结构的自振周期，因此这部分对结构的动力影响很小，可以忽略，将其等效为静力作用，使建筑物产生一定侧移。而脉动风周期较短，与一些工程结构的自振周期较接近，且其强度随时间随机变化，其作用性质是动力的，使建筑物在平均风压产生的侧移附近左右振动，如图 3.3a 所示。对于高度较大、刚度较小的高层建筑，脉动风压会产生不可忽视的动力效应，设计中必须考虑。目前采用将风压值乘以风振系数的办法来考虑动力效应。

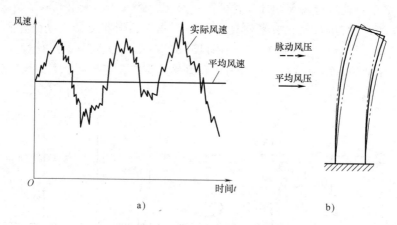

图 3.3　平均风速与脉动风速

对高度大于 30m 且高宽比大于 1.5 的高柔性房屋，以及基本自振周期（T_1）大于 0.25s 的各种高耸结构，应考虑风压脉动对结构产生顺风向风振的影响。顺风向风振响应计算应按结构随机振动理论进行。对于一般竖向悬臂型结构（如高层建筑和构架、塔架、烟囱等高耸结构），可仅考虑结构第一振型的影响，采用风振系数计算其顺风向风荷载。结构在 z 高度处的风振系数 β_z 可按下式计算

$$\beta_z = 1 + 2gI_{10}B_z\sqrt{1+R^2} \tag{3.5}$$

式中　g——峰值因子，可取 2.5；

　　　I_{10}——10m 高度名义湍流强度，对应 A、B、C、D 类地面粗糙度，可分别取 0.12、0.14、0.23 和 0.39；

　　　R——脉动风荷载的共振分量因子；

　　　B_z——脉动风荷载的背景分量因子。

脉动风荷载的共振分量因子 R 可按下列公式计算

$$R = \sqrt{\frac{\pi}{6\zeta_1}\frac{x_1^2}{(1+x_1^2)^{4/3}}} \tag{3.6}$$

$$x_1 = \frac{30f_1}{\sqrt{k_w w_0}}, x_1 > 5 \tag{3.7}$$

式中　f_1——结构第 1 阶自振频率（Hz）；

　　　k_w——地面粗糙度修正系数，对 A、B、C、D 类地面粗糙度，可分别取 1.28、1.0、0.54 和 0.26；

　　　ζ_1——结构阻尼比，对钢结构可取 0.01，对有填充墙的钢结构房屋可取 0.02，对钢筋混凝土及砌体结构可取 0.05，对其他结构可根据工程经验确定。

一般情况下，高层建筑的基本自振周期可根据建筑总层数近似地按下列规定采用：钢结

构的基本自振周期 $T_1 = (0.10 \sim 0.15)n$，钢筋混凝土结构的基本自振周期 $T_1 = (0.05 \sim 0.10)n$，n 为建筑总层数。钢筋混凝土框架、框剪结构的基本自振周期也可按 $T_1 = 0.25 + 0.53 \times 10^{-3} \dfrac{H^2}{\sqrt[3]{B}}$ 计算，钢筋混凝土剪力墙结构的基本自振周期也按 $T_1 = 0.03 + 0.03 \dfrac{H}{\sqrt[3]{B}}$ 计算，H 为房屋总高度（m），B 为房屋宽度（m）。

对体型和质量沿高度均匀分布的高层建筑，脉动风荷载的背景分量因子 B_z 可按下式计算

$$B_z = kH^{a_1} \rho_x \rho_z \frac{\phi_1(z)}{\mu_z} \tag{3.8}$$

式中　$\phi_1(z)$——结构第 1 阶振型系数，对外形、质量、刚度沿高度比较均匀的高层建筑，振型系数可根据相对高度 z/H 查表 3.6，其他的见《荷载规范》附录 G。

　　　　H——结构总高度（m），对 A、B、C、D 类地面粗糙度，H 的取值分别不应大于 300m、350m、450m 和 550m。

　　　　ρ_x——脉动风荷载水平方向相关系数。

　　　　ρ_z——脉动风荷载竖直方向相关系数。

　　　　k、a_1——系数，按表 3.7 取值。

表 3.6　高层建筑的振型系数

相对高度 z/H	振型序号			
	1	2	3	4
0.1	0.02	−0.09	0.22	−0.38
0.2	0.08	−0.30	0.58	−0.73
0.3	0.17	−0.50	0.70	−0.40
0.4	0.27	−0.68	0.46	0.33
0.5	0.38	−0.63	−0.03	0.68
0.6	0.45	−0.48	−0.49	0.29
0.7	0.67	−0.18	−0.63	−0.47
0.8	0.74	0.17	−0.34	−0.62
0.9	0.86	0.58	0.27	−0.02
1.0	1.00	1.00	1.00	1.00

表 3.7　系数 k 和 a_1

粗糙度类别		A	B	C	D
高层建筑	k	0.944	0.670	0.295	0.112
	a_1	0.155	0.187	0.261	0.346
高耸结构	k	1.276	0.910	0.404	0.155
	a_1	0.186	0.218	0.292	0.376

1）竖直方向的相关系数可按下式计算

$$\rho_z = \frac{10\sqrt{H + 60e^{-H/60} - 60}}{H} \tag{3.9}$$

2）水平方向的相关系数可按下式计算

$$\rho_x = \frac{10\sqrt{B+50e^{-B/50}-50}}{B} \tag{3.10}$$

式中　B——结构迎风面宽度（m），$B \leqslant 2H$。

对迎风面宽度较小的高耸结构，水平方向相关系数 ρ_x 可取 1。

对迎风面和侧风面的宽度沿高度按直线或接近直线变化，而质量沿高度按连续规律变化的高耸结构按式（3.8）计算背景分量因子 B_z 应乘以修正系数 θ_B 和 θ_V。θ_B 为构筑物在 z 高度处迎风面宽度 $B(z)$ 与底部宽度 $B(0)$ 之比，θ_V 可按表 3.8 确定

表 3.8　修正系数 θ_V

$B(z)/B(0)$	1	0.9	0.8	0.7	0.6	0.5	0.4	0.3	0.2	$\leqslant 0.1$
θ_V	1.00	1.10	1.20	1.32	1.50	1.75	2.08	2.53	3.30	5.60

5. 阵风系数 β_{gz}

计算围护结构（包括门窗）风荷载时的阵风系数应按表 3.9 确定。

表 3.9　阵风系数 β_{gz}

离地面高度/m	地面粗糙度类别			
	A	B	C	D
5	1.65	1.70	2.05	2.40
10	1.60	1.70	2.05	2.40
15	1.57	1.66	2.05	2.40
20	1.55	1.63	1.99	2.40
30	1.53	1.59	1.90	2.40
40	1.51	1.57	1.85	2.29
50	1.49	1.55	1.81	2.20
60	1.48	1.54	1.78	2.14
70	1.48	1.52	1.75	2.09
80	1.47	1.51	1.73	2.04
90	1.46	1.50	1.71	2.01
100	1.46	1.50	1.69	1.98
150	1.43	1.47	1.63	1.87
200	1.42	1.45	1.59	1.79
250	1.41	1.43	1.57	1.74
300	1.40	1.42	1.54	1.70
400	1.40	1.41	1.51	1.64
500	1.40	1.41	1.50	1.60

6. 横风向和扭转风振影响

除了顺风向的风振效应外，当结构高宽比较大，结构顶点风速大于临界风速时，可能引起较明显的结构横风向振动，对于横风向振动效应或扭转效应明显的高层建筑以及细长圆形截面构筑物，应考虑横风向振动或扭转风振的影响。

（1）横风向风振　超高层、烟囱、高耸塔架等由于气流绕过截面时产生旋涡又不断脱落可能会引起横风向的共振，还可能出现横风向风振效应大于顺风向风振效应的情况。

1）对于平面或立面体型较复杂的高层建筑和高耸建筑，横风向风振的等效风荷载 w_{Lk} 宜通过风洞试验确定，也可比照有关资料确定。

2）对于圆形截面高层建筑及构筑物，其由跨临界强风共振（旋涡脱落）引起的横风向风振的等效风荷载 w_{Lk} 可按照《荷载规范》附录 H.1 确定。

3）对于矩形截面及凹角或削角矩形截面的高层建筑，其横风向风振的等效风荷载 w_{Lk} 可按照《荷载规范》附录 H.2 确定。

（2）扭转风振 当建筑物各个立面风压非对称作用时，会产生扭转风荷载。扭转风荷载受截面形状和湍流度等因素影响较大。

1）对于体型较复杂以及质量或刚度有显著偏心的高层建筑，扭转风振等效风荷载 w_{Tk} 宜通过风洞试验确定，也可比照有关资料确定。

2）对于质量和刚度较对称的矩形截面高层建筑，其扭转风振等效风荷载 w_{Tk} 可按照《荷载规范》附录 H.3 确定。

（3）风荷载组合工况 高层建筑结构在脉动风荷载作用下，其顺风向风荷载、横风向风振等效风荷载和扭转风振等效风荷载一般是同时存在的，但三种荷载的最大值并不一定同时出现，设计时应按表 3.10 考虑三种风荷载的组合工况。

表 3.10 风荷载组合工况

工况	顺风向风荷载	横风向风振等效风荷载	扭转风振等效风荷载
1	F_{Dk}	—	—
2	$0.6F_{Dk}$	F_{Lk}	—
3			T_{Tk}

注：F_{Dk}——顺风向单位高度风力标准值（kN/m），$F_{Dk} = (w_{k1} - w_{k2})B$；
F_{Lk}——横风向单位高度风力标准值（kN/m），$F_{Lk} = w_{Lk}B$；
T_{Tk}——单位高度风致扭矩标准值（kN·m/m），$T_{Tk} = w_{Tk}B$；
w_{k1}、w_{k2}——迎风面、背风面风压标准值（kN/m²）；
w_{Lk}、w_{Tk}——横风向风振等效风荷载标准值、扭转风振等效风荷载标准值（kN/m²）；
B——结构迎风面宽度（m）。

3.2.2 总风荷载

在进行结构设计时，应分别计算风荷载对建筑物的总体效应及局部效应。总体效应是指作用在建筑物上的全部风荷载产生的内力及位移；局部效应是指风荷载对建筑物某个局部产生的内力和位移。

计算总体风荷载效应时，要考虑建筑承受的总风荷载，各个表面承受风力的合力，且沿建筑物高度变化的分布线荷载。通常，按 x、y 两个互相垂直的方向分别计算总风荷载。按下式计算的总风荷载标准值是 z 高度处的线荷载（kN/m）。

$$W = \beta_z \mu_z w_0 (\mu_{s1} B_1 \cos\alpha_1 + \mu_{s2} B_2 \cos\alpha_2 + \cdots + \mu_{sn} B_n \cos\alpha_n) \tag{3.11}$$

式中 n——建筑物外围表面数（每一个平面作为一个表面）；

B_i——第 i 个表面的宽度（m）；

μ_{si}——第 i 个表面的风载体型系数；

α_i——第 i 个表面法线与总风荷载作用方向的夹角。

要注意每个表面体型系数的正负号，即注意每个表面承受的是风压力还是风吸力，以便在求合力时作矢量相加。各表面风荷载的合力作用点，即为总体风荷载的作用点。设计时，可将沿高度分布的总体风荷载的线荷载换算成集中作用在各楼层位置的集中荷载，再计算结构的内力及位移。

风荷载的组合值系数、频遇值系数和准永久值系数可分别取 0.6、0.4 和 0.0。

3.2.3 风洞试验概述

规范中关于风荷载的计算规定适用于大多数体型较规则、高度不太大的高层建筑。对体型复杂的高柔建筑物的风作用，目前还没有有效的预测、计算方法，而风洞试验是一种测量在大气边界层（风速变化的高度范围）内风对建筑物作用大小的有效手段。摩天大楼可能造成很强的地面风，对行人和商店有很大影响，当附近还有别的高层建筑时，群楼效应对建筑物和建筑物之间的通道也会造成危害，这些都可通过风洞试验得到对设计有用的数据。

《高规》规定，房屋高度大于 200m 或有下列情况之一的建筑物，宜进行风洞试验确定风荷载：平面形状或立面形状复杂；立面开洞或连体建筑；周围地形和环境复杂。

建筑物的风洞试验要求在风洞中实现大气边界层内风的平均风剖面、紊流和自然流动，即能模拟风速随高度的变化。大气紊流纵向分量与建筑物长度尺寸应具有相同的相似常数。模型风洞试验的相似性分析是以动力学相似性为基础的，包括时间、长度、速度、质量和力的缩尺等。例如，风压的相似比就是通过风压分布系数来反映的。其具体表达式为：原型表面风压/原型来流风速＝模型表面风压/模型来流风速。

一般说来，风洞尺寸达到宽为 2~4m、高为 2~3m、长为 5~30m 时可满足要求。风洞试验必须有专门的风洞设备，模型制作也有特殊要求，量测设备和仪器也是专门的，因此高层建筑需要做风洞试验时，应委托风工程专家和专门的试验人员进行。风洞试验采用的模型通常有三类：刚性压力模型、气动弹性模型、刚性高频力平衡模型。

刚性压力模型最常用，建筑模型的比例取 1：300~1：500，一般采用有机玻璃材料，建筑模型本身、周围建筑物模型，以及地形都应与实物几何形状相似。与风流动有明显关系的特征如建筑外形、突出部分都应在模型中得到正确模拟。模型上布置大量直径为 1.5mm 的侧压孔，有时多达 500~700 个，在孔内安装压力传感器，试验时可量测各部分表面上的局部压力或吸力，传感器输出电信号，通过采集数据仪器自动扫描记录并转换为数字信号，由计算机处理数据，从而得到结构的平均压力和波动压力的量测值。风洞试验一次需持续 60s 左右，相应实际时间为 1h。这种模型是目前在风洞试验中应用最多的模型，主要是量测建筑物表面的风压力（吸力），以确定建筑物的风荷载，用于结构设计和围护构件设计。

气动弹性模型可更精确地考虑结构的柔度和自振频率、阻尼的影响，因此不仅要求模拟几何尺寸，还要求模拟建筑物的惯性矩、刚度和阻尼特性。高宽比大于 5、需要考虑舒适度的高柔建筑采用这种模型更为合适。但这类模型的设计和制作比较复杂，风洞试验时间也长，有时采用第三类风洞试验模型代替。

第三类风洞试验模型是将一个轻质材料的模型固定在高频反应的力平衡系统上，也可得到风产生的动力效应，但是它需要有能模拟结构刚度的基座杆及高频力平衡系统。

【例 3-1】 某 Y 形框架—剪力墙结构 10 层，层高 5.8m，房屋总高度 58m。地面粗糙度为 B 类地区，标准风压值 0.64kN/m²，风向为图中箭头所指方向，结构平面外形及体型系数如图 3.4 所示。计算沿建筑物高度该结构的总风荷载标准值。

【解】 本结构平面外形有 9 个表面，其序号在图 3.4 中表明，沿建筑物高度总风荷载

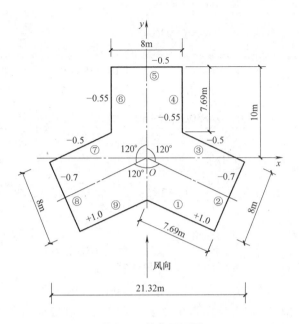

图 3.4　结构平面图

按下式计算

$$W_z = \beta_z \mu_z \sum_{i=1}^{9} B_i \mu_{si} w_0 \cos\alpha_i = \beta_z \mu_z \sum_{i=1}^{9} W_i$$

每个表面沿建筑物高度每米的风荷载按下式计算

$$W_{iz} = \beta_z \mu_z B_i \mu_{si} w_0 \cos\alpha_i = \beta_z \mu_z W_i$$

（1）计算 W_i。已给定 $w_0 = 0.64 \text{kN/m}^2$，分别计算每个表面的风荷载，计算列表见表 3.11，因结构对称，表中仅列出右半边结果。

表 3.11　风荷载计算列表

序号	$B_i \mu_{si} w_0 / (\text{kN/m})$	$\cos\alpha_i$	$W_i / (\text{kN/m})$
1	$7.69 \times 1.0 \times 0.64$	0.866	4.26
2	$-8 \times 0.7 \times 0.64$	0.5	-1.79
3	$7.69 \times 0.5 \times 0.64$	0.866	2.13
4	$7.69 \times 0.55 \times 0.64$	0	0
5	$4 \times 0.5 \times 0.64$	1	1.28
合计	$\sum W_i = 5.88 \times 2$		

因此，$\sum W_i = 5.88 \times 2 \text{kN/m} = 11.76 \text{kN/m}$。

（2）计算 β_z。框架—剪力墙结构基本自振周期为

$$T_1 = 0.25 + 0.53 \times 10^{-3} \frac{H^2}{\sqrt[3]{B}} = \left(0.25 + 0.53 \times 10^{-3} \times \frac{58^2}{\sqrt[3]{21.32}}\right) \text{s} = 0.89(\text{s})$$

$$f_1 = 1/T_1 = 1.12 \text{Hz}, \quad k_w = 1.0, \quad x_1 = \frac{30 f_1}{\sqrt{k_w w_0}} = \frac{30 \times 1.12}{\sqrt{1.0 \times 6.41}} = 42, \quad \zeta_1 = 0.05$$

共振分量因子 $R = \sqrt{\dfrac{\pi}{6\zeta_1} \dfrac{x_1^2}{(1+x_1^2)^{4/3}}} = 0.9306$

竖直方向的相关系数 $\rho_z = \dfrac{10\sqrt{H+60e^{-H/60}-60}}{H} = \dfrac{10\sqrt{58+60e^{-58/60}-60}}{58} = 0.7867$

水平方向的相关系数 $\rho_x = \dfrac{10\sqrt{B+50e^{-B/50}-50}}{B} = \dfrac{10\sqrt{21.32+50e^{-21.32/50}-50}}{21.32} = 0.9337$

查表 3.7 得 $k = 0.67$，$\alpha_1 = 0.187$

背景分量因子 $B_z = kH^{a_1}\rho_x\rho_z\dfrac{\phi_1(z)}{\mu_z} = 0.67\times58^{0.187}\times0.7867\times0.9337\dfrac{\phi_1(z)}{\mu_z} = 1.05\dfrac{\phi_1(z)}{\mu_z}$

因此 $\beta_z = 1+2gI_{10}B_z\sqrt{1+R^2} = 1+2\times0.14\times2.5\times1.05\dfrac{\phi_1(z)}{\mu_z}\times\sqrt{1+0.9306} = 1+1.02\dfrac{\phi_1(z)}{\mu_z}$

（3）计算 W_z。将各计算参数代入总风荷载计算公式

$$W_z = \beta_z\mu_z\sum W_i = [\mu_z+1.02\phi_1(z)]\times11.76$$

$\phi_1(z)$ 可根据相对高度 z/H 查表 3.6 确定。各分段高度处风荷载值计算见表 3.12，风荷载合力沿 y 轴作用。

表 3.12　总风荷载计算列表

离地面高度/m	z/H	ϕ_1(z)	1.02ϕ_1(z)	μ_z	μ_z+1.02ϕ_1(z)	W_z/(kN/m)	分布图形
58.0	1.0	1	1.02	1.69	2.71	31.9	
52.2	0.9	0.86	0.8772	1.64	2.5172	29.6	
46.4	0.8	0.74	0.7548	1.58	2.3348	27.5	
40.6	0.7	0.67	0.6834	1.53	2.2134	26.0	
34.8	0.6	0.45	0.459	1.45	1.909	22.4	
29.0	0.5	0.38	0.3876	1.37	1.7576	20.7	
23.2	0.4	0.27	0.2754	1.28	1.5554	18.3	
17.4	0.3	0.17	0.1734	1.18	1.3534	15.9	
11.6	0.2	0.08	0.0816	1.04	1.1216	13.2	
5.8	0.1	0.02	0.0204	1.00	1.0204	12.0	

分布图形中标注：31.9,58.0；29.6,52.2；27.5,46.4；26.0,40.6；22.4,34.8；20.7,29.0；18.3,23.2；15.9,17.4；13.2,11.6；12.0,5.8

从表 3.12 中可看出，风荷载值沿高度越向上越大。

3.3　地震作用

3.3.1　一般计算原则

1. 地震作用的特点

地震时，由于地震波的作用产生地面运动，并通过房屋基础影响上部结构，使结构产生振动，这就是地震作用。地震作用会使房屋产生水平振动和竖向振动，一般来说水平振动对

结构的破坏较大。设计中主要考虑水平地震作用，只有在震中附近的高烈度区或竖向振动会产生较严重后果时，才同时考虑竖向地震作用。地震作用使房屋产生的运动称为地震反应，包括加速度、位移和速度。

地面运动的特性可用强度（用振幅值大小表示）、频谱和持续时间三个特征量来衡量。强烈地震时加速度峰值或速度峰值往往很大，但如果地震时间较短，对建筑物的影响可能不大。有时地面运动的加速度或速度幅值不大，但地震波的特征周期与建筑物的基本周期接近，或者振动时间很长，都可能对建筑物造成不利影响。

地震观测表明，不同性质的场地土对地震波中各种频率成分的吸收和过滤效果不同，地震波在传播过程中，高频成分最易被吸收，尤其在软土中。因此，在震中附近或坚硬地层中，地震波的短周期成分丰富，特征周期可能在 $0.1 \sim 0.3s$。在距震中很远的地方，或者冲积土层很厚、土层较软时，由于短周期成分被吸收而导致以长周期成分为主，特征周期可能为 $1.5 \sim 2s$。后一种情况对具有较长周期的高层建筑结构尤为不利。当深层地震波传到地面时，土壤又会将振动放大，土壤性质不同，放大作用不同，软土放大作用大。

房屋本身的动力特性指房屋的自振周期、振型和阻尼，与结构的质量和刚度有关。通常质量大、刚度大、周期短的房屋在地震作用下的惯性力较大；刚度小、周期长的房屋位移较大，但惯性力较小。特别是当地震波的主要振动周期与房屋的自振周期相近时，会引起共振效应，使结构的地震反应加剧。

2. 抗震设防目标与设计方法

《抗震规范》根据使用功能和重要性将建筑物分成四类，并分别采取不同的抗震设防标准。甲类建筑指特别重要的建筑，重大建筑工程和地震时可能发生严重次生灾害的建筑，如核电站、存放剧毒物品的建筑、中央级电信枢纽等；乙类建筑是指重要的建筑，地震时使用功能不能中断或需尽快恢复的建筑，人员大量集中的公共建筑物或其他重要建筑物，如大中城市的供水、供电、广播、通信、消防、医疗等建筑；丙类建筑是除甲、乙、丁类以外的一般工业与民用建筑；丁类建筑是抗震次要建筑，如使用率较低的仓库、临时建筑物等。高层建筑结构抗震设防仅包括甲、乙、丙三个类别。

抗震设防烈度为6度及以上的地区，高层建筑必须进行抗震设计，各类建筑抗震设防标准为：

1）甲类建筑：地震作用高于本地区抗震设防烈度的要求，抗震措施应比本地区抗震设防烈度提高一度要求。

2）乙类建筑：地震作用按本地区抗震设防烈度的要求，抗震措施应比本地区抗震设防烈度提高一度要求。

3）丙类建筑：地震作用和抗震措施均按本地区抗震设防烈度要求。

我国目前抗震设计的三水准目标如下：

1）小震不坏：在建筑物使用期间可能遇到的多遇地震（小震），即相当于比设防烈度低1.5度的地震作用下，建筑结构应保持弹性状态而不损坏。

2）中震可修：在设防烈度地震作用下，建筑结构可以出现局部损坏或进入塑性状态，震后经修复后可继续使用。

3）大震不倒：当遭遇罕遇地震时（一般指超出设防烈度1~1.5度的大震），建筑物严重损坏但不致发生倒塌，生命可安全转移。

为实现"小震不坏，中震可修，大震不倒"的三水准抗震目标，我国《抗震规范》采取两阶段的设计方法。第一阶段设计为承载力和使用阶段下的变形验算，针对多遇地震（小震）作用，此时建筑物可视为弹性体系，采用反应谱理论计算地震作用，用弹性方法计算内力和位移，进行荷载效应组合，然后按极限状态方法设计构件，同时尚需满足规范对中震设防烈度的相应构造要求。这样设计不仅满足第一水准"小震不倒"的目标，同时满足了第二水准"中震可修"的要求。对于多数高层建筑结构，只需进行第一阶段设计即可，而通过概念设计和抗震构造措施来满足第三水准的要求。第二阶段设计指弹塑性变形验算。对特殊重要的建筑、地震时易发生倒塌的结构以及有明显薄弱层的不规则结构，除进行第一阶段设计外，还要进行罕遇地震作用下结构薄弱部位的弹塑性层间变形验算，并采用相应的抗震构造措施，实现第三水准"大震不倒"的设计要求。

3. 地震作用计算原则和理论

高层建筑结构的地震作用计算应符合下列原则：

1）一般情况下，应至少在结构两个主轴方向分别计算水平地震作用；有斜交抗侧力构件的结构，当相交角度大于 15°时，应分别计算各抗侧力构件方向的水平地震作用。

2）质量与刚度分布明显不对称的结构，应计算双向水平地震作用下的扭转影响；其他情况应计算单向水平地震作用下的扭转影响。

3）高层建筑中的大跨度和长悬臂结构，7 度（0.15g）、8 度抗震设计时，应计入竖向地震作用。

4）9 度抗震设计时应计算竖向地震作用。

5）计算单向地震作用时应考虑偶然偏心的影响。每层质心沿垂直地震作用方向的偏移值 $e_i = \pm 0.05 L_i$（L_i 为第 i 层垂直于地震作用方向的建筑物总长度）。

高层建筑结构应根据不同的情况分别采用不同的计算方法：

1）高层建筑结构宜采用振型分解反应谱法；对质量和刚度不对称、不均匀的结构以及高度超过 100m 的高层建筑结构应采用考虑扭转耦联振动影响的振型分解反应谱法。

2）高度不超过 40m、以剪切变形为主且质量和刚度沿高度分布比较均匀的高层建筑结构可采用底部剪力法。

3）7~9 度抗震设防的高层建筑，下列情况下应采用弹性时程分析法进行多遇地震作用下的补充计算：甲类高层建筑结构；表 3.13 所列高度范围的乙、丙类高层建筑结构；竖向不规则高层建筑结构；质量沿竖向分布特别不均匀的高层建筑结构；复杂高层建筑结构。

表 3.13　采用时程分析法的高层建筑结构

设防烈度和场地类别	建筑高度范围
8 度 Ⅰ、Ⅱ类场地和 7 度	>100m
8 度 Ⅲ、Ⅳ场地	>80m
9 度	>60m

注：场地类别应按照现行国家标准《建筑抗震设计规范》GB 50011 规定采用。

3.3.2　计算地震作用的反应谱法

反应谱法是用动力方法计算质点体系地震反应，建立反应谱，再用加速度反应谱计算结构的最大惯性力作为结构的等效地震荷载，然后按静力方法进行结构计算和设计的方法，是一种拟静力方法。

设计反应谱曲线是通过单质点体系的动力计算得到的，对于图 3.5 所示的单质点体系，在地面加速度运动作用下，质点运动方程为

$$m\ddot{x} + c\dot{x} + kx = -m\ddot{x}_0 \tag{3.12}$$

式中　m、c、k——质点的质量、阻尼及刚度系数；

　　　x、$\dot{x}$、$\ddot{x}$——质点的位移、速度及加速度反应，均为时间的函数；

　　　$\ddot{x}_0$——地面运动加速度，为时间的函数。

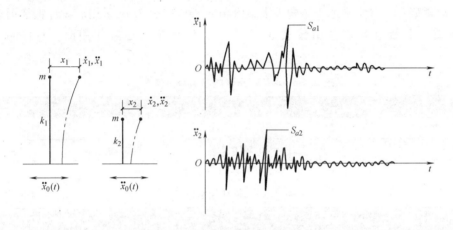

图 3.5　单自由度体系地震反应

如地面运动 $\ddot{x}_0(t)$ 已知，便可求出质点的位移、速度、加速度反应，反应的最大值分别为 S_d、S_v、S_a。当单质点体系的自振周期改变时，就会得到不同的最大反应值。画出 S_d、S_v、S_a 与周期 T 的关系曲线，就得到位移反应谱、速度反应谱和加速度反应谱。

有了质点最大加速度反应 S_a 后，由牛顿定律可得质点最大惯性力

$$F = mS_a = \frac{\ddot{x}_{0\max}}{g} \frac{S_a}{\ddot{x}_{0\max}} mg = k\beta G = \alpha G \tag{3.13}$$

式中　m、G——单质点体系的质量及重量；

　　　g——重力加速度；

　　　$\ddot{x}_{0\max}$——地面运动最大加速度；

　　　k——$\ddot{x}_{0\max}/g$，称为地震系数，表示地面运动的相对强度；

　　　β——$S_a/\ddot{x}_{0\max}$，称为动力系数，表示质点加速度与地面加速度相比的放大系数；

　　　α——地震影响系数，$\alpha = k\beta$。

《抗震规范》根据大量的地震加速度记录计算得到的反应谱曲线，经过处理后得到的标准反应谱-地震影响系数 α 作为设计反应谱，如图 3.6 所示。

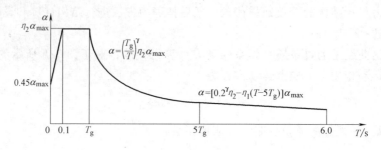

图 3.6 设计反应谱曲线

结构的地震作用影响系数，应根据烈度、场地类别、设计地震分组和结构自振周期以及阻尼比等因素确定，其水平地震影响系数最大值 α_{max} 应按表 3.14 采用。设计特征周期 T_g 应根据场地类别和设计地震分组按表 3.15 取用，计算罕遇地震作用时，特征周期应增加 0.05s。

表 3.14 水平地震影响系数最大值 α_{max}

地震影响	6 度	7 度	8 度	9 度
多遇地震	0.04	0.08(0.12)	0.16(0.24)	0.32
罕遇地震	0.28	0.50(0.72)	0.90(1.20)	1.40

注：7、8 度时括号内数值分别用于设计基本地震加速度为 0.15g 和 0.30g 的地区。

表 3.15 特征周期值 T_g （单位：s）

设计地震分组 \ 场地类别	I$_0$	I$_1$	II	III	IV
第一组	0.20	025	0.35	0.45	0.65
第二组	0.25	0.30	0.40	0.55	0.75
第三组	0.30	0.35	0.45	0.65	0.90

高层建筑结构地震影响系数曲线的形状参数和阻尼调整应符合下列要求：

1）除有专门规定外，钢筋混凝土高层建筑结构的阻尼比应取 0.05，此时阻尼调整系数 η_2 应取 1.0，形状参数应符合下列规定：

① 直线上升段，周期小于 0.1s 的区段。

② 水平段，自 0.1s 至特征周期 T_g 的区段，地震影响系数应取最大值 α_{max}。

③ 曲线下降段，自特征周期至 5 倍特征周期的区段，衰减指数 γ 应取 0.9。

④ 直线下降段，自 5 倍特征周期至 6.0s 的区段，下降斜率调整系数 η_1 应取 0.02。

2）当建筑结构的阻尼比不等于 0.05 时，地震影响系数曲线的分段情况与 1）中相同，但其形状参数和阻尼调整系数 η_2 应符合下列规定：

① 曲线下降段的衰减指数应按下式确定

$$\gamma = 0.9 + \frac{0.05 - \zeta}{0.3 + 6\zeta} \qquad (3.14)$$

式中　γ——曲线下降段的衰减指数；

　　　ζ——阻尼比。

② 直线下降段的下降斜率调整系数应按下式确定

$$\eta_1 = 0.02 + \frac{0.05 - \zeta}{4 + 32\zeta} \tag{3.15}$$

式中　η_1——曲线下降段的下降斜率调整系数，小于 0 时取 0。

③ 阻尼调整系数应按下式确定

$$\eta_2 = 1 + \frac{0.05 - \zeta}{0.08 + 1.6\zeta} \tag{3.16}$$

式中　η_2——阻尼调整系数，当 η_2 小于 0.55 时，应取 0.55。

3.3.3　水平地震作用计算

1. 底部剪力法

当结构高度小于 40m，沿高度方向质量和刚度比较均匀，并以第一振型为主的高层建筑，可只用基本自振周期确定总底部剪力，然后按照一定规律将地震作用沿高度分布。水平地震计算简图如图 3.7 所示。

结构的水平地震作用标准值按下式计算

$$F_{Ek} = \alpha_1 G_{eq}$$

$$F_i = \frac{G_i H_i}{\sum\limits_{j=1}^{n} G_j H_j} F_{Ek}(1 - \delta_n) \quad (i = 1, 2, 3, \cdots, n)$$

$$\Delta F_n = \delta_n F_{Ek} \tag{3.17}$$

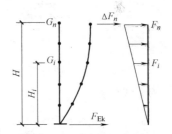

图 3.7　水平地震计算简图

式中　F_{Ek}——结构的底部总剪力，即结构总水平地震作用的标准值；

α_1——相应于结构基本自振周期 T_1 的水平地震影响系数 α 值，按设计反应谱曲线公式计算；

G_{eq}——结构等效总重力荷载，可取总重力荷载代表值的 85%，$G_{eq} = 0.85G_E$；

F_i——质点 i 的水平地震作用标准值；

G_i、G_j——第 i、j 层重力荷载代表值；

G_E——计算地震作用时结构总重力荷载代表值，$G_E = \sum\limits_{j=1}^{n} G_j$；

H_i、H_j——第 i、j 层的计算高度；

δ_n——顶部附加水平地震作用系数，可按表 3.16 取用；

ΔF_n——顶部附加水平地震作用标准值；

n——楼层数。

表 3.16　顶部附加地震作用系数

T_g/s	$T_1 > 1.4T_g$	$T_1 \leq 1.4T_g$
≤ 0.35	$0.08T_1 + 0.07$	
$0.35 < T_g \leq 0.55$	$0.08T_1 + 0.01$	0
$T_g > 0.55$	$0.08T_1 - 0.02$	

注：T_1 为结构基本自振周期。

2. 不考虑扭转耦联的振型分解反应谱法

较高的结构，除基本振型外，高振型的影响较大，因此，一般高层建筑要用振型分解反应谱法考虑多个振型的组合。当结构的平面形状和立面体型比较简单规则时，可分别计算沿两个主轴方向的地震作用，其与扭转耦联振动的影响可以不考虑。

把结构简化为平面结构进行平移分析，x、y 两个方向分别进行计算，把高层建筑各层质量集中在楼层处，n 个楼层即形成 n 个质点，每一个方向均具有 n 个振型，如图 3.8 所示。

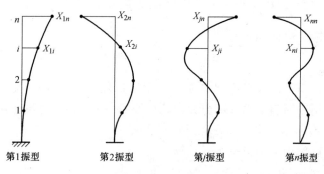

图 3.8　振型图

每个振型都分别按反应谱曲线计算地震影响系数 α，第 j 个振型第 i 楼层处的等效地震力按下式计算

$$F_{ji} = \alpha_j \gamma_j X_{ji} G_i \tag{3.18}$$

$$\gamma_j = \frac{\sum\limits_{i=1}^{n} X_{ji} G_i}{\sum\limits_{i=1}^{n} X_{ji}^2 G_i} \quad (i = 1, 2, \cdots, n; j = 1, 2, \cdots, m) \tag{3.19}$$

式中　F_{ji}——第 j 个振型第 i 楼层处的水平地震作用标准值；

$\qquad G_i$——第 i 楼层重力荷载代表值，与底部剪力法中计算方法相同；

$\qquad \alpha_j$——相应于第 j 振型自振周期的地震影响系数，按设计反应谱曲线公式计算；

$\qquad X_{ji}$——第 j 振型第 i 层的水平相对位移，如图 3.8 所示；

$\qquad \gamma_j$——第 j 振型的振型参与系数；

$\qquad n$——结构计算总层数，小塔楼宜每层作为一个质点参与计算；

$\qquad m$——结构计算振型数，规则结构可取 3，建筑较高、结构沿竖向刚度不均匀时可取

$\qquad\qquad$ 5~6，较柔或刚度、质量沿高度分布很不均匀时需要取 6 个以上的振型。

求出各振型等效地震力后，按静力方法分别计算各个振型的内力（弯矩、剪力、轴力和位移），然后用下式组合求出振型组合内力及位移

$$S = \sqrt{\sum_{j=1}^{m} S_j^2} \tag{3.20}$$

式中　S——水平地震作用标准值的效应（弯矩、剪力、轴力和位移等）；

$\qquad S_j$——j 振型的水平地震作用标准值的效应（弯矩、剪力、轴力和位移等）。

式（3.20）称为平方和的平方根方法（SRSS）方法。因为每个振型都由反应谱曲线计

算等效地震力，因而都是最大加速度反应时的惯性力，但实际上各个振型的最大值在同一时刻发生的概率很小，SRSS方法是在概率方法的基础上得出的较为合理的组合方式。

3. 考虑扭转耦联的振型分解反应谱法

结构在地震作用下，除了发生平移外还会产生扭转振动，引起扭转振动的原因：一是地面运动存在转动分量，或地震时，地面各点的运动存在相位差；另外是结构质量中心和刚度中心不重合。《高规》规定，对质量和刚度明显不均匀的结构，应考虑水平地震作用的扭转影响。

当考虑扭转影响的结构，按扭转耦联振型分解法计算时，各楼层有 x、y、φ 三个自由度，n 个楼层就有 $3n$ 个振型。应按下列规定计算地震作用和作用效应

$$\begin{cases} F_{xji} = \alpha_j \gamma_{tj} X_{ji} G_i \\ F_{yji} = \alpha_j \gamma_{tj} Y_{ji} G_i & (i=1,2,\cdots,n; j=1,2,\cdots,m) \\ F_{tji} = \alpha_j \gamma_{tj} r_i^2 \varphi_{ji} G_i \end{cases} \tag{3.21}$$

式中　F_{xji}、F_{yji}、F_{tji}——j 振型第 i 层在 x 方向、y 方向和转角方向的地震作用标准值；

　　X_{ji}、Y_{ji}——j 振型第 i 层质心在 x、y 方向的水平相对位移；

　　φ_{ji}——j 振型第 i 层的相对扭转角；

　　α_j——相应于第 j 振型自振周期 T_j 的地震影响系数；

　　r_i——第 i 层的扭转半径，取 i 层绕质心的转动惯量除以该层质量的商的正二次方根，$r_i^2 = I_i g / G_i$，I_i 为第 i 层质量绕质心转动的转动惯量，g 为重力加速度；

　　n——结构计算总质点数，小塔楼宜每层作为一个质点参与计算；

　　m——结构计算振型数，一般情况下取 $9 \sim 15$，多塔楼建筑每个塔楼的振型数不宜小于 9；

　　γ_{tj}——考虑扭转的 j 振型参与系数，按下式计算

当仅考虑 x 方向地震时　　　　$$\gamma_{tj} = \sum_{i=1}^{n} X_{ji} G_i \Big/ \sum_{i=1}^{n} (X_{ji}^2 + Y_{ji}^2 + \varphi_{ji}^2 r_i^2) G_i \tag{3.22}$$

当仅考虑 y 方向地震时　　　　$$\gamma_{tj} = \sum_{i=1}^{n} Y_{ji} G_i \Big/ \sum_{i=1}^{n} (X_{ji}^2 + Y_{ji}^2 + \varphi_{ji}^2 r_i^2) G_i \tag{3.23}$$

当考虑与 x 方向夹角为 θ 的地震时　　$$\gamma_{tj} = \gamma_{xj} \cos\theta + \gamma_{yj} \sin\theta \tag{3.24}$$

振型组合时也要考虑空间各振型的相互影响，应采用完全二次方程法（CQC方法）进行组合，考虑单向水平地震作用下的扭转地震作用效应组合公式如下

$$S = \sqrt{\sum_{j=1}^{m} \sum_{k=1}^{m} \rho_{jk} S_j S_k} \tag{3.25}$$

$$\rho_{jk} = \frac{8\sqrt{\zeta_j \zeta_k}(\zeta_j + \lambda_T \zeta_k)\lambda_T^{1.5}}{(1-\lambda_T^2)^2 + 4\zeta_j \zeta_k (1+\lambda_T^2)\lambda_T + 4(\zeta_j^2 + \zeta_k^2)\lambda_T^2} \tag{3.26}$$

式中　S——考虑扭转的地震作用标准值的效应（弯矩、剪力、轴力和位移等）；

　　S_j、S_k——第 j、k 振型地震作用标准值的效应（弯矩、剪力、轴力和位移等）；

　　ρ_{jk}——j 振型与 k 振型的耦联系数；

　　λ_T——k 振型与 j 振型的自振周期比，$\lambda_T = T_k / T_j$；

ζ_j、ζ_k——j 振型、k 振型的阻尼比；

m——参加组合的振型数，一般情况下取 9~15，多塔楼建筑每个塔楼的振型数不宜小于 9。

考虑双向水平地震作用下的扭转地震作用效应，应按下列公式中的较大值确定

$$\begin{cases} S=\sqrt{S_x^2+(0.85S_y)^2} \\ S=\sqrt{S_y^2+(0.85S_x)^2} \end{cases} \tag{3.27}$$

式中　S_x——仅考虑 x 方向水平地震作用时的地震作用效应；

S_y——仅考虑 y 方向水平地震作用时的地震作用效应。

与 SRSS 方法相同，在组合前必须分别计算各振型等效地震荷载下的内力及位移，即 S_j 或 S_k（是由 F_{xji}、F_{yji}、F_{tji} 作用或 F_{xki}、F_{yki}、F_{tki} 作用，求出的构件内力和结构位移），然后由式（3.25）计算得出振型组合后的内力及位移。

4. 动力时程分析法

动力时程分析法是将地震动记录或人工地震波作用在结构上，直接对结构运动方程进行积分，求得结构任意时刻地震反应的分析方法。根据是否考虑结构的非线性，又分为线性动力时程分析和非线性动力时程分析两种。弹性时程分析要借助计算机程序进行，关键是选择合适的地震加速度时程曲线，因为地震是随机的，很难预计结构未来可能遭遇什么样的地面运动。进行结构时程分析时，应符合下列要求：

1）应按建筑场地类别和设计地震分组选取实际地震记录和人工模拟的加速度时程曲线，其中实际地震记录的数量不应小于总数量的 2/3，多组时程曲线的平均地震影响系数曲线应与振型分解反应谱法所采用的地震影响系数曲线在统计意义上相符；弹性时程分析时，每条时程曲线计算所得结构底部剪力不应小于振型分解反应谱法计算结果的 65%，多条时程曲线计算所得结构底部剪力不应小于振型分解反应谱法计算结果的 80%。

2）地震波的持续时间不宜小于建筑结构基本自振周期的 5 倍和 15s，地震波的时间间距可取 0.01s 或 0.02s。

3）输入地震加速度的最大值可按表 3.17 采用。

表 3.17　时程分析时输入地震加速度的最大值　　（单位：cm/s^2）

设防烈度	6 度	7 度	8 度	9 度
多遇地震	18	35(55)	70(110)	140
罕遇地震	125	220(310)	400(510)	620

注：7、8 度括号内数值分别用于设计基本地震加速度为 0.15g 和 0.30g 的地区，此处 g 为重力加速度。

4）当取三组时程曲线进行计算时，结构地震作用效应宜取时程法计算结果的包络值与振型分解反应谱法计算结果的较大值；当取七组时程曲线进行计算时，结构地震作用效应宜取时程法计算结果的平均值与振型分解反应谱法计算结果的较大值。

5）计算地震作用时，建筑结构的重力荷载代表值应取永久荷载标准值和可变荷载组合值之和。可变荷载组合值系数雪荷载取 0.5，楼面活荷载按实际情况计算时取 1.0，楼面活荷载按等效均布荷载计算时，藏书库、档案库、库房取 0.8，一般民用建筑取 0.5。

5. 楼层最小剪力

由于地震影响系数在长周期段下降较快，对于基本周期大于 3s 的结构，由此计算所得

的水平地震作用下的结构效应可能过小。而对于长周期结构，地震地面运动速度和位移可能对结构的破坏具有更大的影响，规范所采用的振型分解反应谱法无法对此做出合理估计，出于结构安全考虑，《高规》规定，多遇地震水平地震作用计算时，结构各楼层对应于地震作用标准值的剪力应符合下列要求

$$V_{Eki} \geqslant \lambda \sum_{j=i}^{n} G_j \qquad (3.28)$$

式中　V_{Eki}——第 i 层的楼层水平地震作用标准值的剪力；

　　　λ——水平地震剪力系数，又称剪重比，不应小于表 3.18 中的规定值，对竖向不规则结构的薄弱层，尚应乘以 1.15 的增大系数；

　　　G_j——第 j 层的重力荷载代表值；

　　　n——结构计算总层数。

表 3.18　楼层最小地震剪力系数值

类　别	6 度	7 度	8 度	9 度
扭转效应明显或基本周期小于 3.5s 的结构	0.008	0.016(0.024)	0.032(0.048)	0.064
基本周期大于 5.0s 的结构	0.006	0.012(0.018)	0.024(0.036)	0.048

注：基本周期介于 3.5s 和 5.0s 之间的结构，可线性内插；7、8 度时括号内数值分别用于设计基本地震加速度为 0.15g 和 0.30g 的地区。

3.3.4　结构自振周期计算

在利用底部剪力法计算等效地震荷载时，需要结构基本自振周期，可采用适合于手算的近似方法，下面介绍几种最常用的半经验半理论公式和经验公式。需要指出的是，由于近似方法是建立在理论计算基础上的，并采用了由计算简图确定的杆件刚度值，因此对计算的周期值必须进行修正。

1. 顶点位移法

对于质量和刚度沿高度分布均匀的框架结构、框架—剪力墙结构和剪力墙结构，其基本自振周期可按下式计算

$$T_1 = 1.7 \psi_T \sqrt{u_T} \qquad (3.29)$$

式中　u_T——计算结构基本自振周期的结构顶点假想侧移，即把集中在各层楼面处的重量 G_i 视为作用于第 i 层楼面的假想水平荷载，按弹性刚度计算得到的结构顶点侧移（以 m 为单位）；

　　　ψ_T——基本周期的缩短系数，即考虑非承重砖墙（填充墙）影响的折减系数，框架结构取 0.6~0.7，框架—剪力墙结构取 0.7~0.8（当非承重墙较少时可取 0.8~0.9），框架—核心筒结构取 0.8~0.9，剪力墙结构取 0.9~1.0，其他结构体系或采用其他非承重墙体时可根据具体情况确定折减系数。

2. 能量法

对于以剪切变形为主的框架结构，可以采用以最大动能等于最大位能原理得出的结构基本自振周期

$$T_1 = 2\pi\psi_{\mathrm{T}} \sqrt{\frac{\displaystyle\sum_{i=1}^{n} G_i\Delta_i^2}{g\displaystyle\sum_{i=1}^{n} G_i\Delta_i}} \qquad (3.30)$$

式中　G_i——第 i 层的重量荷载代表值；

$\quad\Delta_i$——把 G_i 视为作用在第 i 层楼面的假想水平荷载，按弹性刚度计算得到的结构第 i 层楼面处的假想侧移；

$\quad g$——重力加速度；

$\quad n$——楼层数；

$\quad\psi_{\mathrm{T}}$——考虑填充墙影响后的基本周期缩短系数，数值取法同顶点位移法。

对于一些形状规则的高层建筑结构，根据实测的自振周期，也有一些经验公式可供初步设计时参考使用。

3.3.5　竖向地震作用计算

高烈度区震害表明，竖向地震作用对高层建筑及大跨结构影响很大。结构竖向地震作用标准值可采用时程分析方法或振型分解反应谱方法计算，也可以采用类似于水平地震作用时的底部剪力法进行计算。结构总竖向地震作用简图如图3.9所示，总竖向地震作用标准值按下式计算

$$F_{\mathrm{Evk}} = \alpha_{\mathrm{vmax}} G_{\mathrm{eq}} \qquad (3.31)$$

$$F_{\mathrm{vi}} = \frac{G_i H_i}{\displaystyle\sum_{j=1}^{n} G_j H_j} F_{\mathrm{Evk}} \qquad (3.32)$$

式中　F_{Evk}——结构总竖向地震作用标准值；

$\quad\alpha_{\mathrm{vmax}}$——竖向地震影响系数的最大值，$\alpha_{\mathrm{vmax}} = 0.65\alpha_{\mathrm{max}}$，$\alpha_{\mathrm{max}}$ 为水平地震作用影响系数；

$\quad G_{\mathrm{eq}}$——结构等效重力荷载，取 $G_{\mathrm{eq}} = 0.75G_{\mathrm{E}}$，$G_{\mathrm{E}}$ 为结构总重力荷载代表值；

$\quad F_{\mathrm{vi}}$——质点 i 的竖向地震作用标准值；

$\quad G_i$、G_j——集中于质点 i、j 的重力荷载代表值；

$\quad H_i$、H_j——质点 i、j 的计算高度。

楼层各构件的竖向地震作用效应，可按各构件承受的重力荷载代表值比例分配，并宜乘以增大系数1.5。竖向地震引起的轴力可能为拉力，也可能为压力，组合时应按不利值取用。

跨度大于24m的楼盖结构、跨度大于12m的转换结构和连体结构、悬挑长度大于5m的悬挑结构，竖向地震作用效应标准值宜采用时程分析方法或振型分解反应谱法进行计算。时程分析计算时输入的地震加速度最大值可按规定的水平输入最大值的65%采用，反应谱分析时结构竖向地震影响系数最大值可按水平地震影响系数最大值的65%采用，但设计地震分组可按第一组采用。

大跨度结构、悬挑结构、转换结构、连体结构的连接体的竖向地震

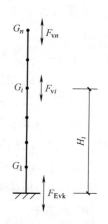

图3.9　竖向地震作用计算简图

作用标准值，不宜小于结构或构件承受的重力荷载代表值与表 3.19 中竖向地震作用系数的乘积。

表 3.19　竖向地震作用系数

设防烈度	7 度	8 度		9 度
设计基本地震加速度	0.15g	0.20g	0.30g	0.40g
竖向地震作用系数	0.08	0.10	0.15	0.20

注：g 为重力加速度。

【例 3-2】　某钢筋混凝土剪力墙结构，共 16 层，建筑物的设防烈度为 8 度（0.2g），场地类别为 I_1 类，设计地震分组为第二组。各楼层处的标高及重力荷载代表值如图 3.10 所示，试计算该结构的横向水平地震作用。

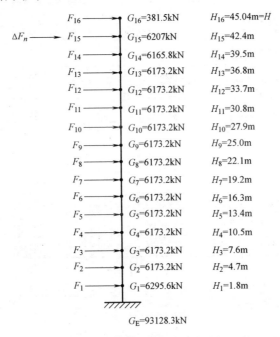

图 3.10　水平地震作用计算简图

【解】　按照底部剪力法计算水平地震作用。顶层电梯机房为局部突出屋面的小房间，在结构周期计算时按 15 层取值，对于钢筋混凝土结构的横向基本自振周期为（0.05~0.10）n，这里取 $T_1 = 0.054N = 0.81$s。

查表 3.15 得，特征周期 $T_g = 0.3$s，查表 3.14 得，水平地震响应系数最大值 $\alpha_{max} = 0.16$。

地震响应系数　$\alpha_1 = \left(\dfrac{T_g}{T_1}\right)^{\gamma} \eta_2 \alpha_{max} = \left(\dfrac{0.3}{0.81}\right)^{0.9} \times 1.0 \times 0.16 = 0.0654$

结构等效总重力荷载　$G_{eq} = 0.85G_E = 0.85 \times 93128.3\text{kN} = 79159\text{kN}$

结构总水平地震作用　$F_{Ek} = \alpha_1 G_{eq} = 0.0654 \times 79159\text{kN} = 5177\text{kN}$

顶部附加地震作用系数　$\delta_n = 0.08T_1 + 0.07 = 0.1348$

顶部附加水平地震作用　$\Delta F_n = \delta_n F_{Ek} = 698\text{kN}$

各层的水平地震作用标准值 $F_i = \dfrac{G_i H_i}{\sum\limits_{j=1}^{n} G_j H_j} F_{Ek}(1 - \delta_n) = 4479.14 \times \dfrac{G_i H_i}{\sum\limits_{j=1}^{n} G_j H_j}$

计算结果见表3.20。

表3.20　各层的水平地震作用标准值

层数	H_i/m	G_i/kN	$G_i H_i/10^3 kN \cdot m$	$G_i H_i/\sum G_j H_j$	F_i/kN
16	45.04	381.5	17182.76	0.00832	37.27
15	42.4	6207	263176.8	0.1274	570.64+698
14	39.5	6165.8	243549.1	0.1179	528.09
13	36.8	6173.2	227173.76	0.1099	492.26
12	33.7	6173.2	208036.84	0.1007	451.05
11	30.8	6173.2	190134.56	0.09202	412.17
10	27.9	6173.2	172232.28	0.08336	373.38
9	25.0	6173.2	154330.0	0.07469	334.55
8	22.1	6173.2	136427.72	0.06603	295.76
7	19.2	6173.2	118525.44	0.05736	256.92
6	16.3	6173.2	100623.16	0.04870	218.13
5	13.4	6173.2	82720.88	0.04004	179.34
4	10.5	6173.2	64818.6	0.03137	140.51
3	7.6	6173.2	46916.32	0.02271	101.72
2	4.7	6173.2	29014.04	0.01404	62.89
1	1.8	6295.6	11332.08	0.00548	24.55

思 考 题

3-1　高层建筑结构主要应考虑的荷载有哪些类型？活荷载如何考虑？

3-2　高层建筑结构的风荷载大小与哪些因素有关？

3-3　风振系数如何简化计算？

3-4　地震作用和风荷载各有什么特点？

3-5　抗震设计的两阶段方法是什么？小震、中震、大震与抗震设防烈度的关系？

3-6　计算水平地震作用的方法有哪些？各自的适用条件和特点是什么？

3-7　结构自振周期如何计算？

3-8　底部剪力法计算水平地震作用的主要步骤？什么情况下需在结构顶部附加水平地震作用？

3-9　试述振型分解反应谱法计算水平地震作用及效应的步骤。为什么不能直接将各振型的效应相加？

习　题

3-1　某高层混凝土框架结构，平面图（等六边形）如图3.11所示，建设地的基本风压 $w_0 = 0.7kN/m^2$，场地粗糙度 C 类。地上 12 层，底层 5m 高，其余各层 3.6m 高，试计算各楼层高度处的风荷载。

3-2　某 10 层框架—剪力墙结构，房屋平面尺寸 12m×36m，剖面如图 3.12 所示，抗震设防烈度 8 度（0.2g）。场地类别 Ⅱ 类，设计地震分组为第一组。经计算，集中于各层楼面处的重力荷载代表值为 G_1 = 9285kN，G_2 = 8785kN，$G_3 = G_4 = \cdots = G_9$ = 8570kN，G_{10} = 7140kN，G_{11} = 522kN。试计算横向水平地震作用。

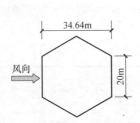

图 3.11　习题 3-1 平面示意图

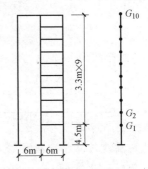

图 3.12　习题 3-2 结构剖面

高层建筑结构的计算分析 与设计要求 | 第4章

本章提要

（1）高层建筑结构分析方法及分析模型

（2）荷载效应组合

（3）高层建筑结构设计要求

（4）高层建筑结构的抗震性能设计

（5）高层建筑结构的概念设计及抗连续倒塌设计

（6）高层建筑结构结构分析和设计常用软件

4.1　高层建筑结构计算分析方法

高层建筑是一个复杂的空间结构，对这种高次超静定、多种结构形式组合在一起的空间结构分析计算，需要借助计算机进行。计算机技术和结构分析软件的应用，一方面使结构计算分析的精度提高，另一方面为比较准确地了解结构的工作性能提供了有力的技术手段。采用不同的分析方法需引入一些相应的假定，对计算模型进行简化，得到合理的模型和分析结果。总之，合理选择计算分析方法，确定计算模型和相关参数，正确使用计算机分析软件，并从力学概念和工程经验等方面检验和判别计算结果的合理性和可靠性等，至关重要。

4.1.1　结构计算分析方法

高层建筑结构应根据不同的材料和结构、不同的受力形式和受力阶段、不同的结构分析精度要求，采用相应的计算方法。一般包括线弹性分析方法、考虑塑性内力重分布的分析方法、非线性分析方法等，对体型和结构布置复杂的结构，模型实验分析也是一种重要的结构分析方法。

线弹性分析方法是最基本的结构分析方法，也是目前国内规范体系主要采用的计算方法，工程实践表明，对高层建筑结构的承载能力极限状态和正常使用极限状态，线弹性分析计算结果可以满足工程精度的要求。高层建筑结构分析中一般遵循以下原则：

1）内力和变形按弹性方法进行计算，截面设计则应考虑材料弹塑性性质。

2）对于比较柔的结构，要考虑重力二阶效应的不利影响；框架梁及连梁等构件可考虑局部塑性变形引起的内力重分布。

3）对复杂的不规则结构或重要结构除按线弹性方法分析计算外，应验算罕遇地震作用下薄弱层的弹塑性变形。

4）高层建筑结构是逐层施工完成的，其竖向刚度和竖向荷载（自重和施工荷载）也是逐层形成的，因此对于复杂结构和层数较多高度大于 150m 的高层建筑，在进行重力荷载作用效应分析时，墙、柱的轴向变形宜考虑施工过程的影响，采用适当的方法模拟施工过程。

复杂结构、混合结构以及 B 级高度的高层建筑结构计算分析时应符合下列要求：

1）宜考虑平扭耦联计算结构的扭转效应，振型数不应少于 15，对多塔楼结构得振型数不应少于塔楼数的 9 倍，且计算振型数应使各振型参与质量之和不小于总质量的 90%。

2）应采用弹性时程分析法进行补充计算。

3）宜采用弹塑性静力或弹塑性动力分析方法补充计算。

4）对于多塔楼结构，宜按整体模型和各塔楼分开模型分别计算并采用较不利的结果进行结构设计。当塔楼周边的裙楼超过两跨时，分塔楼模型宜至少附带两跨裙楼结构。

5）对受力比较复杂的结构构件，除整体分析外，尚应按有限元等方法进行局部应力分析，并据此进行截面设计。

4.1.2　结构计算模型

高层建筑结构是复杂的三维空间受力体系，计算分析时应根据结构实际情况，选取能较准确地反映结构中各构件的实际受力状况的力学模型。高层建筑结构分析模型可选择平面分析模型和空间三维结构分析模型，并采用相应的简化分析方法。

平面分析模型包括平面结构平面协同分析模型和平面结构空间协同分析模型；空间三维分析模型包括空间杆系、空间杆—薄壁杆系、空间杆—墙板元及其他组合有限元等计算模型。例如，平面和立面布置简单规则的框架结构、框架—剪力墙结构宜采用空间协同计算模型，也可采用平面结构空间协同模型；剪力墙结构、筒体结构和复杂布置的框架结构、框架—剪力墙结构应采用空间分析模型。目前我国均有针对这些力学模型的结构分析软件可供选用。体型复杂、结构布置复杂的高层建筑结构，应采用至少两个不同力学模型的软件进行整体计算分析，以保证力学分析的可靠性。

按简化方法计算结构内力和位移时，通常采用平面分析模型，以下就平面分析模型做介绍。

1. 平面分析模型的基本假定

（1）风荷载和地震作用方向

1）在结构分析中常假设风荷载作用于结构平面的主轴方向，对相互正交的主轴 x、y 方向分别进行内力分析。对矩形平面结构，当抗侧力结构沿两个边长方向正交布置时，y 方向（横向）风荷载大，且结构横向刚度较小，故 y 方向是风荷载控制方向。

2）地震作用的计算也是沿结构平面的两个主轴方向分别考虑水平地震作用。对于有斜交抗侧力构件的结构，当相交角大于 15° 时，应分别计算各抗侧力构件的水平地震作用。对于质量和刚度分布均匀、对称的结构，只需计算单方向的水平地震作用，可不考虑扭转影响。对于质量、刚度分布不均匀、不对称的结构，应计算单向水平地震作用下的扭转影响。对于质量和刚度分布明显不对称、不均匀的结构，应计算双向地震作用下的扭转影响。

（2）刚性楼板假定　在进行内力和位移计算时，可视其楼（屋）面为水平放置的深梁，具有很大的平面内刚度，可近似认为楼（屋）面板在其平面内为无限刚性。这样可使结构分析的自由度数目大大减小，使计算过程和计算结果的分析大为简化。实践证明，对很多高层建筑结构采用刚性楼（屋）面板假定进行分析可满足工程精度的要求。

1）采用刚性楼（屋）面板假定进行结构分析，设计上应采取必要的措施保证楼（屋）面的整体刚度，如结构平面宜简单、规则、对称，平面长度不宜过长，突出部分长度不宜过大；宜采用现浇钢筋混凝土楼板和有现浇面层的装配整体式楼板；对局部削弱的楼面，可采取楼板局部加厚、设置边梁、加大楼板配筋等措施加强。

2）如果楼板面内刚度有较大削弱且不均匀，如楼板有效宽度较窄的环形楼面或有其他较大开洞楼面、有狭长外伸段楼面、局部变窄产生薄弱连接的楼面、连体结构的狭长连接体楼面等，则楼板会产生较明显的平面内变形，与刚性楼板假定不符，会使楼层内抗侧刚度较小构件的位移和内力加大。

3）当需要考虑楼板平面内变形而计算采用了刚性楼板假定时，应对所得的计算结果进行适当的增大，然后计算内力，加强配筋和构造措施。

（3）平面抗侧力结构假定　用简化法进行内力和位移计算时，可将高层建筑结构沿两个正交主轴方向划分为若干个平面抗侧结构，然后分别对作用在这两个方向上的水平荷载进行分析。一片框架或墙在其自身平面内刚度很大，可以抵抗自身平面内的侧向力，而在平面外刚度很小，可以忽略其抗侧力能力。即每一个方向上的水平荷载，仅由该方向的平面抗侧力结构承受，垂直水平荷载方向的抗侧结构不参与工作。

2. 平面结构平面分析模型

基于上述基本假定，复杂高层建筑结构的整体工作计算可大为简化，以图 4.1a 所示结构为例，该结构是由沿结构平面主轴 y 方向的 6 榀框架、2 片墙和沿结构平面主轴 x 方向的三榀框架通过刚性楼板连接在一起。在横向水平荷载作用下，只考虑横向抗侧力结构的作用，忽略纵向抗侧力结构的作用，计算简图如图 4.1b 所示，它们是 6 榀框架和 2 片剪力墙组成的抗侧力结构的综合；在纵向水平荷载作用下，只考虑纵向框架作用，忽略横向抗侧力结构的作用，计算简图如图 4.1c 所示。

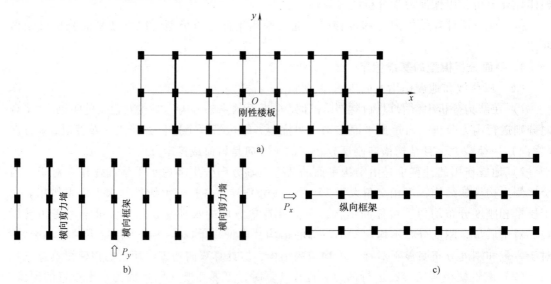

图 4.1　高层结构整体共同工作计算简图

a）整体结构　b）横向抗侧力结构　c）纵向抗侧力结构

应当指出，以上沿纵横两个方向分别取计算简图的方法，只适用于结构布置和荷载作用对主轴均是对称的情况，此时结构不会产生绕竖轴的扭转，楼板只有刚性的平移，各片平面抗侧力结构在同一楼板标高处侧移相同；当结构或荷载对 x、y 轴不对称时，结构将产生扭转，此时各平面抗侧力结构在同一楼层处的侧向位移不再相同，如图 4.2 所示。

高层建筑结构的水平荷载主要是风荷载和地震作用，它们都是以楼层总水平力的形式作用于结构上，因此结构分析按下述两步进行：

1）总水平荷载在各平面抗侧力结构间的分配。荷载分配与各平面抗侧力结构的刚度、变形特征都有关系。对于 50m 以上或高宽比大于 4 的结构除考虑各构件的弯曲变形外，宜考虑柱和墙肢的轴向变形，剪力墙宜考虑剪切变形。

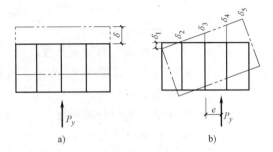

图 4.2　水平荷载作用下的侧向变形
a）平动　b）扭转

2）计算每个抗侧力结构在所分到的水平荷载作用下的内力和位移。

3. 平面结构空间协同分析模型

平面结构空间协同分析模型是在任一方向的水平荷载作用下，所有抗侧力结构均参与工作，楼板既考虑产生平移，也考虑产生扭转。水平荷载在各抗侧力结构之间按空间位移协调条件进行分配。

平面结构空间协同分析模型基本未知量少，计算比较简单，各片平面结构的协同工作抵抗力反映了规则结构整体工作性能的主要特征。因此，协同工作计算模型在框架、剪力墙、框架—剪力墙三大结构体系简化计算中应用最为广泛。但由于采用刚性楼板假定，仅考虑了各片抗侧力结构在楼板处水平位移和转动的协调，而未考虑各片抗侧力结构在竖直方向上的协调，因此当结构体型和布置复杂时，受力具有明显的空间特征，按平面结构模型分析就不能恰当地反映结构的空间受力特征，应采用空间分析模型。

4.2　荷载效应组合

高层建筑结构承受的各种荷载同时以最大值作用于结构之上的概率很小，而且对某些控制截面并非可变荷载同时作用其内力最大。按照概率统计和可靠度理论把各种荷载效应按一定规律加以组合，即荷载效应组合。各种荷载标准值单独作用产生的内力和位移成为荷载效应标准值。结构分析计算时，应先分别计算各种荷载作用下的荷载效应，然后根据荷载性质不同，将荷载效应乘以各自的分项系数和组合系数进行组合，得到结构或构件的内力设计值。

高层建筑在使用期间可能出现多种效应组合情况（又称"工况"），组合工况分为持久和短暂设计状况、地震设计状况。前者也称无地震作用效应组合，后者称地震作用效应组合。

4.2.1　非抗震设计时荷载效应组合

持久设计状况和短暂设计状况下，当荷载与荷载效应按线性关系考虑时，荷载基本组合

的效应设计值应按下式确定

$$S_d = \gamma_G S_{Gk} + \gamma_L \psi_Q \gamma_Q S_{Qk} + \psi_W \gamma_W S_{Wk} \tag{4.1}$$

式中　S_d——荷载组合的效应设计值;

　　　S_{Gk}——永久荷载效应标准值;

　　　S_{Qk}——楼面活荷载效应标准值;

　　　S_{Wk}——风荷载效应标准值;

　　　γ_G——永久荷载效应的分项系数。当其效应对结构承载力不利时,对由可变荷载效应控制的组合应取 1.2,对由永久荷载效应控制的组合应取 1.35,当其效应对结构承载力有利时,应取 1.0;

　　　γ_Q——楼面活荷载的分项系数,一般情况下取 1.4;

　　　γ_W——风荷载的分项系数,取 1.4;

　　　γ_L——考虑结构设计使用年限的荷载调整系数,设计使用年限为 50 年时取 1.0,设计使用年限为 100 年时取 1.1;

ψ_Q、ψ_W——楼面活荷载组合值系数和风荷载组合值系数,当永久荷载效应起控制作用时应分别取 0.7 和 0.0,当可变荷载效应起控制作用时应分别取 1.0 和 0.6 或 0.7 和 1.0(注:对书库、档案库、储藏室、通风机房和电梯机房,本条楼面活荷载组合值系数取 0.7 的场合应取 0.9)。

正常使用极限状态下计算位移时,式(4.1)中的各荷载分项系数均应取 1.0。

4.2.2　抗震设计时荷载效应组合

地震设计状况下,当作用于作用效应按线性关系考虑时,荷载和地震作用基本组合的效应设计值应按下式确定

$$S_d = \gamma_G S_{GE} + \gamma_{Eh} S_{Ehk} + \gamma_{EV} S_{EVk} + \psi_W \gamma_W S_{Wk} \tag{4.2}$$

式中　　　　　S_d——荷载效应和地震作用效应组合的设计值;

　　　　　　　S_{GE}——重力荷载代表值的效应,重力荷载代表值包括下列荷载:100%自重标准值、50%雪荷载标准值、50%~80%楼面活荷载(在书库及档案库中取 80%楼面活荷载);

S_{Ehk}、S_{EVk}——水平地震作用标准值的效应、竖向地震作用标准值的效应,均应乘以相应的增大系数、调整系数;

　　　　　　　S_{Wk}——风荷载效应标准值;

γ_G、γ_{Eh}、γ_{EV}、γ_W——相应于上列各项荷载效应的分项系数;

　　　　　　　ψ_W——风荷载的组合值系数,应取 0.2。

地震设计状况下,荷载效应和地震作用效应基本组合的分项系数应按表 4.1 采用。当重力荷载效应对结构的承载力有利时,表中的 γ_G 不应大于 1.0。

正常使用极限状态下计算位移时,式(4.2)中的各荷载分项系数均应取 1.0。

非抗震设计时,应按式(4.1)进行荷载组合的效应计算;抗震设计时,应同时按照式(4.1)和式(4.2)进行荷载和地震作用组合的效应进行计算;按式(4.2)计算的组合内力设计值尚应按《高规》的有关规定进行调整。

表 4.1　荷载效应组合情况即分项、组合系数

参与组合的荷载和作用	重力荷载	水平地震作用	竖向地震作用	风荷载	说　明
	γ_G	γ_{Eh}	γ_{EV}	γ_W	
重力荷载及水平地震作用	1.2	1.3	—	—	抗震设计的高层建筑结构均应考虑
重力荷载及竖向地震作用	1.2	—	1.3	—	9 度抗震设计时考虑；水平长悬臂和大跨度结构 7 度(0.15g)、8 度、9 度抗震设计时考虑
重力荷载、水平地震及竖向地震作用	1.2	1.3	0.5	—	9 度抗震设计时考虑；水平长悬臂和大跨度结构 7 度(0.15g)、8 度、9 度抗震设计时考虑
重力荷载、水平地震作用及风荷载	1.2	1.3	—	1.4	60m 以上的高层建筑考虑
重力荷载、水平地震作用、竖向地震作用及风荷载	1.2	1.3	0.5	1.4	60m 以上的高层建筑，9 度抗震设计时考虑；水平悬臂和大跨度结构 7 度(0.15g)、8 度、9 度抗震设计时考虑
	1.2	0.5	1.3	1.4	水平悬臂和大跨度结构，7 度(0.15g)、8 度、9 度抗震设计时考虑

4.3　高层建筑结构的设计要求

在使用荷载及风荷载作用下，结构应处于弹性阶段或仅有微小裂缝，结构应满足承载能力及侧向位移限制的要求。地震作用下，采用两阶段设计方法，达到三水准设计目标。在第一阶段设计中，除要满足承载力及侧向位移限值的要求外，还要通过抗震措施满足延性要求。当需要进行第二阶段验算时，即罕遇地震作用下分析，需满足弹塑性层间变形的限制要求，防止结构倒塌。

4.3.1　承载力要求

高层建筑结构构件的承载力应按下列公式验算：

持久设计状况、短暂设计状况　　$\gamma_0 S_d \leqslant R_d$ 　　　　　　　　　　　　　(4.3)

地震设计状况　　$S_d \leqslant R_d / \gamma_{RE}$ 　　　　　　　　　　　　　　　　　(4.4)

式中　S_d——结构构件内力组合的设计值，包括组合的弯矩、轴力、剪力设计值等；

R_d——结构构件的承载力设计值；

γ_0——结构重要性系数，对安全等级为一级的结构构件不应小于 1.1，对安全等级为二级的结构构件不应小于 1.0；

γ_{RE}——结构构件承载力抗震调整系数，考虑到地震作用的偶然性和作用时间短，对承载能力作相应调整，可按表 4.2 取值，当仅考虑竖向地震作用组合时，各类构件的承载力抗震调整系数均应取为 1.0。

表 4.2　钢筋混凝土构件承载力抗震调整系数 γ_{RE}

材　料	结构构件	受力状态	γ_{RE}
钢筋混凝土	梁	受弯	0.75
	轴压比小于0.15的柱	偏压	0.75
	轴压比不小于0.15的柱	偏压	0.80
	剪力墙	偏压	0.85
		局部受压	1.0
	各类构件	受剪、偏拉	0.85
	节点	受剪	0.85
型钢混凝土	正截面承载力计算	型钢混凝土梁	0.75
		型钢混凝土柱及钢管混凝土柱	0.80
		剪力墙	0.85
		支撑	0.80
	斜截面承载力计算	各类构件及节点	0.85
钢	结构构件和连接强度计算		0.75
	柱和支撑稳定验算		0.80
	仅计算竖向地震作用时		1.00

4.3.2　水平位移限制和舒适度要求

1. 弹性变形验算

在风荷载及多遇地震作用下，高层建筑结构应具有足够大的刚度，避免产生过大的楼层位移，影响结构的稳定性和使用功能。楼层位移控制实际上是对构件截面大小、刚度大小的一个宏观指标。在正常使用条件下限制高层建筑结构层间位移的主要目的有两点：一是保证主体结构处于弹性受力状态，避免钢筋混凝土墙或柱出现裂缝，将混凝土梁等楼面构件的裂缝数量、宽度和高度限制在规范规定范围内；二是保证填充墙体、隔墙和幕墙等非结构构件的完好，避免产生明显损伤。

在风荷载及多遇地震作用下楼层最大的弹性层间位移应符合下式要求

$$\Delta u_e \leqslant [\theta_e] h \qquad (4.5)$$

式中　Δu_e——风荷载及多遇地震作用标准值产生的楼层最大的弹性层间位移，以楼层竖向构件最大的水平位移差计算，不扣除整体弯曲变形，计入扭转变形，因变形计算属正常使用极限状态，故各作用分项系数均取1.0，抗震设计时不考虑偶然偏心的影响；

　　　　$[\theta_e]$——弹性层间位移角限值，其值不宜大于表4.3的限值；

　　　　h——计算楼层层高。

表 4.3 楼层层间最大位移与层高之比的限值

材 料	结 构 高 度	结 构 类 型	$[\theta_e]$
钢筋混凝土结构	a. 不大于 150m	框架	1/550
		框架—剪力墙、框架—核心筒	1/800
		剪力墙、筒中筒	1/1000
		框支层	1/1000
	b. 不小于 250m	各种类型结构	1/500
钢结构		各种类型结构	1/250

注：高度为 150~250m 的钢筋混凝土高层建筑，限值按 a、b 两类限值内插计算。

2. 弹塑性变形限值

罕遇地震作用下，为防止结构倒塌，结构薄弱层（部位）层间弹塑性位移应符合下式要求

$$\Delta u_p \leqslant [\theta_p] h \qquad (4.6)$$

式中 Δu_p——罕遇地震作用下的楼层最大的弹塑性层间位移；

$[\theta_p]$——弹塑性层间位移角限值，其值不宜大于表 4.4 选用，对钢筋混凝土框架结构，当轴压比小于 0.4 时，可提高 10%；当柱全高的箍筋构造比规定框架柱箍筋最小配箍特征值大 30% 时，可提高 20%，但累计不宜超过 25%；

h——计算楼层层高。

表 4.4 楼层层间最大位移与层高之比的限值

材 料	结 构 类 型	$[\theta_p]$
钢筋混凝土结构	框架	1/50
	框架—剪力墙、框架—核心筒、板柱—剪力墙	1/100
	剪力墙、筒中筒	1/120
	除框架结构外的转换层	1/120
钢结构	各种类型结构	1/50

下列结构应进行弹塑性变形验算：

1）7~8 度时楼层屈服强度系数小于 0.5 的框架结构。

2）甲类建筑和 9 度抗震设防的乙类建筑结构。

3）采用隔震和消能减震设计的建筑结构。

4）房屋高度大于 150m 的结构。

在弹塑性层间位移可采用下列公式计算

$$\Delta u_p = \eta_p \Delta u_e \qquad (4.7)$$

或

$$\Delta u_p = \mu \Delta u_y = \frac{\eta_p}{\xi_y} \Delta u_y \qquad (4.8)$$

式中 Δu_p——弹塑性层间位移；

Δu_y——层间屈服位移；

μ——楼层延性系数；

Δu_e——罕遇地震作用下，按弹性分析的层间位移；

ξ_y——楼层屈服强度系数，$\xi_y = V_y/V_e$，V_y 为按实际配筋和材料强度标准值计算的楼层受剪承载力，V_e 为按罕遇地震作用下计算的楼层弹性地震剪力；

η_p——弹塑性位移增大系数，当薄弱层（部位）的屈服强度系数不小于相邻层（部位）该系数平均值的 0.8 时，可按表 4.5 采用，当不大于相邻层（部位）该系数平均值的 0.5 时，可按表 4.5 表内相应数值 1.5 倍采用，其他情况采用内插法取值。

表 4.5　结构弹塑性位移增大系数 η_p

ξ_y	0.5	0.4	0.3
η_p	1.8	2.0	2.2

混凝土结构弹塑性变形计算还可以采用弹塑性分析方法，根据实际工程情况采用静力或动力时程分析方法。弹塑性分析方法的基本原理是以结构构件、材料的实际力学性能为依据，得出相应的非线性本构关系，建立结构的计算模型，求解结构在各个阶段的变形和受力变化，必要时考虑结构构件的几何非线性影响。一般需借助计算机分析软件进行，因此还需要考虑分析软件的计算模型、结构阻尼选取、构件破损程度的衡量、有限元的划分等因素，存在较多的人为因素和经验因素，需要对计算结果的合理性进行分析和判断。

3. 舒适度要求

高层建筑在风荷载作用下产生水平振动，过大的振动加速度使楼内的使用者感觉不舒适，甚至不能忍受，无法工作和生活。高层建筑的风振反应加速度包括顺风向加速度、横风向加速度和转角加速度。高度超过 150m 的高层建筑钢筋混凝土结构、高层建筑钢结构和高层建筑混合结构在 10 年一遇的风荷载标准值作用下，结构顶点的顺风向和横风向振动最大加速度计算值 a_{max} 不应超过表 4.6 的限值。结构顶点的顺风向和横风向振动最大加速度可按现行《荷载规范》附录 J 进行计算，必要时可通过风洞试验确定。

表 4.6　结构顶点最大加速度限值

使用功能	$a_{lim}/(m/s^2)$	使用功能	$a_{lim}/(m/s^2)$
住宅、公寓	0.15	办公、旅馆	0.25

人在大跨度楼盖上行走、跳跃等会引起结构竖向振动，有可能使楼内人感觉不舒适。因此，应对楼盖结构竖向振动的频率、竖向振动的加速度做一定限制。钢筋混凝土楼盖结构、钢—钢筋混凝土组合楼盖结构（不包括轻钢楼盖结构）竖向振动的频率不宜小于 3Hz，竖向振动的加速度限值见表 4.7。楼盖结构竖向振动加速度可按《高规》附录 A 近似计算。

表 4.7　楼盖结构竖向振动加速度限值

人员活动环境	峰值加速度限值 $a_{lim}/(m/s^2)$	
	竖向自振频率不大 2Hz	竖向自振频率不大 4Hz
住宅、办公	0.07	0.05
商场及室内连廊	0.22	0.15

注：楼盖结构竖向自振频率为 2~4Hz 时，峰值加速度限值可线性插值得到。

4.3.3 整体稳定和倾覆问题

在进行高层结构承载力验算的同时，还需保证结构的稳定和足够抵抗倾覆的能力。竖向荷载作用下高层建筑一般不会出现整体丧失稳定的问题，但在水平荷载作用下结构发生侧向变形后，重力荷载会产生附加弯矩，该附加弯矩又会进一步增大侧向位移，这是一种二阶效应，它不仅会增大构件内力，严重时还会造成结构倒塌，因此，某些情况下需要考虑结构的整体稳定验算。

1. 重力二阶效应

所谓重力二阶效应一般包括两部分，一部分是由构件自身挠曲变形引起的附加重力效应，即 P-δ 效应，二阶内力与构件的挠曲形态有关，一般中段大，端部为零；另一部分是由结构在水平荷载或作用下产生的侧移变位，引起的附加重力效应，即 P-Δ 效应。一般高层建筑结构由于构件的长细比不大，构件挠曲二阶效应相对较小，即 P-δ 效应可忽略不计；而高层建筑结构的侧移较大，约为楼层高度的 $1/3000 \sim 1/500$，重力荷载的 P-Δ 效应相对较为明显。

只要有水平侧移，就会引起重力荷载作用下的侧移二阶效应（P-Δ 效应），其大小与结构侧移和重力荷载大小有关，而结构侧移又与结构侧向刚度和水平作用大小密切相关。因此，结构的侧向刚度和重力荷载是影响结构稳定和 P-Δ 效应的主要因素，侧向刚度与重力荷载的比值称为结构的刚重比。

房屋建筑钢结构的侧向刚度相对较小，水平作用下计算分析时，应计入二阶效应的影响；高层建筑进行罕遇地震作用下弹塑性分析时应计入重力二阶效应的影响。

对于高层钢筋混凝土结构，可以采用下述方法判断弹性计算分析时是否需计入重力二阶效应的影响，满足下式规定的弹性计算分析时可不考虑重力二阶效应的影响。

剪力墙结构、框架—剪力墙结构、筒体结构
$$EI_\mathrm{d} \geqslant 2.7H^2 \sum_{i=1}^{n} G_i \qquad (4.9)$$

框架结构
$$D_i \geqslant 20 \sum_{j=i}^{n} G_j / h_i \qquad (i = 1,2,3,\cdots,n) \qquad (4.10)$$

式中　EI_d——结构一个主轴方向的弹性等效侧向刚度，可按倒三角形分布水平荷载作用下结构顶点位移相等的原则，将结构的侧向刚度折算为竖向悬臂受弯构件的等效侧向刚度，假定倒三角形分布水平荷载的最大值为 q，在该荷载作用下结构顶点质心的弹性水平位移为 u，房屋高度为 H，则结构的弹性等效侧向刚度 $EI_\mathrm{d} = 11qH^4 / (120u)$；

　　　　H——房屋高度；

G_i、G_j——第 i、j 楼层重力荷载设计值，取 1.2 倍永久荷载标准值与 1.4 倍楼面可变荷载标准值组合。

　　　　h_i——第 i 楼层层高；

　　　　D_i——第 i 楼层的弹性等效侧向刚度，可取该楼层剪力与层间位移的比值；

　　　　n——结构计算总层数。

当不满足式（4.9）或式（4.10）时，结构弹性计算时应考虑重力二阶效应对水平力作用下结构内力和位移的不利影响。重力二阶效应可采用有限元方法进行计算，也可采用对未考虑重力二阶效应的计算结果乘以增大系数的方法近似考虑。重力二阶效应产生的内力、位移增大的量宜控制在一定范围内，不宜过大。近似考虑时，结构位移增大系数及结构构件弯矩和剪力增大系数可分别按下列规定计算：

框架结构

$$F_{1i} = \frac{1}{1 - \sum_{j=i}^{n} G_j / (D_i h_i)} \qquad (i = 1, 2, 3, \cdots, n) \qquad (4.11)$$

$$F_{2i} = \frac{1}{1 - 2\sum_{j=i}^{n} G_j / (D_i h_i)} \qquad (i = 1, 2, 3, \cdots, n) \qquad (4.12)$$

剪力墙结构、框架—剪力墙结构、筒体结构

$$F_1 = \frac{1}{1 - 0.14 H^2 \sum_{i=1}^{n} G_i / (EI_d)} \qquad (4.13)$$

$$F_2 = \frac{1}{1 - 0.28 H^2 \sum_{i=1}^{n} G_i / (EI_d)} \qquad (4.14)$$

2. 结构整体稳定

高层钢筋混凝土剪力墙结构、框架—剪力墙结构、筒体结构的整体稳定性应符合下列要求

$$EI_d \geq 1.4 H^2 \sum_{i=1}^{n} G_i \qquad (4.15)$$

高层钢筋混凝土框架结构的整体稳定性应符合下列要求

$$D_i \geq 10 \sum_{j=i}^{n} G_j / h_i \qquad (i = 1, 2, 3, \cdots, n) \qquad (4.16)$$

若不满足式（4.15）或式（4.16），则重力 $P\text{-}\Delta$ 效应呈非线性关系急剧增长，可能引起结构整体失稳，应调整并增大结构的侧向刚度。

3. 高层建筑抗倾覆分析

当高层建筑的高宽比较大、风荷载或水平地震作用较大、地基刚度较弱，若高层建筑的侧移较大，其重力合力作用点移至基底平面范围以外，则建筑物可能发生倾覆，设计时要控制高宽比（H/B）（见表 2-5～表 2-7）。而且基础设计时，对于高宽比大于 4 的高层建筑，在地震作用效应标准组合下基础底面不允许出现零应力区；高宽比不大于 4 的高层建筑，基础底面零应力区不应超过基础底面积的 15%。符合上述条件时，高层建筑结构的抗倾覆能力具有足够的安全储备，一般不会发生倾覆，因此通常不需要进行特殊的抗倾覆验算。

4.3.4 抗震等级和结构延性

1. 抗震等级

抗震等级是结构抗震设计的重要设计参数，高层建筑钢筋混凝土结构抗震等级是根据抗震设防分类别、结构类型、设防烈度和房屋高度四个因素确定的，抗震等级的高低体现了结构抗震性能要求的严格程度。建筑结构根据其抗震等级采用相应的抗震措施，抗震措施包括

抗震计算时构件截面内力调整措施和抗震构造措施。抗震措施应符合下列两项要求：

1）甲类、乙类建筑应按本地区抗震设防烈度提高一度的要求加强其抗震措施。但抗震设防烈度为9度时应比按9度更高的要求采取抗震措施；当建筑场地为Ⅰ类时，应允许按本地区抗震设防烈度的要求采取抗震构造措施。

2）丙类建筑应按本地区抗震设防烈度确定其抗震措施；当建筑场地为Ⅰ类时，除6度外，应允许按本地区抗震设防烈度降低一度的要求采取抗震构造措施。

抗震等级分为特一级、一级、二级、三级、四级共五个等级，特一级要求最高，四级要求最低。A级高度丙类建筑钢筋混凝土结构的抗震等级应按表4.8确定。当本地区的设防烈度为9度时，A级高度乙类建筑的抗震等级应按特一级采用，甲类建筑应采取更有效的抗震措施。

表4.8 A级高度的高层建筑结构抗震等级

结构类型		烈 度						
		6度		7度		8度		9度
框架结构		三		二		一		-
框架—剪力墙结构	高度/m	≤60	>60	≤60	>60	≤60	>60	≤50
	框架	四	三	三	二	二	一	一
	剪力墙	三		二		一		一
剪力墙结构	高度/m	≤80	>80	≤80	>80	≤80	>80	≤60
	剪力墙	四	三	三	二	二	一	一
部分框支剪力墙结构	非底部加强部位剪力墙	四		三		二		
	底部加强部位的剪力墙	三		二		一		
	框支框架	二		一		一		
筒体结构	框架—核芯筒 框架	三		二		一		一
	框架—核芯筒 核心筒	二		二		一		一
	筒中筒 内筒	三		二		一		一
	筒中筒 外筒	三		二		一		一
板柱—剪力墙结构	高度	≤35	>35	≤35	>35	≤35	>35	
	框架、板柱及柱上板带	三	二	二	二	一	一	
	剪力墙	二	二	二	二	一	一	

注：1. 接近或等于高度分界时，应结合房屋不规则程度及场地、地基条件适当确定抗震等级。

　　2. 底部带转换层的筒体结构，其转换框架的抗震等级应按表中部分框支剪力墙结构规定。

　　3. 当框架—核心筒结构的高度不超过60m时，其抗震等级应允许按框架—剪力墙结构采用。

抗震设计时，B级高度丙类建筑钢筋混凝土结构的抗震等级应按表4.9确定。

表4.9 B级高度的高层建筑结构抗震等级

结构类型		烈 度		
		6度	7度	8度
框架—剪力墙结构	框架	二	一	一
	剪力墙	二	一	特一
剪力墙结构	剪力墙	二	一	一

（续）

结构类型		烈　度		
		6度	7度	8度
部分框支剪力墙结构	非底部加强部位剪力墙	二	一	一
	底部加强部位的剪力墙	一	一	特一
	框支框架	一	特一	特一
框架—核芯筒结构	框架	二	一	一
	核心筒	二	一	特一
筒中筒结构	内筒	二	一	特一
	外筒	二	一	特一

注：底部带转换层的筒体结构，其转换框架和底部加强部位筒体的抗震等级应按表中部分框支剪力墙结构的规定采用。

确定抗震等级还要注意以下几个问题：

（1）裙房的抗震等级　与主楼连为整体的裙房的抗震等级，除应按裙房本身确定外，相关范围不应低于主楼的抗震等级；主楼结构在裙房顶板上、下各一层应适当加强抗震构造措施。裙房与主楼之间设防震缝，即与主楼分离的裙房，按裙房本身确定抗震等级；大震作用下裙房与主楼可能发生碰撞，裙房顶部需采取加强措施。

（2）地下室的抗震等级　地下室顶板视作上部结构的嵌固部位时，在地震作用下的屈服部位将发生在地上楼层，同时将影响到地下一层，地下一层的抗震等级与上部结构相同，地下一层以下抗震构造措施的抗震等级逐层降低，但不低于四级。地下室中无上部结构的部分，抗震构造措施的抗震等级可根据具体情况采用三级或四级。

2. 结构延性

延性是指构件和结构屈服后，具有承载能力不降低或降低很少（不低于其承载力的85%），且有足够塑性变形能力的一种性能，一般用延性比 μ 表示延性，即塑性变形能力的大小。延性比大的结构在地震作用下进入弹塑性状态时，能吸收、耗散大量的地震能量，这样结构虽然变形较大，但不会出现超出抗震要求的建筑物严重破坏或倒塌；相反，若结构延性较差，在地震作用下容易发生脆性破坏甚至倒塌。

一般来说，在结构抗震设计中对结构中的重要构件的延性要求高，高于结构的总体的延性要求；对构件中的关键杆件或部位的延性要求，高于对构件的延性要求。

（1）构件延性比　对于钢筋混凝土构件，当受拉钢筋屈服以后，即进入塑性状态，构件刚度降低，随着变形迅速增加，构件承载力略有增大，当承载力开始降低，就达到极限状态。延性比是指极限变形（曲率 φ_u、转角 θ_u、挠度 f_u）与屈服变形（φ_y，θ_y，f_y）的比值，如图4.3所示。屈服变形定义是钢筋屈服时的变形，极限变形一般定义为承载力降低10%~20%时的变形。

（2）结构延性比　当某个杆件出现塑性铰后，结构开始出现塑性变形，结构刚度略有降低；当出现塑性铰的杆件增多后，塑性变形加大，结构刚度继续降低；塑性铰达到一定数量时，结构也会出现"屈服"，即结构进入塑性变形迅速增大而承载力略有增加的阶段，是"屈服"后的弹塑性阶段。"屈服"时的位移定义为屈服位移 Δ_u，当整个结构不能维持其承载能力，即承载力下降到最大承载力的80%~90%时，达到极限位移 Δ_y。结构延性比 μ 通常是指达到极限时顶点位移 Δ_u 与屈服位移 Δ_y 的比值。

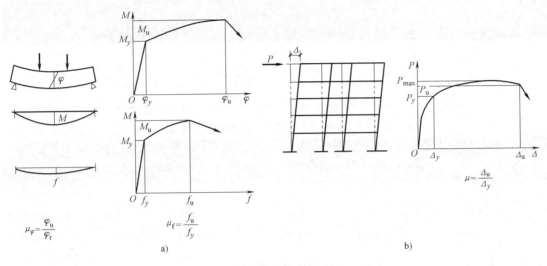

图 4.3　钢筋混凝土构件与结构延性比
a）构件延性比　b）结构延性比

　　延性是对结构或构件变形能力的要求，具体说就是在达到屈服后保持住承载力的同时所具有的变形能力，地震对结构来说是一种能量的施加，而结构是以发生不同的侧移变形来表现其影响程度的。如果以提高结构自身刚度和承载力这样的抗震理念来进行设计，显然整体费用高而不经济，况且目前对大震作用下结构的受力研究尚不明确，无法保证结构的绝对安全。而延性结构采用的是一种以柔克刚的方式处理地震问题，属于减震理念，地震作用下允许结构发生一定范围内的变形，以此变形来耗散掉地震能量，从而减小对结构的直接作用。延性结构中通过控制出铰顺序和位置，可以充分发挥结构受力性能，实现"小震不坏，中震可修，大震不倒"的抗震设计原则。

4.4　高层建筑结构的抗震性能设计

　　结构抗震性能设计是指以结构抗震性能目标为基准的设计，是根据选定的抗震性能目标，采用弹性、弹塑性分析方法，对不同抗震性能的结构、结构的局部部位或关键部位、关键构件以及非结构构件等进行设计计算，并采取必要的抗震构造措施。主要工作是分析结构方案不符合抗震概念设计的情况与程度，选用适宜的结构抗震性能目标，并采取满足预期结构抗震性能目标的措施。

4.4.1　结构抗震性能目标

　　结构抗震性能目标应综合考虑抗震设防类别、设防烈度、场地条件、结构的特殊性、建造费用、震后损失和修复难易程度等各类因素后选定。《高规》将结构抗震性能目标分为 A、B、C、D 四个等级，结构抗震性能分为 1、2、3、4、5 五个水准，见表 4.10，每个性能目标均与一组在指定地震地面运动下的结构抗震性能水准相对应。结构抗震性能水准可按表 4.11 进行。

表 4.10　结构抗震性能目标与性能水准

地震水准 ＼ 性能目标	A	B	C	D
多遇地震	1	1	1	1
设防地震	1	2	3	4
预估的罕遇地震	2	3	4	5

表 4.11　各性能水准结构预期的震后性能状况

结构抗震性能水准	宏观损坏程度	损坏部位			继续使用的可能性
		关键构件	普通竖向构件	耗能构件	
1	完好、无损坏	无损坏	无损坏	无损坏	不需修理即可继续使用
2	基本完好、轻微损坏	无损坏	无损坏	轻微损坏	稍加修理即可继续使用
3	轻度损坏	轻微损坏	轻微损坏	轻度损坏、部分中度损坏	一般修理后可继续使用
4	中度损坏	轻度损坏	部分构件中度损坏	中度损坏、部分比较严重损坏	修复或加固后可继续使用
5	比较严重损坏	中度损坏	部分构件比较严重损坏	比较严重损坏	需排险大修

注：1. "关键构件"是指该构件的失效可能引起结构的连续破坏或危及生命安全的严重破坏。
　　2. "普通竖向构件"是指"关键构件"之外的竖向构件。
　　3. "耗能构件"包括框架梁、剪力墙连梁及耗能支撑等。

由于地震地面运动的不确定性，以及在强烈地震下结构非线性分析方法经验少，缺少从强震记录、设计施工资料到实际震害的验证，对结构抗震性能的判别难以十分准确，尤其是对长周期的超高层建筑或特别不规则的结构，因此性能目标选用宜偏于安全些。例如，特别不规则的超限高层建筑或处于不利地段场地的特别不规则结构，可考虑选择 A 级性能目标；房屋高度或不规则性超过《高规》适用范围很多时，可考虑选择 B 级或 C 级性能目标；房屋高度或不规则性超过《高规》适用范围较多时，可考虑选择 C 级性能目标；房屋高度或不规则性超过《高规》适用范围较小时，可考虑选择 C 级或 D 级性能目标。实际工程需综合考虑各项因素，所选用的性能目标需征得业主认可。

4.4.2　不同抗震性能水准的抗震设计

进行抗震性能化设计计算时，不同抗震性能水准的结构、结构的局部部位以及结构的关键部件等，应分别满足不同的承载力和变形要求。

1）第 1 性能水准的结构，应满足弹性设计要求。在多遇地震作用下，其承载力和变形应符合《高规》有关规定；在设防烈度地震作用下，结构构件的抗震承载力应满足下式要求

$$\gamma_G S_{GE} + \gamma_{Eh} S_{Ehk}^* + \gamma_{Ev} S_{Evk}^* \leqslant R_d / \gamma_{RE} \tag{4.17}$$

式中　　　R_d、γ_{RE}——构件承载力设计值和承载力抗震调整系数；

S_{GE}、γ_G、γ_{Eh}、γ_{Ev}——同式（4.2）；

S_{Ehk}^*、S_{Evk}^*——水平、竖向地震作用标准值的构件内力，不需要考虑与抗震等级有关的增大系数。

2）第 2 性能水准的结构，在设防烈度地震或预估的罕遇地震作用下，关键构件及普通竖向构件的抗震承载力宜符合式（4.17）的规定；耗能构件的受剪承载力宜符合式（4.17）的规定，其正截面承载力应满足下式规定

$$S_{GE}+S_{Ehk}^{*}+0.4S_{Evk}^{*} \leqslant R_{k} \tag{4.18}$$

式中　R_{k}——截面承载力标准值，按材料强度标准值计算。

3）第 3 性能水准的结构应进行弹塑性计算分析。在设防烈度地震或预估的罕遇地震作用下，关键构件及普通竖向构件的正截面承载力应符合式（4.18）的规定，水平长悬臂结构和大跨度结构中的关键构件正截面承载力尚应满足式（4.19）的规定，其受剪承载力宜符合（4.17）的规定；部分耗能构件进入屈服阶段，进入屈服阶段的耗能构件的受剪承载力应符合式（4.18）的规定。在预估的罕遇地震作用下，结构薄弱部位的层间位移角应满足式（4.6）的规定。

$$S_{GE}+0.4S_{Ehk}^{*}+S_{Evk}^{*} \leqslant R_{k} \tag{4.19}$$

4）第 4 性能水准的结构应进行弹塑性计算分析。在设防烈度或预估的罕遇地震作用下，关键构件的抗震承载力应符合式（4.18）的规定，水平长悬臂结构和大跨度结构中的关键构件正截面承载力尚应符合式（4.19）的规定；部分竖向构件以及大部分耗能构件进入屈服阶段，但钢筋混凝土竖向构件的受剪截面应符合式（4.20）的规定，钢—混凝土组合剪力墙的受剪截面应符合式（4.21）的规定。在预估的罕遇地震作用下，结构薄弱部位的层间位移角应满足式（4.6）的规定。

$$V_{GE}+V_{Ek}^{*} \leqslant 0.15f_{ck}bh_{0} \tag{4.20}$$

$$(V_{GE}-V_{Ek}^{*})-(0.25f_{ak}A_{a}+0.5f_{spk}A_{sp}) \leqslant 0.15f_{ck}bh_{0} \tag{4.21}$$

式中　V_{GE}——重力荷载代表值作用下的构件剪力（N）；

V_{Ek}^{*}——地震作用标准值的构件剪力，不需要考虑与抗震等级有关的增大系数（N）；

f_{ck}——混凝土轴心抗压强度标准值（N/mm^2）；

f_{ak}、A_{a}——剪力墙端部暗柱中型钢的强度标准值（N/mm^2）和截面面积（mm^2）；

f_{spk}、A_{sp}——剪力墙墙内钢板的强度标准值（N/mm^2）和横截面面积（mm^2）。

4）第 5 性能水准的结构应进行弹塑性计算分析。在预估的罕遇地震作用下，关键构件的抗震承载力宜符合式（4.18）的规定；较多的竖向构件进入屈服阶段，但同一楼层的竖向构件不宜全部屈服；竖向构件的受剪截面应符合式（4.20）或式（4.21）的规定；允许部分耗能构件发生比较严重的破坏；结构薄弱部位的层间位移角应满足式（4.6）的规定。

4.5　高层建筑结构的抗震概念设计

所谓概念设计是一些设计思想和设计原则，是从结构的整体出发，着眼于结构的整体反应，运用人们对建筑结构的已有知识，去处理结构设计中遇到的一些难以准确定量计算的问题，如房屋体型、结构体系、刚度分布及构造延性等。概念设计有的有明确的标准、量的界限，有的只有原则，需要设计人员认真领会，结合具体情况去创造发挥。概念设计对结构的抗震性能起决定性作用，许多规范和规程都以众多条款规定了结构抗震概念设计的内容，下面从六个方面综述。

1. 结构刚度选择宜适中

结构抗侧刚度是设计时的重要问题，刚度大的结构地震作用也较大，要求结构构件的尺寸和用钢量相应的增加，造价不经济；刚度过小的结构，地震作用下侧向变形大，易发生整体破坏。高层建筑结构设计时，应结合结构的具体高度、结构体系和场地条件进行综合判定，重要的是控制侧向变形，要使结构具有足够的刚度，设置剪力墙的结构可有利于减少结构变形，并提高承载力；同时，应根据场地条件来设计结构，硬土地基上的结构可刚度小些，软土地基上的结构刚度大些。

2. 结构平面布置宜均匀对称，减少扭转

高层建筑结构平面和竖向布置的核心原则是结构简单、规则、均匀、对称。在结构计算中假定水平荷载作用下结构仅发生平动或极小的扭转，即结构质量中心与刚度中心重合，一旦不满足上述要求则需考虑扭转对结构的影响，扭转计算非常复杂。因此，结构平面布置规则对称，以方形、圆形等简单平面形式为宜，尽量少出现奇异的平面布置，对于某些平面上有突出部分的建筑，如 L 形、T 形、H 形的平面，即使总体平面对称，也会出现局部扭转，图 4.4 表示了 L 形平面的一种高振型，突出部分出现侧向振动，相应的侧向位移即形成局部扭转。因此，一般不宜设计突出部分过长的 L 形、T 形、H 形的平面，突出部分长度较大时，可在其端部设置刚度较大的剪力墙或井筒，以减少局部扭转。

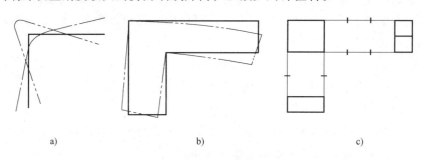

a)   b)   c)

图 4.4　L 形平面结构的局部扭转

a）高振型　b）扭转变形　c）端部加强措施

3. 竖向刚度宜均匀，避免薄弱层

结构宜做成上下等宽或由下向上逐渐收进的体型，最重要的是结构抗侧刚度沿竖向应均匀，或沿高度逐渐减小，竖向刚度不均匀有如下几种表现形式：

1）框支剪力墙结构。相对于上部，框支层因刚度过小而易形成薄弱层，地震作用下框支层侧向变形大，极易发生破坏，如图 4.5a 所示。

2）在结构中部楼层抽去部分剪力墙或框架柱，或在某楼层设置刚度很大的转换结构（转换梁、转换桁架等），如图 4.5b 所示。某一楼层刚度的突变会加大该楼层的地震反应，对结构不利。

3）由于建筑物立面有较大的收进或顶部有突出屋面的小房间而造成结构立面沿高度变化，或者为了加大建筑空间而在顶部减少剪力墙等，都可能使结构顶部少数层刚度变小，产生地震作用下的鞭梢效应，顶部的侧向摆动过大也会使结构遭受破坏，如图 4.5c 所示。通常在上部较柔的塔楼下设置大底盘也可能由于鞭梢效应而加大上部塔楼的地震反应，当大底盘高度占总高度的比例较大时，容易加剧鞭梢效应。结构设计时，宜尽量减少下部大底盘和上部塔楼的刚度差，在计算中多取振型以较准确反映鞭梢效应的影响。

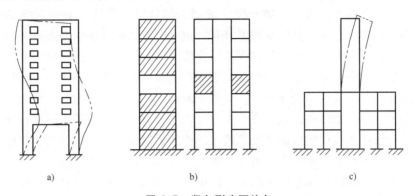

图 4.5　竖向刚度不均匀

a）框支剪力墙侧移　b）中部刚度突变　c）鞭梢效应

4. 调整承载力或刚度以控制结构破坏机制

整体结构是由许多不同类型的构件组成的，这些构件的分工和作用是不同的，显然对结构整体安全影响最大的构件是最重要的，在结构设计中要注意保证最重要构件的安全，使它们最后破坏。基于这样的设计理念，就需要人为造成结构构件的"强弱分明，主次有别"，具体来说，就是通过必要的内力调整控制结构的破坏形式，有些部位可有意识使之提前屈服，有些部位则应提高其承载力，尽量推迟其屈服或破坏甚至不发生破坏。例如，"强柱弱梁"的设计概念就是属于该类控制，尽可能使框架按有利于抗震的梁铰机制设计构件屈服顺序，避免柱铰机制。

有些部位可提高承载力，甚至罕遇地震作用下也不发生屈服，如某些框支构件和不允许出现破坏的关键部位。有些部位宜减弱承载力，使之早出现塑性铰，以便保护更重要的结构构件。例如，将长度较大的整片剪力墙用开洞和弱连梁连接的方式将其设计成联肢墙，由于弱连梁易出铰，结构延性得到保证。又如，与剪力墙相交，且不在剪力墙平面内的梁端弯矩可能使剪力墙平面外受弯，若将梁端配筋减少，使之提早出现塑性铰，可减少墙肢平面外弯矩和变形，保护剪力墙。

5. 多道抗震防线

抗震结构必须做成超静定结构，且应具有多道抗震防线，第一道防线中部分结构构件屈服或破坏会减少一些超静定次数。对于剪力墙结构或筒体结构，第一道防线是连梁，连梁破坏后墙肢仍能独立抵抗地震作用；对于框架—剪力墙、框架—核心筒、筒中筒结构，因为剪力墙或筒体的刚度大，吸收的地震作用大，允许的变形又较小，通常是连梁先破坏，墙肢可屈服但不能破坏，剪力墙的刚度降低，但不应完全退出工作，此时框架将承担更多的地震作用，如果框架先屈服，也只允许框架梁先屈服，柱子不允许屈服，则在第二道防线中仍是框架和剪力墙共同发挥作用。

这里强调双重抗侧力体系的概念。所谓双重抗侧力体系是由两种受力和变形性能不同的结构形式组成，每个抗侧力结构都具有足够的刚度和承载力，可以承受一定比例的水平荷载，并通过楼板连接协同工作，共同抵抗外力，特别是地震作用下，当一种体系受损而承载力下降时，另一种结构体系具有足够的能力继续抵抗外部作用，如框架—剪力墙、框架—筒体结构、筒中筒结构、联肢墙结构等。

6. 填充墙的布置和材料选用

从减轻结构自重的角度来讲，填充墙应选择轻质材料，当填充墙的重量和刚度均较大时，填充墙不仅会影响结构沿高度的刚度分布，也会影响结构的平面刚度分布。

各类结构形式均有可能发生主体结构与填充墙或围护墙由于变形不协调而发生开裂甚至破坏。以框架结构为例，主体结构构件为钢筋混凝土梁和柱，填充墙体为非结构构件，一般采用砌块等砌体结构，梁柱均属于杆件，抗侧移刚度小，但承载能力相对较大；而砌块墙体平面内刚度较大，侧向变形小，但受拉、受弯能力差，由于二者的受力和材料性能差异，水平荷载作用下变形不协调，容易造成填充墙体的破坏，同时主体结构也会受到墙体的作用而产生附加内力。图4.6是不利抗震的填充墙布置形式。采用轻质墙体就是为了减少这种由于两种结构形式差异造成的相互之间作用力，保护主体结构，也可降低对非结构构件的损坏。

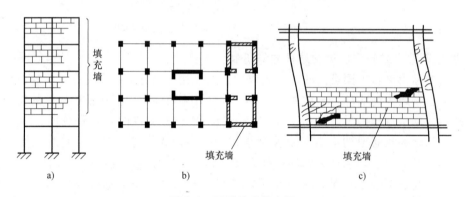

图4.6 不利填充墙布置

a）竖向刚度不均匀 b）平面刚度不均匀 c）实心砖墙

4.6 高层建筑结构抗连续倒塌设计

1. 结构连续性倒塌的概念

高层建筑结构除可能承受永久荷载和可变荷载外，还可能遭受偶然作用，如爆炸、撞击、火灾和超设防烈度的特大地震等。偶然作用属于极小概率事件，但其量值很大且难以估计，作用时间极短，一旦结构遭受偶然作用，会因其量值过大而导致直接遭受偶然作用部位的结构构件破坏。从结构设计经济性出发，偶然作用下应允许结构局部发生严重破坏和失效，未破坏的剩余结构能有效地承受因局部破坏后产生的荷载和内力重分布，不至于短时间内造成结构的破坏范围迅速扩散而导致大范围甚至整个结构的坍塌。结构因突发事件或严重超载而造成局部结构破坏失效，继而引起与失效构件相连的构件连续破坏，导致破坏向其他部位扩散，最终使整个结构丧失承载力，造成结构大范围坍塌，这种破坏现象称为连续性倒塌。结构连续倒塌事故在国内外并不罕见，每次事故后果都很严重。因此，一些地位重要、较高安全等级要求的或者比较容易受到恐怖袭击的建筑结构抗连续倒塌问题显得更为突出。《高规》规定，安全等级为一级的高层建筑结构应满足抗连续倒塌概念设计要求；安全等级一级且有特殊要求时，可采用拆除构件方法进行抗连续倒塌设计。这是结构抗连续倒塌设计的基本要求。

2. 结构抗连续性倒塌概念设计

抗连续倒塌概念设计主要从结构体系的备用传力路径、整体性、延性、连接构造和关键构件的判别等方面进行结构方案和结构布置设计，避免存在易导致结构连续倒塌的薄弱环节。抗连续倒塌概念设计应符合下列规定：

1）采取必要的结构连接措施，增强结构的整体性。如框架结构中，当某根柱发生破坏失去承载力，其直接支承的梁应能跨越两个开间而不致塌落，这就要求跨越柱上梁中的钢筋贯通并具有足够的抗拉强度，通过贯通钢筋的悬链线传递机制，将梁上的荷载传递到相邻的柱。

2）主体结构宜采用多跨规则的超静定结构。采用合理的结构方案和结构布置，增加结构的冗余度，形成具有多个和多向荷载传递路径传力的结构体系，可避免存在引发连续性倒塌的薄弱部位。

3）结构构件应具有适宜的延性，避免剪切破坏、压溃破坏、锚固破坏、节点先于构件破坏。应选择延性较好的材料，采用延性构造措施，提高结构的塑性变形能力，增强剩余结构的内力重分布能力，可避免发生连续倒塌。

4）结构构件应具有一定的反向承载能力。

5）周边及边跨框架的柱距不宜过大。

6）转换结构应具有整体多重传递重力荷载途径。

7）钢筋混凝土结构梁柱宜刚接，梁板顶、底钢筋在支座处宜按受拉要求连续贯通。

8）钢结构框架梁柱宜刚接。

9）独立基础之间宜采用拉梁连接。

10）设置整体性加强构件或设结构缝，对整个结构进行分区，一旦发生局部构件破坏，可将破坏控制在一个分区内，防止连续倒塌的蔓延。

3. 结构抗连续性倒塌设计方法

结构抗连续倒塌设计方法可分为间接设计方法和直接设计方法两类。间接设计方法从提高结构的连续性、冗余度、延性等方面，通过采取一定措施来提高结构抗连续倒塌的能力，如前面所讲的概念设计法。直接方法是针对明确的结构破坏或荷载进行设计评估，如拆除构件法和关键构件法。

拆除构件法也称为备用荷载路径分析，是将初始的失效构件删除，分析结构在原有荷载作用下发生内力重分布，并向新的稳定平衡状态逐步趋近的方法。其中，构件单元的删除是指让相应的构件退出计算，但不影响相连构件之间的连接，如图 4.7 所示。拆除构件法可按以下步骤进行：

1）逐个分别拆除结构周边柱、底层内部柱以及转换桁架腹杆等重要构件。

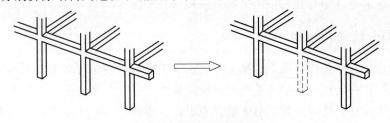

图 4.7　拆除构件示意图

2）可采用弹性静力方法分析剩余结构的内力与变形。

3）剩余结构构件承载力应符合下式要求。

$$R_d \geqslant \beta S_d \tag{4.22}$$

$$S_d = \eta_d \left(S_{Gk} + \sum \psi_{qi} S_{Qik} \right) + \psi_w S_{wk} \tag{4.23}$$

式中 R_d——剩余结构构件效应设计值，构件正截面承载力验算时，混凝土强度可取标准值，钢材强度，正截面承载力验算时可取标准值的 1.25 倍，受剪承载力验算时可取标准值；

S_d——剩余结构构件承载力设计值；

β——效应折减系数，对中部水平构件取 0.67，对其他构件取 1.0；

S_{Gk}——永久荷载标准值产生的效应；

S_{Qik}——第 i 个竖向可变荷载标准值产生的效应；

S_{wk}——风荷载标准值产生的效应；

η_d——竖向荷载动力放大系数，当构件直接与被拆除竖向构件相连时取 2.0，其他构件取 1.0；

ψ_{qi}——可变荷载的准永久值系数；

ψ_w——风荷载组合值系数，取 0.2。

当拆除某构件不能满足结构抗连续倒塌要求时，意味着该构件十分重要，设计时，对该构件应有更高的要求，在该构件表面附加 $80kN/m^2$ 侧向偶然作用设计值，此时其承载力应满足下式要求

$$R_d \geqslant S_d \tag{4.24}$$

$$S_d = S_{Gk} + 0.6 S_{Qk} + S_{Ad} \tag{4.25}$$

式中 S_{Qk}——活荷载标准值产生的效应；

S_{Ad}——侧向偶然作用设计值产生的效应。

拆除构件法设计过程不依赖意外荷载，可以较好地评价结构抗连续倒塌的能力，但设计烦琐，适合重要性较高结构的分析。

4.7 高层建筑结构分析和设计程序简介

现代高层建筑结构分析和设计一般需要通过程序由计算机来完成，目前现有的结构分析和设计程序很多，其计算模型和分析方法不尽不同，计算结果表达形式也各异。所以，应该了解现有的结构分析和设计程序各自特点，结合所设计结构的具体情况，选择合适的设计软件很重要。以下简要介绍几种实用的结构分析和设计程序。

4.7.1 结构分析通用程序

结构分析通用程序是指可用于机械工程、航天工程、船舶工程和土木工程等领域的结构分析程序。这类程序的特点是单元种类多、适应能力强、功能齐全等，一般可用来对高层建筑结构进行静力和动力结构分析。由于没有考虑高层建筑结构的专业特点，而未纳入我国现行规范和标准，一般仅用于结构分析。

1. SAP2000 程序

该程序是由 E. L. Wilson 等编制、美国 CSI 公司（Computers and Structures，Inc.）开发的 SAP 系列结构分析程序的较新版本。该程序可模拟房屋建筑、桥梁、水坝、油罐、地下结构等工程结构，进行线性及非线性静力分析、动力反应谱分析、线性及非线性动力时程分析，特别是地震作用及其效应分析，分析结果可被组合后用于结构设计，有较强的结构分析功能。

SAP2000 程序对各种荷载采用下述方式输入：静力荷载除了在结点上指定的力和位移外，还有重力、压力、温度和预应力荷载；动力荷载可以用地面运动加速度反应谱的形式给出，也可以用时变荷载形式和地面运动加速度形式给出；对桥梁结构可作用车辆动荷载。

SAP2000 程序中有丰富的单元库（杆元、板元、壳元、实体元及线性或非线性连接单元）、绘图模块及各种辅助模块（交互建模器、设计后处理模块、热传导分析模块、桥梁分析模块等）。

2. ANSYS 程序

该程序是由美国 ANSYS 公司开发的，融结构、流体、电场、磁场、声场分析于一体，是现代产品设计中的高级 CAD 工具之一。软件主要包括前处理模块、分析计算模块和后处理模块三部分。前处理模块提供了一个强大的实体建模和网络划分工具，用户可以方便地构造有限元模型；分析计算模块包括结构分析、流体动力学分析、电磁场分析、声场分析、压电分析以及多物理场的耦合分析，可模拟多种介质的相互作用，具有灵敏度分析和优化分析能力；后处理模块可以将计算结果以彩色等值线显示、梯度显示、矢量显示、立体切片显示、透明及半透明显示等方式显示出来，也可将计算结果以图表、曲线形式显示或输出。

ANSYS 软件提供了 100 多种单元类型，用来模拟工程中的各种结构和材料，如四边形壳单元、三角形壳单元、膜单元、三维实体单元、六面体厚壳单元、梁单元、杆单元、弹簧阻尼单元和质量单元等。

ANSYS 软件有很多种金属和非金属材料模型可供选择，如弹性、弹塑性、超弹性、泡沫、玻璃、土壤、混凝土、流体、复合材料、炸药及起爆燃烧以及用户自定义材料，并可考虑材料失效、损伤、黏性、蠕变、与温度相关、与应变相关等性质。

4.7.2　高层建筑结构分析与设计专用程序

1. ETABS 程序和 ETABS 中文版

ETABS 程序是由 E. L. Wilson 等编制、美国 CSI 公司开发的高层建筑结构空间分析与设计专用程序。该程序将框架和剪力墙都作为子结构来处理；采用刚性楼盖假定；梁考虑弯曲和剪切变形，柱考虑轴向、弯曲和剪切变形，剪力墙用带刚域杆件和墙板单元计算。可以对结构进行静力和动力分析，能计算结构的振型和频率，并按反应谱振型组合方法和时程分析方法计算结构的地震反应。在静力和动力分析中，考虑了 $P\text{-}\Delta$ 效应，在地震反应谱分析中采用了改进的振型组合方法（CQC 法）。

中国建筑标准设计研究院与美国 CSI 公司合作，推出了完全符合我国规范的 ETABS 中文版软件。该软件纳入的中国规范或规程有：GB 50009—2012《建筑结构荷载规范》、GB 50011—2010《建筑抗震设计规范》、GB 50010—2010《混凝土结构设计规范》、GB 50017—2003《钢结构设计规范》、JGJ 3—2010《高层建筑混凝土结构技术规程》和 JGJ 99—98《高层民用建筑钢结构技术规程》等。

ETABS（中文版）软件提供了混凝土和钢的材料特性、中国等几个国家的型钢库（工字钢、角钢、H 型钢等），用户可以定义任意形状的截面以及如梁端有端板、带牛腿柱等变截面构件；可以定义恒荷载、活荷载、风荷载、雪荷载、地震作用等工况；可以施加温度荷载、支座移动等荷载；可按规范要求生成荷载组合。提供了多种楼板类型（如压型钢板加混凝土楼板、单向板和双向板等）以及线性、Maxwell 型黏弹性阻尼器、双向弹塑性阻尼器、橡胶支座隔震装置、摩擦型隔震装置等连接单元。针对建筑结构的特点，考虑了节点偏移、节点区、刚域、刚性楼板等特殊问题。该软件设置了钢框架结构、钢结构交错桁架、混凝土无梁楼盖、混凝土肋梁楼盖、混凝土井字梁楼盖等内置模块系统，只要输入简单的数据，就可快速建立计算模型。

ETABS（中文版）软件的结构分析功能主要有：

1）反应谱分析。提供特征值、特征向量分析和 Ritz 向量分析求解振型，根据我国的地震反应谱进行地震反应分析，可以选择 SRSS 法、CQC 法进行振型组合，可以计算双向地震作用和偶然偏心以及竖向地震作用。

2）静力非线性分析。根据用户设定的塑性铰特性，对结构进行非线性 Pushover 分析，输出从弹性阶段到破坏为止的各个阶段的变形图和塑性铰开展情况以及各个阶段的内力，从而使设计人员可以了解结构的薄弱部位，便于进行合理的结构设计。

3）时程分析。可以对结构进行线性及非线性时程分析，可以同时考虑两个水平方向和一个竖直方向的三个方向的地震波输入，分析结果可以动画显示。

4）施工顺序加载分析。设计人员可以定义多个不同施工顺序工况以及施工顺序工况的荷载模式，并且可以考虑非线性 $P\text{-}\Delta$ 效应及大位移效应，使分析结果更接近实际情况。分析结果根据需要通过指定分阶段显示。

2. TBSA 程序和 TBWE 程序

中国建筑科学研究院高层建筑技术开发部研制的 TBSA 和 TBWE 程序，是用来分析和设计多、高层建筑结构的专用程序。TBSA 程序采用空间杆—薄壁柱模型，即梁、柱、斜杆采用空间杆单元，每端 6 个自由度；剪力墙采用空间薄壁杆单元，考虑截面翘曲的影响，每端 7 个自由度。TBWE 程序采用空间杆—墙元模型，即剪力墙采用墙元模型。这两个程序不仅可以对框架结构、框架—剪力墙、剪力墙结构、筒体结构等常用的结构形式进行分析和设计，还可分析和设计其他复杂结构体系。假定楼板在自身平面内刚度为无限大，多塔楼、错层结构采用分块楼板刚性假定，按广义楼层处理。

程序的基本功能如下：

1）通过前处理程序可以自动形成结构分析的几何文件、设计信息文件和荷载文件。

2）可以进行风荷载、双向水平地震作用和竖向地震作用分析，水平地震作用可考虑耦联或非耦联两种情况；可改变水平力作用方向，进行多方向水平力作用计算。

3）可以分析普通单体结构、多塔楼结构、错层结构、连体结构等多种立面结构形式；梁单元和斜柱单元可以是固接或铰接。

4）可按指定施工顺序考虑竖向荷载的施工模拟计算，可考虑 $P\text{-}\Delta$ 效应以及荷载偶然偏心的影响。

5）可以计算钢筋混凝土构件、型钢混凝土构件、钢管混凝土构件、异形柱及钢结构构件；可考虑框支柱及角柱的不同设计要求。

3. TAT 程序和 SATWE 程序

TAT 程序和 SATWE 程序是由中国建筑科学研究院 PKPMCAD 工程部研制和开发的系列软件之一。其共同特点是可与 PKPM 系列 CAD 系统连接，与该系统的各功能模块接力运行，可从 PMCAD 中生成数据文件，从而省略计算数据填表。程序运行后，可接力 PK 绘制梁、柱施工图，并可为各类基础设计软件提供柱、墙底的组合内力作为各类基础的设计荷载。

TAT 程序与 TBSA 程序采用相同的结构计算模型，即空间杆—薄壁柱模型。该程序不仅可以计算钢筋混凝土结构，而且对钢结构中的水平支撑、垂直支撑、斜柱以及节点域的剪切变形等均予以考虑。可以对高层建筑结构进行动力时程分析和几何非线性分析。

SATWE 程序采用空间杆—墙元模型，即采用空间杆单元模拟梁、柱及支撑等杆件，用在壳元基础上凝聚而成的墙元模拟剪力墙。墙元是专用于模拟高层建筑结构中剪力墙的，对于尺寸较大或带洞口的剪力墙，按照子结构的思路，由程序自动进行细分，然后用静力凝聚原理将由于墙元的细分而增加的内部自由度消去，从而保证墙元的精度和有限的出口自由度。这种墙元对于剪力墙洞口（仅考虑矩形洞）的大小及空间位置无限制，具有较好的适应性。墙元不仅具有平面内刚度，也具有平面外刚度，可以较好地模拟工程中剪力墙的实际受力状态。对于楼板，该程序给出了四种简化假定，即楼板整体平面内无限刚性、楼板分块平面内无限刚性、楼板分块平面内无限刚性带有弹性连接板带、弹性楼板，平面外刚度均假定为零。在应用时，可根据工程实际情况和分析精度要求，选用其中的一种或几种。

SATWE 是专门为高层建筑结构分析与设计而研制的空间组合结构有限元分析软件，适用于各种复杂体型的高层钢筋混凝土框架、框架—剪力墙、剪力墙、筒体等结构，以及钢—混凝土混合结构和高层钢结构。其主要功能有：

1）可完成建筑结构在恒荷载、活荷载、风荷载以及地震作用下的内力分析、动力时程分析和荷载效应组合计算；可进行活荷载不利布置计算；可将上部结构与地下室作为一个整体进行分析。

2）对于复杂体型高层建筑结构，可进行耦联抗震分析和动力时程分析；对于高层钢结构建筑，考虑了 $P\text{-}\Delta$ 效应；具有模拟施工加载过程的功能。

3）空间杆单元除了可以模拟一般的梁、柱外，还可模拟铰接梁、支撑等杆件；梁、柱及支撑的截面形状不限，可以是各种异形截面。

4）结构材料可以是钢、混凝土、型钢混凝土、钢管混凝土等。

5）考虑了多塔楼结构、错层结构、转换层及楼板局部开大洞等情况，可以精细地分析这些特殊结构；考虑了梁、柱的偏心及刚域的影响。

4.7.3　程序计算结果的分析与判别

在高层建筑结构分析和设计主要依靠计算机和程序的情况下，结构工程师必须学会对程序计算结果的分析和判别，不能盲目地使用程序计算结果。

高层建筑结构一般比较复杂，体量较大，所以用程序计算时，数据输入量很大。为尽可能减少错误，除了要确保结构计算模型接近实际情况、输入数据无误外，对计算结果的分析和判别是很关键的一个环节。

对于体型和结构布置复杂的高层建筑结构，以及 B 级高度和复杂高层建筑结构，应至少采用两个不同力学模型的三维空间分析程序（且由不同编制组编制）进行整体内力和位移计算，以便相互校核比较。

对各单项荷载作用下的内力计算结果，如永久荷载、某一活荷载、某一振型的地震作用，可校核某些结点是否满足平衡条件。注意，不能用组合内力进行校核，因为组合内力是由各单项内力乘以不同值的荷载分项系数而得，故而破坏了原来的结点平衡条件。

对结构的基本周期等重要参数，可与经验公式的结果进行比较，二者的计算结果不应相差太大。否则有两种可能，一是计算结果不正确，需要校对结构计算模型或输入数据；二是原定的结构布置不合适，需要进行修改。

在对程序计算结果进行概念分析的基础上，可根据设计经验，对计算结果进行干预调整。

思考题

4-1　结构分析方法主要有哪些？高层建筑结构一般采用哪种简化分析方法计算其内力和位移？其基本假定是什么？

4-2　什么是荷载效应组合？有地震作用组合和无地震作用组合的区别是什么？

4-3　为什么应对高度超过150m的高层建筑进行舒适度验算？如何进行验算？

4-4　为何要控制结构的侧向位移，弹性和弹塑性分析时结构的侧向变形分别如何考虑？

4-5　为什么要考虑重力二阶效应？如何考虑高层建筑结构的重力二阶效应？

4-6　何谓刚重比？如何采用刚重比进行结构的整体稳定验算？

4-7　为什么抗震设计要区分抗震等级？结构抗震性能目标的选择依据是什么？结构抗震性能设计需要满足哪些承载力和变形要求？

4-8　简述抗震概念设计的含义，并举例说明。

4-9　什么是结构连续倒塌？简单阐述高层建筑结构抗连续倒塌的设计方法。抗连续倒塌概念设计应符合哪些要求？

4-10　何为结构的延性？结构延性在结构抗震性能中有什么作用？

4-11　你了解和掌握的结构分析和设计程序有哪些？

4-12　为什么要重视计算机程序（软件）计算结果的分析和验证？

钢筋混凝土框架结构设计 | 第5章

本章提要

（1）框架结构的组成和布置原则

（2）框架结构的计算简图确定

（3）竖向荷载作用下框架结构内力和侧移计算方法

（4）水平荷载作用下框架结构内力和侧移计算方法

（5）框架结构内力组合

（6）延性框架结构的构件和节点设计及构造要求

5.1 框架结构的布置

框架结构的布置主要是确定柱在平面上的排列方式（柱网布置）和选择结构承重方案，结构布置必须满足建筑平面及使用要求，同时使结构受力合理、施工简单。

5.1.1 柱网和层高

民用建筑柱网尺寸和层高是根据建筑使用功能确定的。住宅、宾馆和办公楼的柱网可分为小柱网和大柱网两类。小柱网指一个开间为一个柱距（图 5.1a、b），柱距一般为 3.3m、3.6m、3.9m 等；大柱网指两个开间为一个柱距（图 5.1c），柱距通常为 6.0m、6.6m、7.2m、7.5m 等。常用的跨度（房屋进深）有：4.8m、5.4m、6.0m、6.6m、7.2m、7.5m 等。

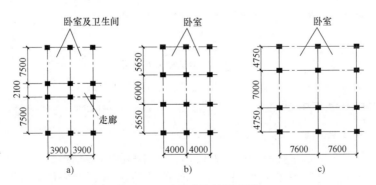

图 5.1 民用建筑柱网布置

宾馆建筑多采用三跨框架，有两种跨度布置方式：一种是边跨大、中跨小，可将卧室和卫生间设在边跨，中间跨仅作为走道使用；另一种则是边跨小、中跨大，将两边客房的卫生间与走道合并设于中跨内，边跨仅作为卧室，如北京长城饭店（图5.1b）和广州东方宾馆（图5.1c）。办公楼常采用三跨内廊式、两跨不等跨或多跨等框架，采用不等跨时，大跨内宜布置一道纵梁，以承托走道纵墙。由于建筑体型的多样化，出现了一些非矩形的平面形状，使柱网布置变得复杂。

工业建筑柱网尺寸和层高是根据生产工艺要求确定的。常用的柱网有内廊式和等跨式两种。内廊式的边跨跨度一般为6~8m，中间跨跨度为2~4m；等跨式的跨度一般为6~12m，柱距通常为6m，层高为3.6~5.4m。

柱网尺寸不宜大于10m×10m，柱网尺寸太大，梁板截面尺寸大，不经济。

5.1.2　框架结构的承重方案

将框架结构视为竖向承重结构，其承重方案有三种：

（1）横向框架承重　主梁沿房屋横向布置，板和连系梁沿房屋纵向布置（图5.2a）。由于竖向荷载主要由横向框架承受，横梁截面高度较大，因而有利于增加房屋的横向刚度。这种承重方案在实际结构中应用较多。

（2）纵向框架承重　主梁沿房屋纵向布置，板和连系梁沿房屋横向布置（图5.2b）。这种方案对于地基较差的狭长房屋较为有利，且因横向只设置截面高度较小的连系梁，有利于楼层净高的有效利用。但这种承重方式房屋横向刚度较差，实际结构中应用较少。

（3）纵、横向框架承重　房屋的纵、横向都布置承重框架（图5.2c），楼盖常采用现浇双向板或井字梁楼盖。当柱网平面为正方形或接近正方形，或当楼盖上有较大活荷载时，多采用这种承重方案。

框架结构同时也是抗侧力结构，可能承受纵、横两个方向的水平荷载（如风荷载和水平地震作用），这就要求纵、横两个方向的框架均应具有一定的侧向刚度和水平承载力。

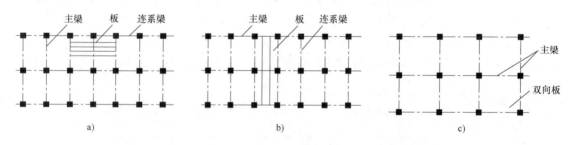

图5.2　框架结构承重方案

5.1.3　框架结构布置要求

高层框架结构布置一般应满足以下要求：

1）框架结构应设计成双向梁柱抗侧力体系，主体结构除个别部位外，不应采用铰接。

2）抗震设计的框架结构不应采用冗余度低的单跨框架。因为单跨框架的耗能能力较弱，超静定次数较少，一旦柱子出现塑性铰，出现连续倒塌的可能性很大。

3）框架结构按抗震设计时，不应采用砌体墙承重与框架结构承重的混合结构。因两种体系所用的承重材料完全不同，其抗侧刚度、变形能力等相差很大，如果将这两种结构在同一建筑物中混合使用，而不以防震缝将其分开，对建筑物的抗震能力将产生很不利的影响。楼、电梯间及突出屋顶部分（电梯机房、楼梯间、水箱等）也不应采用砌体墙承重。

4）避免砌体填充墙对结构的不利影响。框架结构的填充墙及隔墙宜选用轻质墙体，抗震设计时，框架结构如采用砌体填充墙，应注意：

① 避免上、下层刚度变化较大。框架结构底部墙体较少，而上部若干层的填充墙布置较多，因而形成上、下刚度突变。地震发生时，底部容易破坏，导致房屋倒塌。

② 避免短柱。在外墙柱子之间，有通长整开间的窗台墙嵌砌在柱子之间，使柱子的净高减少很多，易形成短柱。

③ 减少因抗侧刚度偏心造成的结构扭转。填充墙的布置偏于平面的一侧会形成刚度偏心，地震时由于扭转而产生构件的附加内力，而设计中并未考虑，因而造成破坏。

5）抗震设计时，框架的楼梯间应满足以下规定：

① 楼梯间的布置应尽量减少其造成的结构平面不规则。

② 宜采用现浇钢筋混凝土楼梯，楼梯结构具有足够的抗倒塌能力。

③ 宜采取措施减少楼梯对主体结构的影响。

④ 当钢筋混凝土楼梯与主体结构整体连接时，应考虑楼梯对地震作用及其效应的影响，并应对楼梯构件进行抗震承载力验算。

6）框架梁、柱中心线宜重合。当梁需偏心放置时，梁、柱中心线之间的偏心距不宜大于柱截面在该方向宽度的 1/4。如偏心距大于该方向柱宽的 1/4 时，可增设梁的水平加腋（图 5.3）。设置水平加腋后，仍需考虑梁柱偏心的不利影响。试验表明，此法能明显改善梁柱节点承受反复荷载的性能。

① 梁水平加腋厚度可取梁截面高度，其水平尺寸宜满足下列要求

$$b_x/l_x \leqslant 1/2, b_x/b_b \leqslant 2/3, b_x+b_b+x \geqslant b_c/2$$

式中符号意义如图 5.3 所示。

② 梁采用水平加腋时，框架节点有效宽度 b_j 宜符合下式要求

当 $x=0$ 时，b_j 按下式计算

$$b_j \leqslant b_b+b_x \qquad (5.1)$$

当 $x \neq 0$ 时，b_j 取式（5.2）和式（5.3）计算的较大值，且应满足式（5.4）的要求

$$b_j \leqslant b_b+b_x+x \qquad (5.2)$$

$$b_j \leqslant b_b+2x \qquad (5.3)$$

$$b_j \leqslant b_b+0.5h_c \qquad (5.4)$$

式中 h_c——柱截面高度（mm）。

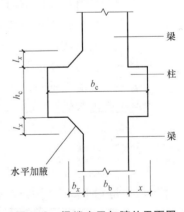

图 5.3 梁端水平加腋处平面图

5.2 框架结构的计算简图

在框架结构设计中，应首先确定构件截面尺寸及结构计算简图，然后进行荷载计算及结构内力和侧移分析。

5.2.1 梁、柱截面尺寸

框架梁、柱截面尺寸应根据承载力、刚度及延性等要求确定。初步设计时，通常由经验或估算先选定截面尺寸，再进行承载力、变形等验算，检查所选尺寸是否合适。

1. 梁截面尺寸

框架梁的截面高度 h_b 可根据梁的计算跨度 l_b、活荷载大小等，按 $h_b = (1/18 \sim 1/10)l_b$ 确定。为了防止梁发生剪切脆性破坏，h_b 不宜大于 1/4 梁净跨。主梁截面宽度可取 $b_b = (1/3 \sim 1/2)h_b$，且不宜小于 200mm。为了保证梁的侧向稳定性，梁截面的高宽比（h_b/b_b）不宜大于 4。

为了降低楼层高度，可将梁设计成宽度较大而高度较小的扁梁。扁梁的截面高度可按 $(1/18 \sim 1/15)l_b$ 估算，扁梁的截面宽度 b（肋宽）与其高度 h 的比值 b/h 不宜超过 3。

如果梁上作用的荷载较大，可选择较大的高跨比 h_b/l_b。当梁高较小或采用扁梁时，除应验算其承载力和受剪截面要求外，尚应验算竖向荷载作用下梁的挠度和裂缝宽度，以满足其正常使用要求。

2. 柱截面尺寸

高层建筑中，框架柱所受的轴向力较大，因此柱截面尺寸可根据轴压比限值进行假定。考虑抗震设计时，框架柱的轴压比要满足下列规定

$$u_c = \frac{N}{f_c bh} \leq \begin{cases} 0.65（抗震等级为一级时）\\ 0.75（抗震等级为二级时）\\ 0.85（抗震等级为三级时）\end{cases} \qquad (5.5)$$

$$N = 1.25 N_V \qquad (5.6)$$

式中　b、h——柱截面宽度和高度；

　　　　N——柱所承受的轴向压力设计值；

　　　　N_V——根据柱支承的楼面面积计算由重力荷载产生的轴向力值，重力荷载标准值可根据实际荷载取值，也可近似按 $12 \sim 14 \mathrm{kN/m^2}$ 计算；

　　1.25——重力荷载的荷载分项系数平均值；

　　　　f_c——混凝土轴心抗压强度设计值。

当混凝土强度等级为 C65 ~ C70 时，轴压比限值应减少 0.05；当为 C75 ~ C80 时，应减少 0.10。当剪跨比为 1.5 ~ 2.0 时，轴压比应减小 0.05；当剪跨比小于 1.5 时，轴压比应专门研究，并采取特殊措施。当箍筋沿柱全高加强时，轴压比可适当提高。任何情况下，调整后的柱轴压比限值不应大于 1.05。

框架柱的截面宽度和高度，非抗震设计时不小于 250mm，抗震设计四级不宜小于 300mm，一、二、三级不宜小于 400mm；圆柱截面直径，四级不宜小于 350mm，一、二、三级不宜小于 450mm。柱截面高宽比不宜大于 3。为避免柱产生剪切破坏，柱净高与截面长边之比宜大于 4，或柱的剪跨比宜大于 2。

3. 梁的线刚度

当楼板与梁的钢筋互相交织且混凝土又同时浇筑时，楼板相当于梁的翼缘，梁的截面抗弯刚度比矩形梁增大。在装配整体式楼盖中，预制板上的现浇刚性面层对梁的抗弯刚度也有一定的提高。现浇楼面每一侧翼缘的有效宽度可取至板厚的 6 倍。为方便设计，假定梁的截

面惯性矩 I 沿轴线不变，对现浇楼盖，中框架取 $I=2I_0$，边框架取 $I=1.5I_0$；对装配整体式楼盖，中框架取 $I=1.5I_0$，边框架取 $I=1.2I_0$。这里 I_0 为按矩形截面（图 5.4 中阴影部分）计算的梁截面惯性矩，$I_0=\dfrac{bh^3}{12}$。对于装配式楼盖，则按梁的实际截面计算 I_0。

梁的线刚度为

$$i=\frac{E_c I}{l_b} \tag{5.7}$$

式中　E_c——混凝土的弹性模量；

　　　l_b——梁的计算跨度。

4. 柱的线刚度

高层建筑中，框架柱的截面形状以矩形和方形居多，当柱的截面为矩形或方形时，柱的截面惯性矩为

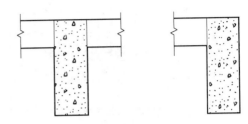

图 5.4　梁截面惯性矩 I_0

$$I=\frac{1}{12}bh^3 \tag{5.8}$$

柱的线刚度为

$$i=\frac{E_c I}{H_i} \tag{5.9}$$

式中　b、h——柱截面宽度和高度；

　　　E_c——混凝土的弹性模量；

　　　H_i——第 i 层柱的计算高度。

5.2.2　框架结构的计算简图

1. 计算单元

框架结构房屋是由梁、柱、楼板、基础等构件组成的空间结构体系，一般应按三维空间结构进行分析。但对于平面布置较规则的框架结构房屋（图 5.5），为了简化计算，通常将实际的空间结构简化为若干个横向或纵向平面框架进行分析，每榀平面框架为一计算单元，如图 5.5a 所示。

就承受竖向荷载而言，当横向（纵向）框架承重时，截取横向（纵向）框架进行计算，全部竖向荷载由横向（纵向）框架承担，不考虑纵向（横向）框架的作用。当纵、横向框架混合承重时，应根据结构的不同特点进行分析，并对竖向荷载按楼盖的实际支承情况进行传递，这时竖向荷载通常由纵、横向框架共同承担。

在某一方向的水平荷载作用下，整个框架结构体系可视为若干个平面框架，共同抵抗与平面框架平行的水平荷载，与该方向正交的结构不参与受力。每榀平面框架所抵抗的水平荷载，当为风荷载时，可取计算单元范围内的风荷载，如图 5.5a 所示；当为水平地震作用时，则为按各平面框架的侧向刚度比例分配到的水平力。

2. 计算简图

将空间框架结构简化为平面框架之后，应进一步将实际的平面框架转化为力学模型，并在力学模型上作用荷载，就成为框架结构的计算简图，如图 5.5b 所示。

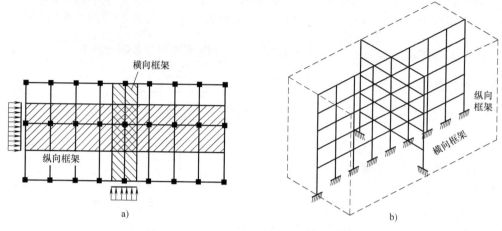

图 5.5 平面框架的计算单元及计算简图

在框架结构的计算简图中，梁、柱用其轴线表示，梁与柱之间的连接用节点表示，梁或柱的长度用节点间的距离表示，如图 5.6 所示。框架柱轴线之间的距离即框架梁的计算跨度；框架柱的计算高度应为各横梁形心轴线间的距离，当各层梁截面尺寸相同时，除底层柱外，柱的计算高度即各层层高。对于梁、柱、板均为现浇的情况，梁截面的形心线可近似取至板底。对于底层柱的下端，一般取至基础顶面；当设有整体刚度很大的地下室，且地下室结构的楼层侧向刚度不小于相邻上部结构楼层侧向刚度的 2 倍时，可取至地下室结构的顶板处。对斜梁或折线形横梁，当倾斜度不超过 1/8 时，在计算简图中可取为水平轴线。

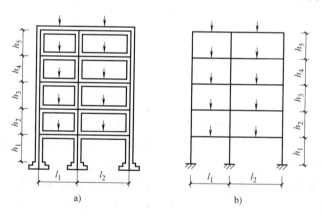

图 5.6 框架结构的计算简图

在实际工程中，框架柱的截面尺寸通常沿房屋高度变化。当上层柱截面尺寸减小但其形心轴仍与下层柱的形心轴重合时，其计算简图与各层柱截面不变时的相同。当上、下层柱截面尺寸不同且形心轴也不重合时，一般采取近似方法，即将顶层柱的形心线作为整个柱子的轴线，如图 5.7 所示。须注意，在框架结构的内力和变形分析中，各层梁的计算跨度及线刚度仍应按实际情况取；另外尚应考虑上、下层柱轴线不重合，由上层柱传来的轴力在变截面处产生的力矩（图 5.7b）。此力矩应视为外荷载，与其他竖向荷载一起进行框架内力分析。

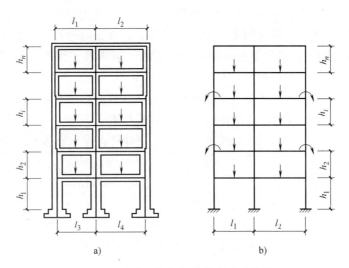

图 5.7 变截面柱框架结构的计算简图

5.3 竖向荷载作用下框架结构内力的简化计算

在竖向荷载作用下，高层框架结构的内力可用力法、位移法等结构力学方法计算。工程设计中，如采用手算，可采用迭代法、系数法、分层法及弯矩二次分配法等简化方法计算。本节简要介绍后两种简化方法的基本概念和计算要点。

5.3.1 分层法

1. 竖向荷载作用下框架结构的受力特点及内力计算假定

结构力学精确计算结果表明，在竖向荷载作用下，框架结构的侧移对其内力的影响较小。在梁线刚度大于柱线刚度的情况下，只要结构和荷载不是非常不对称，则竖向荷载作用下框架结构的侧移较小，对杆端弯矩的影响也较小。另外，由影响线理论及精确计算结果可知，框架各层横梁上的竖向荷载只对本层横梁及与之相连的上、下层柱的弯矩影响较大，对其他各层梁、柱的弯矩影响较小。也可从弯矩分配法的过程来理解，受荷载作用杆件的弯矩值通过弯矩的多次分配与传递，逐渐向左右上下衰减，在梁线刚度大于柱线刚度的情况下，柱中弯矩衰减得更快，因而对其他各层的杆端弯矩影响较小。因此，计算竖向荷载作用下框架结构内力时，可采用以下两个基本假定：

1）不考虑框架结构的侧移对其内力的影响。

2）每层梁上的荷载仅对本层梁及其上、下柱的内力产生影响，对其他各层梁、柱内力的影响可忽略不计。

上述假定中所指的内力不包括柱轴力，因为某层梁上的荷载对下部各层柱的轴力均有较大影响，不能忽略。

2. 简化计算步骤

根据上述假定，在竖向荷载作用下，用分层法计算内力可按以下步骤：

1）将框架结构沿高度分成若干单层无侧移的敞口框架。每个敞口框架包括本层梁和与之相连的上、下层柱。梁上作用的荷载、各层柱高及梁跨度均与原结构相同。除底层柱的下端外，其他各柱的柱端应为弹性约束。为便于计算，均将其处理为固定端（图5.8）。

2）计算梁柱线刚度，确定梁柱端弯矩分配系数。对于柱，为消除分层后中间柱的柱端假设为嵌固与实际的不符，可把除底层柱以外的其他各层柱的线刚度均乘以修正系数0.9。在计算每个节点周围各杆件的弯矩分配系数时，应采用修正后的柱线刚度计算；并且底层柱和各层梁的传递系数均取1/2，其他各层柱的传递系数取1/3。

3）用无侧移框架的计算方法（如弯矩分配法）计算各敞口框架的杆端弯矩，由此所得的梁端弯矩即其最后的弯矩值；因每一柱属于上、下两层，所以每一柱端的最终弯矩值需将上、下层计算所得的弯矩值相加。上、下层柱端弯矩值相加后，将引起新的节点不平衡弯矩，可对这些不平衡弯矩再做一次弯矩分配。

4）在杆端弯矩求出后，可用静力平衡条件计算梁端剪力及梁跨中弯矩；逐层叠加柱上的竖向压力（包括节点集中力、柱自重等）和与之相连的梁端剪力，即得柱的轴力。

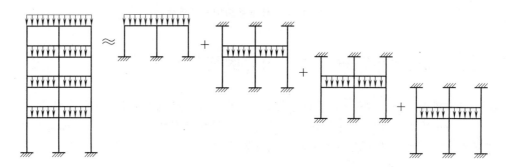

图5.8　竖向荷载作用下分层计算示意图

5.3.2　弯矩二次分配法

计算竖向荷载作用下高层多跨框架结构的杆端弯矩时，可用无侧移框架的弯矩分配法，但由于该法要考虑任一节点的不平衡弯矩对框架结构所有杆件的影响，因而计算相当烦琐。根据在分层法中的分析可知，框架中某节点的不平衡弯矩对与其相邻的节点影响较大，对其他节点的影响较小，因而可假定某一节点的不平衡弯矩只对与该节点相交的各杆件的远端有影响，这样可将弯矩分配法的循环次数简化到弯矩二次分配和其间的一次传递，即弯矩二次分配法。具体计算步骤如下：

1）根据各杆件的线刚度计算各节点的杆端弯矩分配系数，并计算竖向荷载作用下各跨梁的固端弯矩。

2）计算框架各节点的不平衡弯矩，并对所有节点的不平衡弯矩（反号后）均进行第一次分配（其间不进行弯矩传递）。

3）将所有杆端的分配弯矩同时向其远端传递（对于刚接框架，传递系数均取1/2）。

4）将各节点因传递弯矩而产生的新的不平衡弯矩（反号后）进行第二次分配，使各节点处于平衡状态。至此，整个弯矩分配和传递过程即告结束。

5）将各杆端的固端弯矩、分配弯矩和传递弯矩叠加，即得各杆端弯矩。

5.4　水平荷载作用下框架结构内力和侧移的简化计算

水平荷载作用下框架结构的内力和侧移可用结构力学方法计算，当柱轴向变形对内力及位移影响不大时，可采用的简化方法有反弯点法和 D 值法等。

5.4.1　水平荷载作用下框架结构的受力及变形特点

框架结构在水平荷载（如风荷载、水平地震作用等）作用下，一般都可归结为受节点水平力的作用，这时梁柱杆件的变形图和弯矩图如图 5.9 所示。框架的每个节点除产生相对水平位移 δ_i 外，还产生转角 θ_i，由于越靠近底层框架所受层间剪力越大，故各节点的相对水平位移 δ_i 和转角 θ_i 都具有越靠近底层越大的特点。柱上、下两端弯曲方向相反，柱中一般都有一个反弯点。梁中也有一个反弯点，梁和柱的弯矩图都是直线。如果能够求出各柱的剪力及其反弯点位置，则梁、柱内力均可方便地求得。因此，水平荷载作用下框架结构内力近似计算的关键是确定层间剪力在各柱间的分配，以及各柱的反弯点位置。

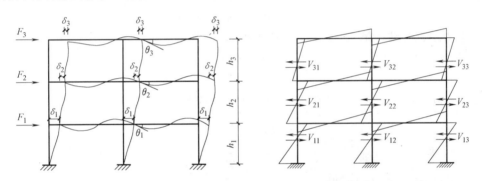

图 5.9　水平荷载作用下框架结构的变形图及弯矩图

5.4.2　反弯点法

反弯点法假定梁的线刚度无限大，则柱两端产生相对水平位移时，柱两端无任何转角，且弯矩相等，反弯点在柱中点处。一般认为，当梁的线刚度 i_b 与柱的线刚度 i_c 之比大于 3 时，由上述假定引起的误差能够满足工程设计的精度要求。其计算步骤如下：

1. 确定反弯点位置

反弯点法假定除底层外各层上下柱两端转角相同，反弯点位置固定不变，底层柱反弯点距下端（固定端）2/3 高度层高，距上端 1/3 高度；其余各层柱的反弯点在柱的中点。

2. 同一楼层各柱剪力的分配

将框架（共有 n 层，每层有 m 个柱子）沿第 i 层各柱的反弯点处切开代以剪力和轴力（图 5.10），则按水平力的平衡条件得

$$V_i = V_{i1} + \cdots + V_{ij} + \cdots + V_{im} = \sum_{j=1}^{m} V_{ij} = \sum_{k=i}^{n} F_k \tag{a}$$

式中　V_i——第 i 层柱的总剪力；

V_{ij}——第 i 层第 j 根柱的剪力；

F_k——作用在各楼层的水平力。

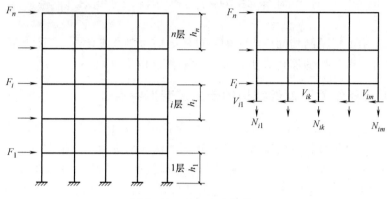

图 5.10　反弯点法推导

框架横梁的轴向变形一般很小，可忽略不计，则同层各柱的相对侧移 δ_{ij} 相等（变形协调条件），即

$$\delta_{i1} = \delta_{i2} = \cdots = \delta_{ij} = \cdots = \delta_i \qquad （b）$$

用 D_{ij} 表示框架结构第 i 层第 j 柱的侧向刚度，它是框架柱两端产生单位相对侧移所需的水平剪力，称为框架柱的侧向刚度，也称为框架柱的抗剪刚度，则由物理条件得

$$V_{ij} = D_{ij}\delta_{ij} \qquad （c）$$

将式（c）代入式（a），并考虑式（b）的变形条件，则得

$$\delta_{ij} = \delta_i = \frac{1}{\sum_{j=1}^{m} D_{ij}} V_i \qquad （d）$$

将式（d）代入式（c），得

$$V_{ij} = \frac{D_{ij}}{\sum_{j=1}^{m} D_{ij}} V_i \qquad （5.10）$$

式（5.10）即为层间剪力 V_i 在该层各柱间的分配公式，它适用于整个框架结构同层各柱之间的剪力分配。可见，每根柱分配到的剪力值与其侧向刚度成比例。

3. 柱的侧移刚度

反弯点法中用侧移刚度 D 表示框架柱两端有相对单位侧移时柱中产生的剪力，它与柱两端的约束情况有关。由于反弯点法中梁的刚度非常大，可近似认为节点转角为零，则根据两端无转角但有单位水平位移时杆件的杆端剪力方程，可得

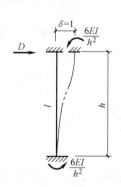

$$D = \left(\frac{6EI}{h^2} + \frac{6EI}{h^2} \right) / h = 12 \frac{i_c}{h^2} \qquad （5.11）$$

4. 柱端弯矩的计算

前面已经求出了每一层中各柱的反弯点高度和柱中剪力，柱端弯矩可按下式计算：

图 5.11　柱抗侧刚度

对于底层柱　　$M_{c1k}^u = V_{1k} \cdot \dfrac{h_1}{3}$，$M_{c1k}^b = V_{1k} \cdot \dfrac{2h_1}{3}$ 　　　　　　　　（5.12a）

对于上部各层柱　　$M_{cjk}^u = M_{cjk}^b = V_{jk} \cdot \dfrac{h_j}{2}$ 　　　　　　　　（5.12b）

上式中的下标 cjk 表示第 j 层第 k 号柱，上标 u、b 分别表示柱的顶端和底端。

5. 梁端弯矩的计算

梁端弯矩可由节点平衡求出，如图 5.12 所示，可得

$$M_b^l = (M_{i+1,j}^b + M_{ij}^u)\frac{i_b^l}{i_b^l + i_b^r}, \quad M_b^r = (M_{i+1,j}^b + M_{ij}^u)\frac{i_b^r}{i_b^l + i_b^r} \quad (5.13)$$

式中，i_b^l、i_b^r——左边梁和右边梁的线刚度。

反弯点法首先假定梁柱之间的线刚度比为无穷大，其次又假定柱的反弯点高度为一定值，从而使框架结构在侧向荷载作用下的内力计算大大简化。但在实际工程中，横梁与立柱的线刚度比较接近。尤其对于高层建筑，由于各种条件的限制，柱子截面往往较大，经常会有梁柱相对线刚度比较接近，甚

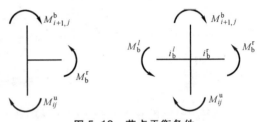

图 5.12　节点平衡条件

至有时柱的线刚度反而比梁大的情况。特别是在抗震设防的情况下，强调"强柱弱梁"，柱的线刚度可能会大于梁的线刚度。这样在水平荷载作用下，梁本身就会发生弯曲变形而使框架各节点既有转角又有侧移存在，从而导致同层柱上下端的 M 值不相等，反弯点的位置也随之变化。

另外，反弯点法计算反弯点高度 y 时，假设柱上下节点转角相等，这样误差也较大，特别在最上和最下数层。此外，当上、下层的层高变化大，或者上、下层梁的线刚度变化较大时，用反弯法计算框架在水平荷载作用下的内力时，其计算结果误差也较大。

反弯点法适用于梁柱线刚度之比不小于 3 的框架结构水平荷载作用内力与变形计算，常在初步设计估算中采用。

5.4.3　D 值法

1. 框架柱的侧移刚度

柱的侧向刚度是当柱上下端产生单位相对横向位移时，柱所承受的剪力，即对于框架结构中第 j 层第 k 柱，有

$$D_{jk} = \frac{V_{jk}}{\delta} \quad (5.14)$$

下面以图 5.13 所示框架中间柱为例，导出 D_{jk} 的计算公式。

假定：

1）柱 AB 两端及与其上下相邻柱的线刚度均为 i_c。

2）柱 AB 两端及与其上下相邻柱的层间水平位移均为 δ。

3）柱 AB 两端节点及与其上下左右相邻的各个节点的转角均为 θ。

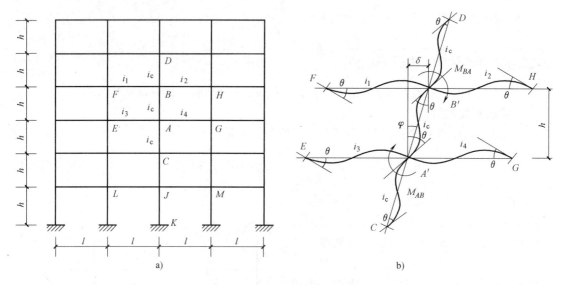

图 5.13　框架柱侧向刚度计算图

4）与柱 AB 相交的横梁的线刚度分别为 i_1、i_2、i_3、i_4。

框架受力变形后，柱 AB 及相邻各构件的变形如图 5.13b 所示。由前两个假定，整个框架单元只有 θ 和 φ 两个未知数，由节点 A 和节点 B 的力矩平衡条件，分别可得

$$4(i_3+i_4+i_c+i_c)\theta+2(i_3+i_4+i_c+i_c)\theta-6(i_c\varphi+i_c\varphi)=0$$
$$4(i_1+i_2+i_c+i_c)\theta+2(i_1+i_2+i_c+i_c)\theta-6(i_c\varphi+i_c\varphi)=0$$

将以上两式相加，化简后得

$$\theta=\frac{2}{2+\dfrac{\sum i}{2i_c}}\varphi=\frac{2}{2+K}\varphi \tag{a}$$

式中，$\sum i=i_1+i_2+i_3+i_4$，$K=\dfrac{\sum i}{2i_c}$，$\varphi=\dfrac{\delta}{h}$。

柱 AB 在受到相对平移 δ 和两端转角 θ 的约束变形时，柱内的剪力 V_{jk} 为

$$V_{jk}=\frac{12i_c}{h}\left(\frac{\delta}{h}-\theta\right) \tag{b}$$

将式（a）代入式（b），得

$$V_{jk}=\frac{K}{2+K}\frac{12i_c}{h^2}\delta$$

令 $\alpha_c=\dfrac{K}{2+K}$，则

$$V_{jk}=\alpha_c\frac{12i_c}{h^2}\delta$$

将上式代入式（5.14），得

$$D_{jk}=\alpha_c\frac{12i_c}{h^2} \tag{5.15}$$

式中　α_c——与梁、柱线刚度有关的修正系数，表 5.1 给出了各种情况下 α_c 值的计算公式。

表 5.1　α_c 值和 K 值计算表

	边　柱	中　柱	α_c
一般层	 $K=\dfrac{i_{b2}+i_{b4}}{2i_c}$	 $K=\dfrac{i_{b1}+i_{b2}+i_{b3}+i_{b4}}{2i_c}$	$\alpha_c=\dfrac{K}{2+K}$
底层	 $K=\dfrac{i_{b2}}{i_c}$	 $K=\dfrac{i_{b1}+i_{b2}}{i_c}$	$\alpha_c=\dfrac{0.5K}{2+K}$

可以看出，梁、柱线刚度的比值越大，K 值越大。当梁、柱线刚度比值为 ∞ 时，$\alpha_c=1$，这时 D 值等于反弯点法中采用的侧移刚度。

2. 层间剪力在各柱间的分配

求得框架柱侧向刚度 D 值以后，与反弯点法相似，由同一层内各柱的层间位移相等的条件，可把层间剪力 V_j 按式（5.10）分配给该层的各个柱。

3. 各层柱的反弯点位置

各层柱的反弯点位置与柱两端的约束条件或框架在节点水平荷载作用下该柱上下端的转角大小有关。若上下端转角相等，则反弯点在柱高的中央。当两端约束刚度不同时，两端转角也不相等，反弯点将移向转角较大的一端，也就是移向约束刚度较小的一端。当一端为铰接时，弯矩为 0，即反弯点与该铰重合。影响柱两端转角大小的因素（影响柱反弯点位置的因素）主要有三个：该层所在的楼层位置，及梁、柱线刚度比；上、下横梁相对线刚度比值；上、下层层高的变化。

在 D 值法中，通过力学分析求出标准情况下的标准反弯点高度比 y_0（即反弯点到柱下端距离与柱全高的比值），再根据上、下梁线刚度比值及上、下层层高变化，对 y_0 进行调整。反弯点位置用下式表达

$$yh=(y_0+y_1+y_2+y_3)h \tag{5.16}$$

式中　y——反弯点距柱下端的高度与柱全高的比值（简称反弯点高度比）；

　　　y_1——考虑上、下横梁线刚度不相等时引入的修正值；

y_2、y_3——考虑上层、下层层高变化时引入的修正值；

　　　h——柱的高度（层高）。

y_0、y_1、y_2 和 y_3 的取值可通过查表的方式确定，参阅一般《混凝土结构设计》教材中多层框架结构设计。

在按式（5.15）求得框架柱的侧向刚度、按式（5.10）求得各柱的剪力、按式（5.16）求得各柱的反弯点高度后，与反弯点法一样，就可求得各柱的杆端弯矩。然后根据节点平衡

条件求得梁端弯矩，并进而求出各梁端的剪力和各柱的轴力。

5.4.4 水平荷载作用下框架结构侧移的近似计算

1. 框架结构的侧移

悬臂柱在水平荷载作用下其总变形由弯曲变形和剪切变形两部分组成，二者沿高度的变形曲线形状不同，如图 5.14 所示。

图 5.15 为某框架结构在水平荷载作用下侧移变形，也是由两部分组成，如图 5.15b 和图 5.15c 所示。与悬臂柱剪切变形相似的变形曲线称为"剪切变形"，与悬臂柱弯曲变形相似的变形曲线称为"弯曲变形"。为了理解上述两部分变形，把框架看成空腹柱，通过反弯点将框架切开，其内力如图 5.15d 所示。V 为剪力，由 V_A、V_B 合成，V_A、V_B 产生柱内弯矩和剪力，引起梁柱的弯曲变形造成的层间变形相当于悬臂柱的剪切变形曲线，沿高度分布曲线的下部突出，为剪切型侧移，如图 5.15b 所示；M 是由柱内轴力 N_A、N_B 产生的力矩，N_A、N_B 引起柱轴向变形，产生的侧移相当于悬臂柱的弯曲变形，形成的侧移曲线上部向外甩出，称为弯曲变形，如图 5.15c 所示。

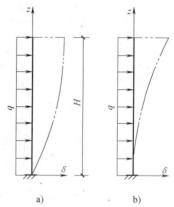

图 5.14　悬臂柱侧移

a）剪力引起　b）弯矩引起

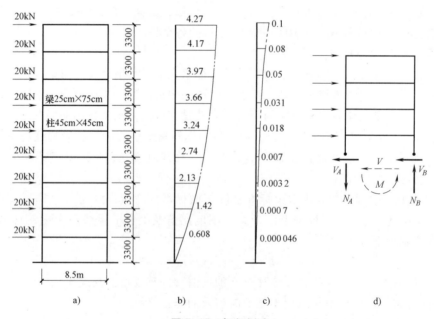

图 5.15　框架侧移

框架总位移由梁、柱弯曲变形引起的侧移和由柱轴向变形引起的侧移的叠加而成。由梁、柱弯曲变形引起的"剪切型侧移"可由 D 值法计算，是框架侧移的主要部分；由柱轴向变形引起的"弯曲型侧移"可由连续化方法做近似估算。后者产生的侧移很小，在层数不多的框架中可以忽略不计，但高层建筑结构中不能忽略。

2. 框架结构梁、柱弯曲变形产生的侧移

设 V_i 为第 i 层的层间剪力，$\sum D_{ij}$ 为该层的总侧向刚度，则框架第 i 层的层间相对侧移 Δu_i^M 可按下式计算

$$\Delta u_i^M = \frac{V_i}{\sum D_{ij}} \tag{5.17}$$

每一层的层间侧移值求出后，就可以计算各层楼板标高处的侧移值和框架的顶点侧移值，各层楼板标高处的侧移值是该层及其以下各层层间侧移之和，顶点侧移是所有各层层间侧移之和。

第 i 层侧移为
$$u_i = \sum_{j=1}^{i} \Delta u_j^M \tag{5.18}$$

顶点侧移（共 n 层）
$$u = \sum_{j=1}^{n} \Delta u_j^M \tag{5.19}$$

由式（5.17）可看出，框架层间位移 Δu_i^M 与水平荷载在该层产生的层间剪力 V_i 成正比，当框架每一楼层处都有水平荷载作用时，由于框架柱的侧向刚度沿高度变化不大时，层间剪力 V_i 是自顶层向下逐层累加的，所以层间水平位移 Δu_i^M 是自顶层向下逐层递增的，形成"剪切型"。

3. 框架结构柱轴向变形产生的侧移

假定在水平荷载作用下仅在边柱中有轴力及轴向变形，并假定柱截面由底到顶线性变化，则第 i 层处由柱轴向变形产生的侧移 u_i^N 可由下式近似计算

$$u_i^N = \frac{V_0 H^3}{E A_1 B^2} F_{(b)} \tag{5.20}$$

第 i 层层间侧移为
$$\Delta u_i^N = u_i^N - u_{i-1}^N \tag{5.21}$$

式中　V_0——底层总剪力；

　　H、B——建筑物的总高度及结构宽度（框架边柱之距）；

　　E、A_1——混凝土的弹性模量及框架底层边柱截面面积；

　　$F_{(b)}$——根据不同荷载形式计算的位移系数，与 b 有关的函数，设柱轴向刚度由结构底部的 EA_1 线性变化到顶部的 EA_0，$b = 1 - (EA_0/EA_1)$，$F_{(b)}$ 按下列公式计算：

均布水平荷载作用下，$q(\tau) = q$，$V_0 = qH$，则

$$F_{(b)} = \frac{6b - 15b^2 + 11b^3 + 6(1-b)^3 \cdot \ln(1-b)}{6b^4}$$

倒三角水平荷载作用下，$q(\tau) = q \cdot \tau/H$，$V_0 = qH/2$，则

$$F_{(b)} = \frac{2}{3b^5}\left[(1 - b - 3b^2 + 5b^3 - 2b^4) \cdot \ln(1-b) + b - \frac{b^2}{2} - \frac{19}{6}b^3 + \frac{41}{12}b^4 \right]$$

顶点水平集中荷载作用下，$V_0 = F$，则

$$F_{(b)} = \frac{-2b + 3b^2 - 2(1-b)^2 \cdot \ln(1-b)}{b^2}$$

框架第 i 层处侧移为
$$u_i = u_i^N + u_i^M \tag{5.22}$$

框架第 i 层层间侧移为 $\qquad\qquad\qquad \Delta u_i = \Delta u_i^N + \Delta u_i^M$ (5.23)

大量计算表明，对于高度大于 50m 或高宽比 $H/B>4$ 大于的框架，u_i^N 为 Δu_i^M 的 5% ~ 11%，一般框架结构的侧移曲线呈剪切型。

5.5 框架结构内力组合

框架结构在各种荷载作用下的荷载效应（内力、位移等）确定后，必须进行荷载效应组合，求得框架梁、柱控制截面的最不利内力，承载力设计是按照梁、柱、节点分别进行的。

5.5.1 控制截面及最不利组合内力

1. 框架柱控制截面及最不利组合内力

框架柱的弯矩最大值在两个柱端，剪力和轴力沿柱高变化不大，因此框架柱的控制截面可取各层柱的上、下端截面。当不同的内力组合时，同一柱截面可能出现正弯矩或负弯矩，但考虑到框架柱一般采用对称配筋，因此只需要选择正、负弯矩中绝对值最大的弯矩进行组合。一般框架柱控制截面的最不利内力组合包括以下几种：

1）最大弯矩 $|M_{max}|$ 及相应的轴力 N 和剪力 V。

2）最大轴力 N_{max} 及相应的 M 和 V。

3）最小轴力 N_{min} 及相应的 M 和 V。

4）$|M|$ 比较大（不是绝对最大），但 N 比较小或比较大（不是绝对最小或绝对最大）。

5）最大剪力 $|V_{max}|$ 及相应的 M 和 N。

框架柱属于偏压构件，对于大偏心构件，偏心距 $e_0 = M/N$ 越大，截面需要的配筋越多，有时 M 虽然不是最大，但相应的 N 比较小，此时 e_0 最大，也可能成为最不利内力。对于小偏压构件，当 N 并不是最大但相应的 M 比较大时，截面配筋反而增多，从而成为最不利内力组合，因此，在内力组合时需要考虑上述第四种情况。

柱中的剪力一般不大，但在框架承受水平荷载较大的情况下，框架柱也需要组合最大剪力 $|V_{max}|$，用来计算柱斜截面受剪承载力。

2. 框架梁控制截面及最不利组合内力

现浇钢筋混凝土框架结构的节点一般为刚性节点，框架梁的两个端部截面是负弯矩和剪力最大的部位，跨中截面附近通常会产生最大正弯矩。因此，框架梁的控制截面一般为梁的两端支座处和跨中最大正弯矩截面。但在有地震作用时，也要组合梁端正弯矩，因此梁的最不利组合内力有：梁端截面 $-M_{max}$、$+M_{max}$、V_{max}，梁跨中截面 $+M_{max}$。

梁端控制截面是指柱边处截面，而不是在结构计算简图中的柱轴线处，如图 5.16 所示。因此，梁端控制截面的内力可以按下式计算

$$V_b = V_{b0} - q\frac{h_c}{2}$$ (5.24a)

$$M_b = M_{b0} - V_b\frac{h_c}{2}$$ (5.24b)

式中　V_b、M_b——梁端柱边控制截面的剪力和弯矩；

V_{b0}、M_{b0}——内力计算得到的梁端柱轴线截面的剪力和弯矩；

　　　　　q——梁上作用的均布荷载；

　　　　　h_c——柱截面高度。

5.5.2　竖向活荷载的不利布置

　　作用于框架结构上的竖向荷载包括永久荷载和活荷载两部分。永久荷载长期作用在结构上，在结构整个使用过程中几乎不发生变化，因此应根据永久荷载的实际大小和分布情况计入其对结构的影响。而活荷载的大小和位置是可变的，各种不同的活荷载布置方式和组合方式会产生不同的内力，因此应按活荷载的最不利布置方式计算控制截面的最不利内力。

　　考虑活荷载最不利布置有分跨计算组合法、最不利荷载位置法、分层组合法和满布荷载法等四种方法。分跨计算组合法是将活荷载逐层逐跨单独地布置在结构上，分别计算出整个结构的内力，然后根据不同构件每一个控制截面的内力类型，组合出最不利内力；最不利

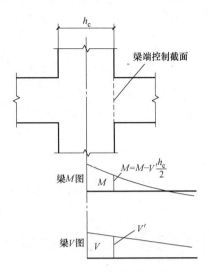

图 5.16　梁端控制截面弯矩及剪力

荷载位置法是为求得某一指定截面的最不利内力，可根据影响线方法，直接确定产生此最不利内力的活荷载布置；分层组合法是以分层法为依据，对活荷载的最不利布置做简化；满布荷载法是不考虑活荷载的最不利布置，而把活荷载同时作用于所有的框架梁上以简化计算。

　　一般民用及公共建筑的高层建筑结构，竖向活荷载标准值仅为 $1.5 \sim 2.5 \text{kN/m}^2$，其产生的内力在组合后的截面内力中所占的比例很小，因此，高层建筑结构的设计中可按满布活荷载一次性计算出结构内力。当楼面活荷载大于 4kN/m^2 时应考虑活荷载最不利荷载布置。

　　按活荷载满布法计算内力后，对所得梁跨中弯矩应乘以 $1.1 \sim 1.2$ 的系数予以增大。

5.5.3　竖向荷载作用下梁端弯矩调幅

　　在荷载效应组合前，需要进行内力调整。为使框架结构首先在梁端出现塑性铰，以实现抗震设计中"强柱弱梁"延性框架的梁铰破坏机构，同时为了便于浇筑混凝土，减少节点处梁的负弯矩钢筋拥挤程度，在进行结构设计时，一般均对梁端弯矩进行调幅，即人为地减小梁端负弯矩，减少节点附近梁上部钢筋。

　　在竖向荷载作用下，对于现浇钢筋混凝土框架支座负弯矩调幅系数可取 $0.8 \sim 0.9$；对于装配整体式框架，由于接头焊接不牢或节点区混凝土浇筑不密实等原因，节点受力后容易产生变形而达不到绝对刚性，使框架梁端的实际弯矩比弹性计算值要小，因此，弯矩调幅系数取值可以低一些，一般取 $0.7 \sim 0.8$。

　　梁端弯矩调幅后，框架梁经过内力重分布，在相应荷载作用下的跨中弯矩必将增加，如图 5.17 所示。设计时，跨中弯矩可以通过乘以 $1.1 \sim 1.2$ 的增大系数得到，也可以根据静力平衡条件计算，且必须满足以下关系：

$$\frac{\left| M_A' + M_B' \right|}{2} + M_{C0}' \geq M_0 \tag{5.25}$$

式中 M'_A、M'_B、M'_{C0}——调幅后的梁左端、右端和跨中弯矩；

  M_0——在竖向荷载作用下，本跨按简支梁计算的跨中弯矩。

我国相关规范规定，弯矩调幅只对竖向荷载作用下的内力进行，即水平荷载作用下的弯矩不参加调幅。因此，弯矩调幅应在内力组合之前进行。

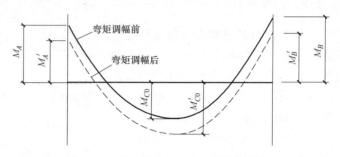

图 5.17 竖向荷载作用下支座弯矩调幅

5.6 框架延性设计的概念

框架结构在其构件出现塑性铰后，在承载力基本保持不变的情况下，能具有较大的塑性变形能力，称其为延性框架。抗震设计的框架结构必须设计成延性的框架结构。由地震震害、实验研究和理论分析，对钢筋混凝土框架抗震性能可得出以下观点：

1）梁铰机制（整体机制）优于柱铰机制（局部机制）。梁铰机制是指塑性铰出现在梁端，除底层柱端嵌固端外，柱端不出现塑性铰；柱端机制是指同一层所用柱的上下端形成塑性铰。

2）弯曲（压弯）破坏优于剪切破坏。梁、柱弯曲破坏为延性破坏，构件的耗能能力大，而剪切破坏为脆性破坏，延性小，构件的耗能能力差。

3）大偏心受压破坏优于小偏心受压破坏。小偏心受压破坏柱截面相对受压区高度大，延性和耗能能力显著低于大偏心受压破坏的柱。

4）避免节点核心区破坏及梁纵筋在节点核心区粘结破坏。节点核心区是连接梁和柱，使其成为整体的关键部位，在地震往复作用下，核心区的破坏为剪切破坏，伸入核心区的梁纵筋与混凝土之间可能发生粘结破坏。

保证钢筋混凝土框架为延性耗能框架，需体现以下抗震设计概念：

1）强柱弱梁。强柱弱梁是指同一梁柱节点上下柱端截面在轴压力作用下顺时针或逆时针方向实际受弯承载力之和，大于左右梁端截面逆时针或顺时针方向实际受弯承载力之和。通过调整梁、柱之间受弯承载力的相对大小，使塑性铰出现在梁端，避免柱端出现铰。

2）强剪弱弯。所谓强剪弱弯是指梁、柱的实际受剪承载力分别大于其实际受弯承载力对应的剪力。通过调整梁、柱截面受剪承载力与受弯承载力之间的相对大小，使框架梁、柱发生延性弯曲破坏，避免发生脆性剪切破坏。

3）强节点核心，强锚固。强节点核心是指节点实际受剪承载力大于左右梁端截面顺时针或逆时针方向实际受弯承载力之和对应的核心区的剪力，在梁端塑性铰充分发展之前避免核心区破坏。伸入节点的梁、柱纵筋应有足够的锚固长度，避免粘结破坏而增大层间位移。

4）局部加强。提高和加强底层柱嵌固端以及角柱、框支柱等受力不利部位的承载力和抗震构造措施，推迟或避免其破坏。

5）限制柱轴压比，加强柱箍筋对混凝土的约束。为提高柱的延性，有必要限制柱的轴压比，同时在柱端配置足够的箍筋，使可能出现塑性铰的柱两端成为约束混凝土。

上述概念将在以下各节中给出具体的实施方法。

5.7　框架梁设计

5.7.1　框架梁承载力设计

1. 正截面受弯承载力计算

框架梁正截面受弯承载力设计可参考混凝土结构教材。考虑地震作用组合时，其正截面受弯承载力应考虑相应的承载力抗震调整系数 γ_{RE}。

考虑地震组合时，框架梁除要满足承载力的要求以外，还应保证梁端具有足够的延性。由于梁的变形能力主要取决于梁端的塑性转动幅度，因此应对梁端的混凝土受压区高度加以限制。考虑受压钢筋作用的梁端混凝土受压区高度应符合下列要求：

一级抗震等级　　　　　　　$x \leqslant 0.25h_0$，$A_s'/A_s \geqslant 0.5$

二、三级抗震等级　　　　　$x \leqslant 0.35h_0$，$A_s'/A_s \geqslant 0.3$

2. 斜截面受剪承载力计算

（1）梁端剪力设计值　为了保证"强剪弱弯"的原则，应根据框架结构的抗震等级调整梁端截面组合的剪力设计值。四级抗震等级，取地震作用组合下剪力的设计值，一、二、三级应按下列规定计算。

一级抗震等级及 9 度设防烈度的各类框架：

$$V_b = 1.1(M_{bua}^l + M_{bua}^r)/l_n + V_{Gb} \tag{5.26}$$

其他情况

$$V_b = \eta_{vb}(M_b^l + M_b^r)/l_n + V_{Gb} \tag{5.27}$$

式中　M_{bua}^l、M_{bua}^r——梁左、右端逆时针或顺时针方向实配的正截面抗震受弯承载力对应的弯矩值，根据实配钢筋面积（计入受压筋，包括有效翼缘宽度范围内的楼板钢筋）和材料强度标准值并考虑承载力抗震调整系数（γ_{RE} 取 0.75）计算；

　　　　M_b^l、M_b^r——梁左、右端逆时针或顺时针方向截面组合的弯矩设计值，当抗震等级为一级且梁两端弯矩均为负弯矩时，绝对值较小一端的弯矩应取零；

　　　　η_{vb}——梁端剪力增大系数，一、二、三级分别取 1.3、1.2、1.1；

　　　　V_{Gb}——梁在重力荷载代表值（9 度时还应包括竖向地震作用标准值）作用下，按简支梁分析的梁端截面剪力设计值；

　　　　l_n——梁的净跨。

设梁端纵向受拉钢筋实际配筋量为 A_s^0，则梁端的正截面受弯抗震极限承载力近似地可取 $M_{bua} = A_s^0 f_{yk}(h_0 - a_s')/\gamma_{RE}$。

（2）梁斜截面承载力验算　对于矩形、T 形和 I 形截面的一般框架梁，持久、短暂设

状况时其斜截面受剪承载力公式同普通钢筋混凝土梁，即当为均布荷载作用下时

$$V_b \leqslant 0.7f_t bh_0 + f_{yv}\frac{A_{sv}}{s}h_0 \tag{5.28}$$

当为集中荷载（包括有多种荷载，其中集中荷载对节点边缘产生的剪力值占总剪力值的75%以上）作用下时

$$V_b \leqslant \frac{1.75}{\lambda+1}f_t bh_0 + f_{yv}\frac{A_{sv}}{s}h_0 \tag{5.29}$$

在有地震作用组合时，考虑地震作用使斜截面抗剪承载力降低，即当为均布荷载作用下时

$$V_b \leqslant \frac{1}{\gamma_{RE}}\left(0.42f_t bh_0 + f_{yv}\frac{A_{sv}}{s}h_0\right) \tag{5.30}$$

集中荷载作用下（包括有多种荷载，其中集中荷载对节点边缘产生的剪力值占总剪力值的75%以上的情况）的框架梁

$$V_b \leqslant \frac{1}{\gamma_{RE}}\left(\frac{1.05}{\lambda+1}f_t bh_0 + f_{yv}\frac{A_{sv}}{s}h_0\right) \tag{5.31}$$

式中　λ——计算截面的剪跨比，可取 $\lambda = a/h_0$，a 为集中荷载作用点至节点边缘的距离，当 $\lambda < 1.5$ 时，取 $\lambda = 1.5$，当 $\lambda > 3$ 时，取 $\lambda = 3$；

A_{sv}——配筋在同一截面内箍筋各肢的全部截面面积；

s——沿构件长度方向箍筋的间距；

f_{yv}——箍筋抗拉强度设计值；

f_t——混凝土轴心抗拉强度设计值。

γ_{RE}——承载力抗震调整系数，取 0.85。

（3）梁端受剪截面限制条件

持久、短暂设计状况时　　　　　　$V_b \leqslant 0.25\beta_c f_c bh_0$ $\tag{5.32a}$

地震设计状况时

跨高比大于 2.5 的框架梁　　$V_b \leqslant \frac{1}{\gamma_{RE}}(0.20\beta_c f_c bh_0)$ $\tag{5.32b}$

跨高比不大于 2.5 的框架梁　$V_b \leqslant \frac{1}{\gamma_{RE}}(0.15\beta_c f_c bh_0)$ $\tag{5.32c}$

式中　V_b——梁计算截面的剪力设计值；

b——梁端截面宽度；

h_0——梁端截面有效高度；

β_c——混凝土强度影响系数，当混凝土强度等级不大于 C50 时取 1.0，当混凝土强度等级为 C80 时取 0.8，当混凝土强度等级在 C50 和 C80 之间时可按线性内插取用。

5.7.2　框架梁构造要求

1. 纵向钢筋的配置

1）纵向受拉钢筋的最小配筋率不应小于表5.2规定的数值。

表 5.2　框架梁纵向受拉钢筋的最小配筋百分率　　　　　　　（单位:%）

抗 震 等 级	梁中位置	
	支　座	跨　中
一级	0.4 和 $80f_t/f_y$ 中的较大值	0.3 和 $65f_t/f_y$ 中的较大值
二级	0.3 和 $65f_t/f_y$ 中的较大值	0.25 和 $55f_t/f_y$ 中的较大值
三、四级	0.25 和 $55f_t/f_y$ 中的较大值	0.2 和 $45f_t/f_y$ 中的较大值
非抗震设计	0.20 和 $45f_t/f_y$ 中的较大值	0.20 和 $45f_t/f_y$ 中的较大值

2）为提高框架梁的延性，梁端截面的顶部纵向受压钢筋和底部纵向受拉钢筋截面面积的比值，除按计算确定外，一级抗震等级不应小于 0.5；二、三级抗震等级不应小于 0.3。

3）抗震设计时，梁端纵向受拉钢筋的配筋率不宜大于 2.5%，不应大于 2.75%；当梁端受拉钢筋的配筋率大于 2.5% 时，受压钢筋的配筋率不应小于受拉钢筋的一半。

4）沿梁全长顶面和底面至少应各配置两根通长的纵向钢筋，一、二级抗震设计，钢筋直径不应小于 14mm，且分别不应少于梁两端顶面和底面纵向受拉钢筋中较大截面面积的 1/4；三、四级抗震设计和非抗震设计时，钢筋直径不应小于 12mm。

5）一、二、三级抗震等级的框架梁内贯通中柱的每根纵向钢筋直径，对矩形截面柱，不宜大于柱该方向截面尺寸的 1/20；，对圆形截面柱，不宜大于纵向钢筋所在位置柱截面弦长的 1/20。

2. 箍筋构造要求

1）抗震设计时，框架梁梁端箍筋加密区长度、箍筋最大间距和箍筋最小直径，应按表 5.3 采用；当梁端纵向受拉钢筋配筋率大于 2% 时，表中箍筋最小直径应增大 2mm。

表 5.3　框架梁梁端箍筋加密区的构造要求

抗震等级	加密区长度（取较大值）/mm	箍筋最大间距（取较小值）/mm	箍筋最小直径/mm
一级	$2h_b$，500	$h_b/4$，$6d$，100	10
二级		$h_b/4$，$8d$，100	8
三级	$1.5h_b$，500	$h_b/4$，$8d$，150	8
四级		$h_b/4$，$8d$，150	6

注：1. d 为纵筋直径，h_b 为梁截面高度；

2. 一、二级抗震等级框架梁，当箍筋直径大于 12mm、肢数不小于 4 肢且肢距不大于 150mm 时，箍筋加密区最大间距允许放松，但不应大于 150mm。

2）沿梁全长箍筋的配筋率 ρ_{sv}，一级抗震等级不小于 $0.30f_t/f_{yv}$，二级抗震等级不小于 $0.28f_t/f_{yv}$，三、四级抗震等级不小于 $0.26f_t/f_{yv}$。

3）在箍筋加密区范围箍筋的肢距，一级抗震不宜大于 200mm 和 20 倍箍筋直径的较大值；二、三级抗震不宜大于 250mm 和 20 倍箍筋直径的较大值；四级抗震不宜大于 300mm。

4）箍筋应有 135° 弯钩，弯钩端头直段长度不应小于 10 倍箍筋直径和 75mm 的较大值。

5）在纵向钢筋搭接长度范围内的箍筋间距，钢筋受拉时不应大于搭接钢筋较小直径的 5 倍，且不应大于 100mm；钢筋受压时不应大于搭接钢筋较小直径的 10 倍，且不应大于 200mm。

6）梁端设置的第一个箍筋应距框架节点边缘不大于 50mm。梁非加密区箍筋的间距不宜大于加密区箍筋间距的 2 倍。

7）纵向钢筋每排多于四根时，每隔一根宜用箍筋或拉筋固定。

非抗震设计时，框架梁箍筋的构造要求可参见《混凝土结构设计规范》的有关内容。

5.8 框架柱设计

5.8.1 框架柱计算长度

在偏心受压柱的配筋计算中，需要确定柱的计算长度 l_0。《混凝土结构设计规范》规定，l_0 可按下列规定确定：

1）梁柱为刚接的框架结构，各层柱的计算长度 l_0 按表 5.4 取用。

表 5.4　框架结构各层柱的计算长度

楼盖类型	柱的类别	l_0	楼盖类型	柱的类别	l_0
现浇楼盖	底层柱	$1.0H$	装配式楼盖	底层柱	$1.25H$
	其余各层柱	$1.25H$		其余各层柱	$1.5H$

2）当水平荷载产生的弯矩设计值占总弯矩设计值的 75% 以上时，框架柱的计算长度 l_0 可按下列两个公式计算，并取其中的较小值

$$l_0 = [1 + 0.15(\psi_u + \psi_l)] H \tag{5.33}$$

$$l_0 = (2 + 0.2\psi_{min}) H \tag{5.34}$$

式中　ψ_u、ψ_l——柱的上端、下端节点处交汇的各柱线刚度之和与交汇的各梁线刚度之和的比值；

ψ_{min}——比值 ψ_u、ψ_l 中的较小值。

对底层柱的下端，当为刚接时，取 $\psi_l = 0$（即认为梁线刚度为无穷大）；当为铰接时，取 $\psi_l = \infty$（即认为梁线刚度为零）。

表 5.4 和式（5.33）、式（5.34）中的 H 为柱的高度，其取值对底层柱为从基础顶面到一层楼盖顶面的高度；对其余各层柱为上、下两层楼盖顶面之间的距离。

5.8.2 框架柱承载力设计

框架柱一般为偏心受压构件，通常采用对称配筋。柱中纵筋数量应按偏心受压构件的正截面受压承载力计算确定；箍筋数量应按偏心受压构件的斜截面受剪承载力计算确定。框架柱设计中应遵循"强柱弱梁"的原则，避免或推迟柱端出现塑性铰；还应满足"强剪弱弯"的要求，防止过早发生剪切破坏。为提高框架柱的延性，尚应控制柱的轴压比不要太大。

1. 内力设计值调整

（1）柱端弯矩设计值　抗震设计时，除框架顶层和柱轴压比小于 0.15 者及框支梁与框支柱的节点外，柱端组合的弯矩设计值应符合下式要求：

一级抗震等级的框架结构及 9 度设防烈度的各类框架

$$\sum M_c = 1.2 \sum M_{bua} \tag{5.35}$$

其他情况

$$\sum M_c = \eta_c \sum M_b \tag{5.36}$$

式中　$\sum M_c$——节点上、下柱端截面顺时针或逆时针方向组合的弯矩设计值之和，上、下柱端的弯矩设计值可按弹性分析的弯矩比例进行分配；

　　$\sum M_{bua}$——节点左、右梁端截面逆时针或顺时针方向实配的正截面抗震受弯承载力所对应的弯矩值之和，可根据实配钢筋面积（计入梁受压筋和梁有效翼缘范围内的楼板钢筋）和材料强度标准值并考虑承载力抗震调整系数计算；

　　$\sum M_b$——节点左、右梁端按顺时针和逆时针方向计算的考虑地震作用组合的弯矩设计值之和，一级抗震等级且两端弯矩均为负弯矩时，绝对值较小的弯矩值应取零；

　　η_c——柱端弯矩增大系数，对框架结构，二、三级可分别取 1.5、1.3，其他结构类型中的框架，一、二级可分别取 1.4、1.2，三、四级可取 1.1。

　　框架底层柱柱底的抗弯能力应适当提高。考虑地震作用组合的框架结构底层柱下端截面的弯矩设计值，一、二、三级抗震等级应按考虑地震作用组合的弯矩设计值分别乘以系数 1.7、1.5、1.3 确定。底层柱纵向钢筋应按柱上、下端的不利情况配置。

　　（2）柱剪力设计值。考虑地震作用组合的框架结构，框架柱除了应满足"强柱弱梁"要求外，还应满足"强剪弱弯"的要求。柱的剪力设计值 V_c 应满足下列要求：

　　一级抗震等级的框架和 9 度抗震设计结构

$$V_c = 1.2 \frac{(M_{cua}^t + M_{cua}^b)}{H_n} \tag{5.37}$$

　　其他情况

$$V_c = \eta_c (M_c^t + M_c^b) / H_n \tag{5.38}$$

式中　V_c——柱端截面组合的剪力设计值；

　　M_{cua}^t、M_{cua}^b——框架柱上、下端顺时针或逆时针方向按实配钢筋截面面积和材料强度标准值，且考虑承载力抗震调整系数计算的正截面抗震受弯承载力所对应的弯矩值；

　　M_c^t、M_c^b——柱上、下端顺时针或逆时针方向考虑地震作用组合，且经调整后的弯矩设计值；

　　H_n——柱的净高；

　　η_c——框架柱端剪力增大系数，对框架结构，二、三级可分别取 1.3、1.2，其他结构类型中的框架，一、二、三、四级可分别取 1.4、1.2、1.1、1.1。

　　在式（5.37）中，M_{cua}^t 和 M_{cua}^b 之和应分别按顺时针和逆时针方向进行计算，并取较大值。M_{cua}^t 和 M_{cua}^b 的值可按前述规定方法计算，但在计算中应将混凝土和纵向钢筋的强度设计值以强度标准值代替，并取实配的纵向钢筋截面面积计算确定。

　　在式（5.38）中，M_c^t 和 M_c^b 之和应分别按顺时针和逆时针方向进行计算，并取较大值。M_c^t 和 M_c^b 的取值应采用按"强柱弱梁"原则调整放大后的弯矩值。

　　（3）考虑到角柱由地震作用引起的内力较大，且受力复杂，在设计中应增大其弯矩和剪力设计值。一、二、三、四级抗震等级的框架角柱，其弯矩、剪力设计值，应按调整后的弯矩、剪力设计值，再乘以不小于 1.1 的增大系数。应按双向偏心受力构件进行正截面承载力设计。

2. 正截面受弯承载力计算

框架柱正截面偏压承载力设计方法见《混凝土结构》教材。但考虑地震作用组合的框架柱，应考虑相应的正截面承载力抗震调整系数 γ_{RE}。

3. 斜截面受剪承载力计算

（1）斜截面受剪截面限制条件

持久、短暂设计状况时

$$V_b \leqslant 0.25\beta_c f_c bh_0 \tag{5.39a}$$

地震设计状况时

剪跨比 $\lambda>2$ 的框架柱

$$V_c \leqslant \frac{1}{\gamma_{RE}}(0.20\beta_c f_c bh_0) \tag{5.39b}$$

剪跨比 $\lambda \leqslant 2$ 的框架柱

$$V_c \leqslant \frac{1}{\gamma_{RE}}(0.15\beta_c f_c bh_0) \tag{5.39c}$$

（2）柱斜截面承载力验算。其斜截面受剪承载力应符合下列规定：

持久、短暂设计状况的框架柱且柱受压时

$$V_c \leqslant \frac{1.75}{\lambda+1}f_t bh_0 + f_{yv}\frac{A_{sv}}{s}h_0 + 0.07N \tag{5.40a}$$

持久、短暂设计状况的框架柱且柱受拉时，其斜截面受剪承载力应按下列公式计算

$$V_c \leqslant \frac{1.75}{\lambda+1}f_t bh_0 + f_{yv}\frac{A_{sv}}{s}h_0 - 0.2N \tag{5.40b}$$

考虑地震设计状况的框架柱且柱受压时

$$V_c \leqslant \frac{1}{\gamma_{RE}}\left(\frac{1.05}{\lambda+1}f_t bh_0 + f_{yv}\frac{A_{sv}}{s}h_0 + 0.056N\right) \tag{5.40c}$$

考虑地震设计状况的框架柱且柱受拉时，其斜截面受剪承载力应按下列公式计算

$$V_c \leqslant \frac{1}{\gamma_{RE}}\left(\frac{1.05}{\lambda+1}f_t bh_0 + f_{yv}\frac{A_{sv}}{s}h_0 - 0.2N\right) \tag{5.40d}$$

式中　λ——框架柱的计算剪跨比，取 $\lambda = M/(V bh_0)$，M 取上、下端考虑地震作用组合的弯矩设计值的较大值，V 取与 M 对应的剪力设计值，h_0 为柱截面有效高度，当框架结构中框架柱的反弯点在柱层高范围内时，可取 $\lambda = H_n/(2h_0)$，当 $\lambda<1.0$ 时，取 $\lambda=1.0$，当 $\lambda>3.0$ 时，取 $\lambda=3.0$；

N——考虑地震作用组合的框架柱的轴心力设计值，当柱受压且 $N>0.3f_c A$ 时，取 $N=0.3f_c A$，当柱受拉时，按正值代入公式，当式（5.40b）、式（5.40d）右边括号内的计算值小于 $f_{yv}\dfrac{A_{sv}}{s}h_0$ 时，取等于 $f_{yv}\dfrac{A_{sv}}{s}h_0$，且 $f_{yv}\dfrac{A_{sv}}{s}h_0$ 值不应小于 $0.36f_t bh_0$。

5.8.3　框架柱构造要求

1. 轴压比要求

轴压比是指柱考虑地震作用组合时轴向压力设计值与柱全截面面积和混凝土轴心抗压强度设计值乘积之比，当剪跨比大于 2，混凝土等级不高于 C60 时不宜超过表 5.5 规定，其他

情况可见规范。

表 5.5　柱的轴压比限值

结 构 类 型	抗 震 等 级			
	一级	二级	三级	四级
框架结构	0.65	0.75	0.85	—
框架—剪力墙结构,板柱—剪力墙,框架—核心筒,筒中筒结构	0.75	0.85	0.90	0.95
部分框支剪力墙结构	0.60	0.70	—	—

2. 柱纵向钢筋

1）柱中全部纵向钢筋的最小配筋率应满足表 5.6 的规定，同时每一侧配筋率不应小于 0.2%。

表 5.6　柱全部纵向受力钢筋最小配筋百分率　　　　　　（单位：%）

柱 类 型	抗 震 等 级				非抗震
	一级	二级	三级	四级	
中柱、边柱	(0.9)1.0	(0.7)0.8	(0.6)0.7	(0.5)0.6	0.5
角柱	1.1	0.9	0.8	0.7	0.5
框支柱	1.1	0.9	—	—	0.7

注：1. 表中括号内数据适用于框架结构。

　　2. 当采用 335MPa、400MPa 级纵向受力钢筋时，应分别按表中的数值增加 0.1 和 0.05。

　　3. 混凝土强度等级高于 C60 时，应按表中的数值增加 0.1。

2）抗震设计时，柱中纵筋宜对称配置。

3）当截面尺寸大于 400mm 时，一、二、三级抗震设计柱纵筋间距不宜大于 200mm，四级抗震和非抗震柱纵筋间距不宜大于 200mm，柱纵筋净距均不应小于 50mm。

4）柱中纵筋总配筋率非抗震设计时不宜大于 5%，不应大于 6%；抗震设计时不应大于 5%。

5）一级且剪跨比 $\lambda \leqslant 2$ 时，柱每侧纵筋配筋率不宜大于 1.2%。

6）边柱、角柱考虑地震作用组合产生小偏心受拉时，柱中纵筋总截面面积应比计算值增大 25%。

7）纵筋不应与箍筋、拉筋、预埋件等焊接。

3. 柱的箍筋

震害表明，箍筋的设置直接影响到柱子的延性。在满足承载力要求的基础上采取箍筋加密等措施，可以增强箍筋对混凝土的约束作用，提高柱的抗震能力。

（1）柱内箍筋形式　柱内箍筋形式常用的有普通箍筋和复合箍筋两种（图 5.18a、b），当柱每边纵筋多于 3 根时，应设置复合箍筋。复合箍筋的周边箍筋应为封闭式，内部箍筋可为矩形封闭箍筋或拉筋。当柱为圆形截面或柱承受的轴向压力较大而其截面尺寸受到限制时，可采用螺旋箍（图 5.18c）、复合螺旋箍（图 5.18d）或连续复合螺旋箍（图 5.18e）。

（2）抗震设计时，框架柱上、下端规定范围内箍筋直径及间距要求

1）加密区内箍筋最大间距和最小直径应符合表 5.7 的规定。

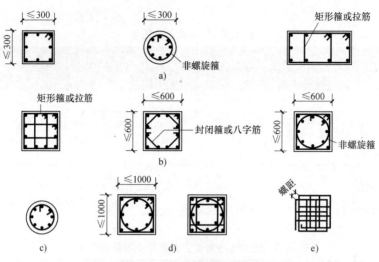

图 5.18　柱内箍筋形式示例

表 5.7　柱端箍筋加密区的构造要求

抗震等级	箍筋最大间距/mm	箍筋最小直径/mm
一级	6d 和 100 的较小值	10
二级	8d 和 100 的较小值	8
三级	8d 和 150(柱根 100)的较小值	8
四级	8d 和 150(柱根 100)的较小值	6(柱根 8)

注：1. d 为纵筋直径（mm）；
　　2. 柱根是指框架柱底部嵌固端部位。

2）一级框架柱的箍筋直径大于 12mm 且箍筋肢距不大于 150mm，及二级框架柱的箍筋直径不小于 10mm 且箍筋肢距不大于 200mm 时，除柱根外，最大间距应允许采用 150mm；三级框架柱的截面尺寸不大于 400mm 时，箍筋最小直径应允许采用 6mm；四级框架柱剪跨比不大于 2 或柱中全部纵向钢筋的配筋率大于 3% 时，箍筋直径不应小于 8mm。

3）剪跨比 $\lambda \leqslant 2$ 的柱，箍筋间距不应大于 100mm。

（3）抗震设计时，柱箍筋加密区范围规定

1）底层柱的上端和其他层柱的两端应取矩形截面柱长边尺寸（或圆形截面柱的直径）、柱净高的 1/6 和 500mm 中的最大值范围。

2）底层柱刚性地面上下各 500mm 的范围。

3）底层柱柱根以上 1/3 柱净高的范围。

4）剪跨比不大于 2 的柱、因设置填充墙等形成的柱净高与柱截面高度之比不大于 4 的柱全高范围。

5）一、二级框架角柱的全高范围。

6）需要提高变形能力的柱全高范围。

（4）柱箍筋加密区的箍筋肢距　一级抗震等级不宜大于 200mm；二、三级抗震等级不宜大于 250mm 和 20 倍箍筋直径中的较大者；四级抗震等级不宜大于 300mm。此外，每隔一根纵筋宜在两个方向有箍筋或拉筋约束；当采用拉筋复合箍时，拉筋宜紧靠纵筋并钩住封闭箍筋。

（5）柱加密区范围箍筋的体积配箍率

1）柱箍筋加密区的体积配箍率应符合下式要求

$$\rho_v \geq \lambda_v f_c / f_{yv} \tag{5.41}$$

式中　ρ_v——柱箍筋加密区的体积配箍率，一级不应小于0.8%，二级不应小于0.6%，三、四级不应小于0.4%，计算复合螺旋箍的体积配箍率时，其非螺旋箍的箍筋体积应乘以折减系数0.80；

　　　f_c——混凝土轴心抗压强度设计值，强度等级低于C35时，应按C35计算；

　　　f_{yv}——箍筋或拉筋抗拉强度设计值；

　　　λ_v——最小配箍特征值，宜按表5.8采用。

表5.8　柱箍筋加密区的箍筋最小配箍特征值

抗震等级	箍筋形式	柱轴压比								
		≤0.30	0.40	0.50	0.60	0.70	0.80	0.90	1.00	1.05
一	普通箍、复合箍	0.10	0.11	0.13	0.15	0.17	0.20	0.23	—	—
	螺旋箍、复合或连续复合矩形螺旋箍	0.08	0.09	0.11	0.13	0.15	0.18	0.21	—	—
二	普通箍、复合箍	0.08	0.09	0.11	0.13	0.15	0.17	0.19	0.22	0.24
	螺旋箍、复合或连续复合矩形螺旋箍	0.06	0.07	0.09	0.11	0.13	0.15	0.17	0.20	0.22
三	普通箍、复合箍	0.06	0.07	0.09	0.11	0.13	0.15	0.17	0.20	0.22
	螺旋箍、复合或连续复合矩形螺旋箍	0.05	0.06	0.07	0.09	0.11	0.13	0.15	0.18	0.20

注：普通箍指单个矩形箍和单个圆形箍；螺旋箍指单个连续螺旋箍筋；复合箍指由矩形、多边形、圆形箍或拉筋组成的箍筋；复合螺旋箍指由螺旋箍与矩形、多边形、圆形箍或拉筋组成的箍筋；连续复合螺旋箍指用一根通长钢筋加工而成的箍筋。

2）对一、二、三、四级框架柱，其箍筋加密范围内箍筋的体积配箍率尚应分别不小于0.8%、0.6%、0.4%和0.4%。

3）剪跨比不大于2的柱宜采用复合螺旋箍或井字复合箍，其体积配箍率不应小于1.2%；设防烈度为9度时不应小于1.5%。

4）计算复合箍筋的体积配箍率时，可不扣除重叠部分的箍筋体积；计算复合螺旋箍筋的体积配箍率时，其非螺旋箍筋的体积应乘以换算系数0.8。

（6）抗震设计时，柱箍筋尚应满足的其他要求

1）箍筋应采用封闭式，其末端应做成135°弯钩，且弯钩端头直段长度不应小于10倍箍筋直径，且不应小于75mm。

2）箍筋加密区范围箍筋的肢距，一级抗震不宜大于200mm，二、三级抗震不宜大于250mm和20倍箍筋直径的较大值；四级抗震不宜大于300mm。每一根纵筋应在两个方向有箍筋约束，采用拉筋复合箍筋时，拉筋宜紧靠纵筋，并勾住封闭箍筋。

3）柱非加密区的箍筋体积配箍率不宜小于加密区的50%；其箍筋间距，不应大于加密区的2倍，且一、二级不应大于10倍纵筋直径，三、四级不应大于15倍纵筋直径。

（7）非抗震设计时，箍筋柱的配置要求

1）周边箍筋应为封闭式。

2）箍筋间距不应大于400mm，且不应大于构件截面的短边尺寸和最小纵向受力钢筋直

径的 15 倍。

3）箍筋直径不应小于最大纵向钢筋直径的 1/4，且不应小于 6mm。

4）当柱中全部纵向受力钢筋的配筋率超过 3% 时，箍筋直径不应小于 8mm；间距不应大于最小纵向钢筋直径的 10 倍，且不应大于 200mm；箍筋末端应做成 135°弯钩，且弯钩末端平直段长度不应小于 10 倍箍筋直径。

5）当柱每边纵向钢筋多于 3 根时，应设置复合箍筋。

6）柱内纵向钢筋如采用搭接，搭接长度范围内箍筋直径不应小于搭接钢筋较大直径的 0.25 倍；在纵向受拉钢筋的搭接长度范围内的箍筋间距不应大于搭接钢筋较小直径的 5 倍，且不应大于 100mm；在纵向受压钢筋搭接长度范围内的箍筋间距不应大于搭接钢筋较小直径的 10 倍，且不应大于 200mm。当受压钢筋直径大于 25mm 时，尚应在搭接接头端面外 100mm 的范围内各设两道箍筋。

5.9 框架节点设计

框架节点是结构抗震的薄弱部位，在水平地震作用下，框架节点受到梁、柱传来的弯矩、剪力和轴力作用，节点核心区处于复杂应力状态。在轴力和剪力的共同作用下，节点区可能发生由剪切及主拉应力造成的脆性破坏。震害表明，梁柱节点的破坏大都是梁柱节点内设箍筋过少，抗剪能力不足，导致节点内出现多条交叉斜裂缝，斜裂缝间的混凝土被压酥，柱内纵向受压钢筋屈服。也有因梁、柱内纵筋伸入节点的锚固长度不足，纵筋被拔出，使梁柱端部塑性铰难以充分发挥作用。一旦节点发生破坏，难以修复和加固。因此，应根据"强节点"的设计要求，使节点核心区的承载力强于与之相连的杆件承载力，且采取必要的抗震构造措施。

5.9.1 框架节点受剪承载力设计

1. 节点核心区剪力设计值

根据强核心区的抗震设计概念，在梁端钢筋屈服时，核心区不应剪切屈服，因此取梁端截面达到受弯承载力时的核心区剪力作为其剪力设计值，图 5.19 为中柱节点受力图。取上半部分为隔离体，由平衡条件可得核心区剪力 V_j，并由梁柱平衡求出 V_c 代入如下

$$V_j = (f_{yk}A_s^b + f_{yk}A_s^t) - V_c = \frac{M_b^l + M_b^r}{h_{b0} - a_s'} - \frac{M_c^b + M_c^t}{H_c - h_b} = \frac{(M_b^l + M_b^r)}{h_{b0} - a_s'}\left(1 - \frac{h_{b0} - a_s'}{H_c - h_b}\right) \tag{5.42}$$

式中，f_{yk} 为钢筋抗拉强度标准值；其余符号如图 5.19 所示。

工程设计中仍采用弯矩设计值代替受弯承载力，以简化计算。对于一、二、三级抗震等级的框架梁柱节点核心区考虑抗震等级的剪力设计值 V_j 应予以调整，且进行抗震受剪承载力计算；四级框架节点可不进行抗震验算，各级抗震均应符合抗震构造措施要求。

节点核心区组合的剪力设计值 V_j 按下列规定计算：

顶层中间节点和端节点一级抗震等级的框架结构和 9 度设防烈度的一级抗震等级框架

$$V_j = \frac{1.15 \sum M_{bua}}{h_{b0} - a_s'} \tag{5.43a}$$

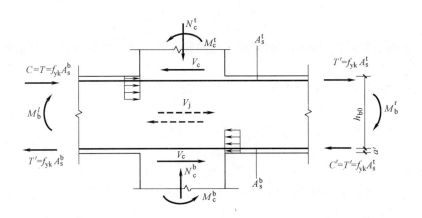

图 5. 19 节点受力图

其他情况

$$V_j = \frac{\eta_{jb} \sum M_b}{h_{b0} - a'_s}$$

(5. 43b)

其他层中间节点和端节点一级抗震等级的框架结构和 9 度设防烈度的一级抗震等级框架

$$V_j = \frac{1.15 \sum M_{bua}}{h_{b0} - a'_s} \left(1 - \frac{h_{b0} - a'_s}{H_c - h_b} \right)$$

(5. 44a)

其他情况

$$V_j = \frac{\eta_{jb} \sum M_b}{h_{b0} - a'_s} \left(1 - \frac{h_{b0} - a'_s}{H_c - h_b} \right)$$

(5. 44b)

式中　V_j——梁柱节点核心区组合的剪力设计值;

$\sum M_{bua}$——节点左、右梁端反时针或顺时针方向实配的正截面抗震受弯承载力所对应的弯矩之和,可根据实配钢筋面积(计入纵向受压钢筋)和材料强度标准值确定;

$\sum M_b$——节点左、右梁端反时针或顺时针方向组合弯矩设计值之和,一级框架节点左右梁端均为负弯矩时绝对值较小的弯矩应取零;

η_{jb}——强节点系数,对框架结构,一、二、三级宜分别取 1.5、1.35、1.2;其他结构类型中的框架,一级宜取 1.35,二级宜取 1.20,三级宜取 1.10;

h_{b0}、h_b——梁的截面有效高度、截面高度,当节点两侧梁高不相同时,取其平均值;

H_c——柱的计算长度,可取节点上柱和下柱反弯点之间的距离;

a'_s——梁纵向受压钢筋合力点至受压边缘的距离。

$\sum M_{bua}$、$\sum M_b$ 按顺时针方向和逆时针方向各有两组值,计算时应取较大的一组。

2. 节点核心区的截面限制条件

节点核心区剪力过大,会发生钢筋混凝土斜压破坏,核心区内箍筋未屈服,混凝土先被压碎。为避免出现这种现象,应限制节点核心区的平均剪应力,框架梁柱节点核心区的受剪的水平截面应符合下列条件

$$V_j \leqslant \frac{1}{\gamma_{RE}} (0.3\beta_c \eta_j f_c b_j h_j) \qquad (5.45)$$

式中 h_j——框架节点核心区的截面高度,可取验算方向的柱截面高度,即 $h_j = h_c$,h_c 为框架柱的截面高度;

b_j——框架节点核心区的截面有效验算宽度,当 $b_b \geqslant b_c/2$ 时,取 $b_j = b_c$;当 $b_b < b_c/2$ 时,可取 $(b_b + 0.5h_c)$ 和 b_c 中的较小者,当梁与柱的中线不重合,且偏心距 $e \leqslant b_c/4$ 时,可取 $(0.5b_b + 0.5b_c + 0.25h_c - e)$、$(b_b + 0.5h_c)$ 和 b_c 三者中的最小值,此处,b_b 为验算方向梁截面宽度,b_c 为该侧柱截面宽度。

η_j——正交梁对节点的约束影响系数,当楼板为现浇、梁柱中线重合、四侧各梁截面宽度不小于该侧柱截面宽度的1/2,且正交方向梁高度不小于较高框架梁高度的3/4时,可取 $\eta_j = 1.5$,对9度的一级,宜取 $\eta_j = 1.25$,其他情况均采用 $\eta_j = 1.0$。

3. 节点受剪承载力验算

框架梁柱节点的抗震受剪承载力,应符合下列规定:

9度设防烈度的一级框架

$$V_j \leqslant \frac{1}{\gamma_{RE}} \left(0.9\eta_j f_t b_j h_j + f_{yv} A_{svj} \frac{h_{b0} - a'_s}{s} \right) \qquad (5.46)$$

其他情况

$$V_j \leqslant \frac{1}{\gamma_{RE}} \left(1.1\eta_j f_t b_j h_j + 0.05\eta_j N \frac{b_j}{b_c} + f_{yv} A_{svj} \frac{h_{b0} - a'_s}{s} \right) \qquad (5.47)$$

式中 N——对应于考虑地震作用组合的节点上柱底部的轴向压力设计值,当 N 为压力时,取轴向压力设计值的较小值,且当 $N > 0.5f_c b_c h_c$ 时,取 $N = 0.5f_c b_c h_c$;当 N 为拉力时,取 $N = 0$;

A_{svj}——配置在框架节点宽度 b_j 范围内同一截面验算方向箍筋各肢的全部截面面积;

h_{b0}——梁截面有效高度,节点两侧梁截面高度不等时取平均值;

其他符号同前。

5.9.2 框架节点构造要求及钢筋的连接和锚固

1. 箍筋

梁柱节点处于剪压复合受力状态,为保证节点具有足够的受剪承载力,防止节点产生剪切脆性破坏,必须在节点内配置足够数量的水平箍筋。

抗震设计时,箍筋的最大间距和最小直径宜符合5.8.3节有关柱箍筋的规定。一、二、三级框架节点核心区配箍特征值分别不宜小于0.12、0.10和0.08,且箍筋体积配箍率分别不宜小于0.6%、0.5%和0.4%。柱剪跨比不大于2的框架节点核心区的配箍特征值不宜小于核心区上、下柱端配箍特征值中的较大值。

四级框架和非抗震设计时,节点内的箍筋除应符合上述框架柱箍筋的构造要求外,其箍筋间距不宜大于250mm;对四边有梁与之相连的节点,可仅沿节点周边设置矩形箍筋。

2. 非抗震设计时,框架梁、柱的纵向钢筋在框架节点区的锚固和搭接(图5.20)**要求**

1)顶层中节点柱纵向钢筋和边节点柱内侧纵向钢筋应伸至柱顶;当从梁底边计算的直

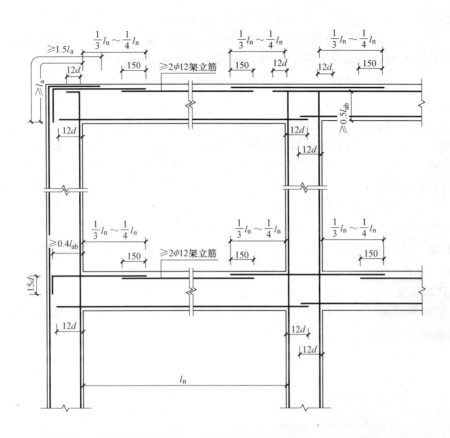

图 5.20 非抗震设计框架梁、柱的纵向钢筋在框架节点区的锚固和搭接

线锚固长度不小于 l_a 时，可不必水平弯折，否则应向柱内或梁、板内水平弯折，当充分利用柱纵向钢筋的抗拉强度时，其锚固段弯折前的竖向投影长度不应小于 $0.5l_{ab}$，弯折后的水平投影长度不应小于 12 倍的柱纵向钢筋直径。

2）顶层端节点处，在梁宽范围以内的柱外侧纵向钢筋可与梁上部纵向钢筋搭接，搭接长度不应小于 $1.5l_a$；在梁宽范围以外的柱外侧纵向钢筋可伸入现浇板内，其伸入长度与伸入梁内的相同。当柱外侧纵向钢筋的配筋率大于 1.2% 时，伸入梁内的柱纵向钢筋宜分批截断，其截断点之间的距离不宜小于 20 倍的柱纵向钢筋直径。

3）梁上部纵向钢筋伸入端节点的锚固长度，直线锚固时不应小于 l_a，且伸过柱中心线的长度不宜小于 5 倍的梁纵向钢筋直径；当柱截面尺寸不足时，梁上部纵向钢筋应伸至节点对边并向下弯折，锚固段弯折前的水平投影长度不应小于 $0.4l_{ab}$，弯折后的竖直投影长度应取 15 倍的梁纵向钢筋直径。

4）当计算中不利用梁下部纵向钢筋的强度时，其伸入节点内的锚固长度应取不小于 12 倍的梁纵向钢筋直径。当计算中充分利用梁下部钢筋的抗拉强度时，梁下部纵向钢筋可采用直线方式或向上 90° 弯折方式锚固于节点内，直线锚固时的锚固长度不应小于 l_a；弯折锚固时，锚固段的水平投影长度不应小于 $0.4l_{ab}$，竖直投影长度应取 15 倍的梁纵向钢筋直径。

另外，梁支座截面上部纵向受拉钢筋应向跨中延伸至 (1/4～1/3) l_n（l_n 为梁的净跨）处，并与跨中的架立筋（不少于 $2\phi12$）搭接，搭接长度可取 150mm。

3. 抗震设计时，框架梁、柱的纵向钢筋在框架节点区的锚固和搭接（图 5.21）**要求**

1）顶层中节点柱纵向钢筋和边节点柱内侧纵向钢筋应伸至柱顶；当从梁底计算的直线锚固长度不小于 l_{aE} 时，可不必水平弯折，否则应向柱内或梁内、板内水平弯折，锚固段弯折前的竖向投影长度不应小于 $0.5l_{abE}$，弯折后的水平投影长度不应小于 12 倍的柱纵向钢筋直径。

2）顶层端节点处，柱外侧纵向钢筋可与梁上部纵向钢筋搭接，搭接长度不应小于 1.5 l_{aE}，且伸入梁内的柱外侧纵向钢筋截面面积不宜小于柱外侧全部纵向钢筋截面面积的 65%；在梁宽范围以外的柱外侧纵向钢筋可伸入现浇板内，其伸入长度与伸入梁内的相同。当柱外侧纵向钢筋的配筋率大于 1.2% 时，伸入梁内的柱纵向钢筋宜分两批截断，其截断点之间的距离不宜小于 20 倍的柱纵向钢筋直径。

3）梁上部纵向钢筋伸入端节点的锚固长度，直线锚固时不应小于 l_{aE}，且伸过柱中心线的长度不应小于 5 倍的梁纵向钢筋直径；当柱截面尺寸不足时，梁上部纵向钢筋应伸至节点对边并向下弯折，锚固段弯折前的水平投影长度不应小于 0.4 l_{abE}，弯折后的竖向投影长度应取 15 倍的梁纵向钢筋直径。

4）梁下部纵向钢筋的锚固与梁上部纵向钢筋相同，但采用 90° 弯折方式锚固时，竖直段应向上弯入节点内。

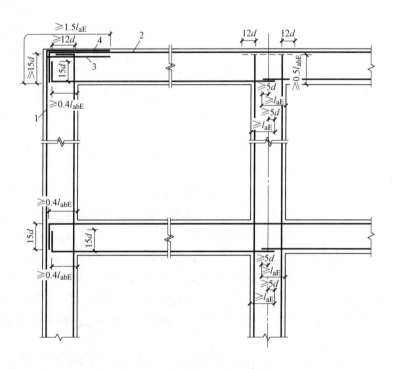

图 5.21　抗震设计框架梁、柱的纵向钢筋在框架节点区的锚固和搭接

5-1　框架结构的承重方案有几种？框架结构的梁、柱截面尺寸如何确定？应考虑哪些因素？

5-2　怎样确定框架结构的计算简图？当各层柱截面尺寸不同且轴线不重合时应如何考虑？

5-3　简述分层法和弯矩二次分配法的计算要点及步骤。

5-4　简述 D 值的物理意义及其影响因素。具有相同截面的边柱和中柱的 D 值是否相同？具有相同截面及柱高的上层柱与底层柱的 D 值是否相同（假定混凝土弹性模量相同）？

5-5　在水平荷载作用下，框架柱的反弯点位置与哪些因素有关？试分析反弯点位置变化规律与这些因素的关系。若与某层柱相邻的上层柱的混凝土弹性模量降低了，该层柱的反弯点位置如何变化？

5-6　在水平荷载作用下，框架结构的侧移由哪两部分组成？各有何特点？

5-7　什么是"强剪弱弯"，框架结构设计时如何实现强剪弱弯？

5-8　什么是"强柱弱梁"，框架结构设计时如何实现强柱弱梁？

5-9　综述框架结构中梁、柱及节点的构造要求。

5-10　框架梁、柱纵向钢筋在节点处的锚固要求有哪些？

本章提要
(1) 剪力墙结构承重方案和布置原则
(2) 剪力墙的分类及判别
(3) 剪力墙结构的内力和侧移计算方法及其规律
(4) 剪力墙结构的承载力设计方法
(5) 剪力墙结构的基本构造要求

6.1 剪力墙的结构布置

剪力墙结构房屋的总体布置原则见第2章的2.2节,本节主要说明剪力墙结构中剪力墙布置的具体要求。

6.1.1 墙体承重方案

剪力墙是承受竖向荷载、水平地震作用和风荷载的主要受力构件,所以剪力墙应沿结构的主要轴线布置。按剪力墙的间距可分小开间和大开间两种承重类型。

大开间剪力墙的间距较大,可达6~8m。这种方案剪力墙数量较少,使用空间大,建筑平面布置灵活;墙体耗材少,能够发挥剪力墙的承载力作用,自重较轻,基础费用相对较少;结构延性增加。但这种方案的楼盖跨度大,楼面系统设计复杂。如图6.1a所示为我国首栋达百米的高层建筑广州白云宾馆(33层,高108m)的剪力墙布置图,采用大间距剪力墙承重方案,最大剪力墙间距8m。

小开间剪力墙结构横墙间距为2.7~3.9m,一般3.0~3.6m。这种方案剪力墙间距密,墙体数量多,结构所占面积大,混凝土耗量大,结构自重比较大,墙体的承载力未充分利用,建筑平面布置不灵活,房屋自重及侧向刚度大,自振周期短,水平地震作用大,但楼板容易处理。适用于住宅、旅馆等使用上要求小开间的建筑。如图6.1b所示为北京西苑饭店(29层,高93m)的剪力墙布置图,采用小间距剪力墙承重方案,剪力墙间距4m,最大剪力墙厚度400mm,最小剪力墙厚度180mm。

塔式楼结构平面长宽两个方向接近,纵横两方向刚度相差不多,剪力墙应沿纵横两个方向均匀布置,剪力墙宜对齐拉通,如图6.1c所示为井字形平面塔楼的剪力墙布置图。

从使用功能、技术经济指标、结构受力性能等方面来看,大间距方案比小间距方案优越。因此,目前趋向于采用大间距、大进深、大模板、无粘结预应力混凝土楼板的剪力墙结构体系，以满足对多种用途和灵活隔断等的需要。

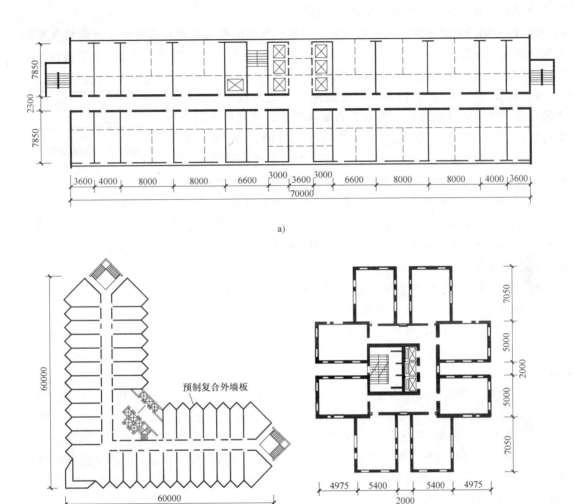

图 6.1　剪力墙结构布置图

a）大开间剪力墙布置（广州白云宾馆）　b）小开间剪力墙布置　c）井字形平面剪力墙布置

6.1.2　剪力墙的布置

剪力墙结构应有适宜的侧向刚度，其布置应符合以下要求：

1）剪力墙平面布置宜简单、规则，宜沿两个主轴方向或其他双向布置，两个方向的侧向刚度不宜相差很大。采用 L 形、T 形、[形、I 形等平面时，剪力墙沿两个正交的主轴方向布置；三角形及 Y 形平面可沿 3 个方向布置；正多边形、圆形和弧形平面，则可沿径向及环向布置。抗震设计的剪力墙结构，应避免仅单向有墙的结构布置形式，墙肢抗侧向刚度不宜过大，否则将使结构周期过短，地震作用大。长度过大的墙肢易形成中高墙或矮墙，由受剪承载力控制破坏形态，不利于抗震。

2）剪力墙应沿建筑物高度连续布置，避免刚度突变。剪力墙厚度可分段变化，每次厚度变化量宜为 50~100mm，为减少上下剪力墙的偏心，一般情况下，厚度宜两侧同时内收。厚度改变和混凝土强度等级的改变宜错开楼层。

3）门窗洞口宜上下对齐、成列布置，形成明确的墙肢和连梁；宜避免造成墙肢宽度相差悬殊的洞口设置；抗震设计时一、二、三级剪力墙的底部加强部位不宜采用上下洞口不对齐的错洞墙，全高均不宜采用洞口局部重叠的叠合错洞墙。

4）墙肢相邻洞口间、洞口与墙边缘间要避免形成小墙肢。由于短肢剪力墙抗震性能较差（图 6.2 为墙肢截面，墙肢截面高度与宽度之比 $h/b>8$ 为普通剪力墙，$h/b=5~8$ 为短肢剪力墙，$h/b<5$ 为柱），高层建筑结构不应采用全部为短肢剪力墙的结构形式。短肢

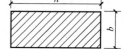

图 6.2　墙肢截面

剪力墙较多时，应布置筒体，形成短肢剪力墙—筒体结构共同抵抗水平力。

5）细高的剪力墙容易设计成弯曲破坏的延性剪力墙。因此，当剪力墙的长度很长时，宜设置跨高比较大的连梁，将其分成长度较均匀的若干墙段，各墙段的高度与墙段长度比不宜小于 3，保证墙肢延性破坏，且靠近中和轴的竖向分布钢筋在破坏时能充分发挥强度，墙段的长度不宜大于 8m。

6）抗震设计时，剪力墙底部应设置加强部位，并满足以下要求：

① 底部加强部位的高度，应从地下室顶板算起。

② 底部加强部位的高度可取底部两层和墙体总高度的 1/10 二者中的较大值，部分框支剪力墙结构底部加强部位的高度宜取至转换层以上两层和落地剪力墙总高度的 1/10 二者中的较大值。

③ 当结构计算嵌固端位于地下一层底板或以下时，底部加强部位宜延伸至计算嵌固端。

7）剪力墙的特点是平面内刚度及承载力大，而平面外刚度及承载力都相对很小。当剪力墙与平面外方向的梁连接时，会造成墙肢平面外弯矩，而一般情况下并不验算墙的平面外刚度及承载力，因此应控制剪力墙平面外的弯矩。当剪力墙墙肢或核心筒与其平面外相交的楼面梁刚接时，可沿楼面梁轴线方向设置与梁相连的剪力墙、扶壁柱或在墙内设计暗柱（图 6.3），并应符合下列规定：

① 设置沿楼面梁轴线方向与梁相连的剪力墙时，墙的厚度不宜小于梁的截面宽度。

② 设置扶壁柱时，其截面宽度不应小于梁宽，其截面高度可计入墙厚。

③ 设置暗柱时，暗柱截面高度可取墙厚，暗柱截面宽度可取梁宽加 2 倍墙厚。

④ 应通过计算确定暗柱或扶壁柱的纵筋（或型钢），纵筋配筋率不宜小于相关规定。

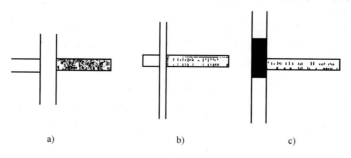

图 6.3　楼面梁与剪力墙平面外相交时的措施

a）加墙　b）加墙垛　c）加暗柱

除了加强剪力墙平面外的抗弯刚度和承载力外，还可采取减小梁端弯矩的措施。对截面较小的楼面梁可设计为铰接或半刚接，减小墙肢平面外的弯矩。

另外，楼面梁不宜支承在剪力墙或核心筒的连梁上。

8）在双十字形和井字形平面的建筑中（图 6.4），核心墙各墙段轴线错开距离 a 不大于实体连接墙厚度的 8 倍，并且不大于 2.5m 时，整体墙可以作为整体平面剪力墙考虑，计算所得的内力应乘以增大系数 1.2，等效刚度应乘以折减系数 0.8。当折线形剪力墙的各墙段总转角不大于 15°时，可按平面剪力墙考虑。

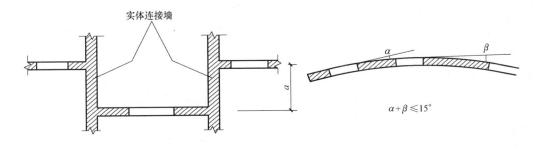

图 6.4　井字墙和折线形墙

6.2　剪力墙结构平面协同工作分析

剪力墙结构是由一系列竖向纵、横墙和水平楼板组成的空间结构。在竖向荷载作用下，剪力墙主要产生压力，可不考虑结构的连续性，各片剪力墙承受的压力可近似按楼面传到该片剪力墙上的荷载以及墙体自重计算，或按总竖向荷载引起的剪力墙截面上的平均压应力乘以该剪力墙的截面面积求得。

本节主要介绍水平荷载作用下剪力墙结构的简化分析方法。

6.2.1　剪力墙内力计算简图

根据结构简化计算假定，剪力墙在其自身平面内刚度较大，而在其平面外刚度很小，可以忽略，因此各个方向的水平荷载由该方向的各片剪力墙承受，垂直于水平荷载方向的各片剪力墙不参与工作，这样，剪力墙结构可以按纵、横两个方向的平面抗侧力结构进行分析，如图 6.5 所示的结构，在横向水平荷载作用下，仅考虑横墙发挥作用，"略去"纵墙的作用；纵向水平荷载作用下，只考虑纵墙作用，"略去"横墙的作用。需要说明的是，所谓"略去"另一方向墙体的作用，并非完全不考虑其作用，而是将其影响体现在与它相交的另一方向剪力墙端部存在的翼缘，将翼缘部分作为剪力墙的一部分来计算。图 6.5b、c 为在横向水平力和纵向水平力作用下剪力墙结构的计算简图。

图 6.5c 在计算纵向水平力作用时，由于结构沿 x 轴不对称布置，若荷载沿 x 轴是对称的，则结构的刚度中心和质量中心不一致，因此，在水平力作用下，楼层平面不仅有沿 x 轴方向的位移，还有绕刚度中心的扭转。当房屋结构体型规则，剪力墙布置对称时，为简化计算，常不考虑扭转的影响（本章不考虑扭转作用）。

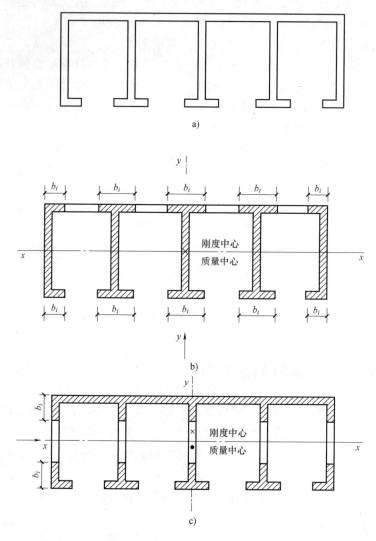

图 6.5　剪力墙结构计算简图

6.2.2　剪力墙截面有效翼缘宽度及剪力分配

1. 剪力墙截面有效翼缘宽度

计算剪力墙结构的内力和位移时，应考虑纵、横墙的共同工作，即纵墙的一部分可作为横墙的有效翼缘（图 6.6），横墙的一部分可作为纵墙的有效翼缘。现浇剪力墙有效翼缘的宽度可按表 6.1 所列各项取最小值，装配整体式剪力墙有效翼缘的宽度宜将表中数值适当折减后取用。

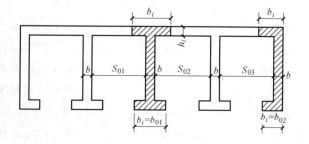

图 6.6　有效翼缘计算宽度图

表 6.1　剪力墙的有效翼缘宽度 b_i

考虑方式	截面形式	
	T（或 I）形截面	L 形截面
按剪力墙的净距 S_0 考虑	$b+\dfrac{S_{01}}{2}+\dfrac{S_{02}}{2}$	$b+\dfrac{S_{03}}{2}$
按翼缘厚度 h_i 考虑	$b+12h_i$	$b+6h_i$
按门窗洞净跨 b_0 考虑	b_{01}	b_{02}
按剪力墙总高度 H 考虑	$0.1H$	$0.2H$

2. 剪力墙在水平荷载作用下的剪力分配

根据楼板平面内刚度无限大的假定，当结构的刚度中心和质量中心一致时，同一楼层标高处，由于刚性楼板将各榀剪力墙连接在一起，使各结构单元在同楼层处保持相同变形，各片剪力墙的侧向变形是相同的，故水平荷载按各片剪力墙的刚度大小分配。由于各片剪力墙有相类似的沿高度变形曲线（即弯曲变形曲线），各片剪力墙水平荷载沿高度的分布也将类似，与总荷载沿高度分布相同，因此分配总荷载或分配层剪力的效果相同。

当有 m 片剪力墙时，第 j 层 i 片剪力墙分配到的剪力按下式计算

$$V_{ij} = \frac{EI_{eqi}}{\displaystyle\sum_{i=1}^{m} EI_{eqi}} V_{pj} \tag{6.1}$$

式中　V_{pj}——第 j 层总剪力；

EI_{eqi}——第 i 片墙的等效抗弯刚度，各种类型单片剪力墙的等效抗弯刚度可由其近似方法求得。

6.2.3　剪力墙的分类

理论分析和试验研究表明，剪力墙的受力特性与变形状态与其开洞情况（洞口的大小、形状及位置）有关。根据墙肢开洞情况，剪力墙可分为以下几种计算类型：

（1）整体墙　当剪力墙没有洞口或只有很小的洞口，洞口面积不超过墙体面积的 16%，且洞口至墙边的净距及洞口之间的净距大于洞口长边尺寸时，可以忽略洞口对墙体的影响，视墙体为整体悬臂墙，水平截面应变符合平截面假定、正应力分布为直线分布，这种类型的剪力墙称为整体墙，如图 6.7a 所示。

（2）整体小开口墙　当墙肢中的洞口面积稍大些，超过墙体面积的 16% 时，在水平荷载作用下，墙肢内力已出现局部弯矩，如图 6.7b 所示，但局部弯矩的值不超过整体弯矩的 15% 时，可认为截面变形大致上仍符合平面假定，可按材料力学公式近似计算内力，再进行适当修正。这类墙体称为整体小开口墙。

（3）联肢墙——双肢墙和多肢墙　当剪力墙沿竖向开一列或多列较大洞口时，剪力墙的整体性已经破坏，剪力墙的截面变形不再符合平截面假定，剪力墙为一系列连梁约束的墙肢所组成的联肢墙。开有一列洞口的联肢墙称为双肢墙（图 6.7c），开有多列洞口的联肢墙称为多肢墙（图 6.7d）。

（4）壁式框架　当剪力墙的洞口尺寸较大，墙肢宽度较小，连梁的线刚度接近于墙肢的线刚度时，剪力墙的受力特性已接近于框架，此时的结构称为壁式框架，如图 6.8 所示。

（5）框支剪力墙　当底部需要大的使用空间时，采用框架结构支承上部剪力墙，称为框支剪力墙或底部大空间剪力墙，如图 6.7e 所示。

（6）开有不规则大洞口的墙　有时由于建筑使用的要求会出现开有不规则洞口的墙，如图 6.7f 所示。

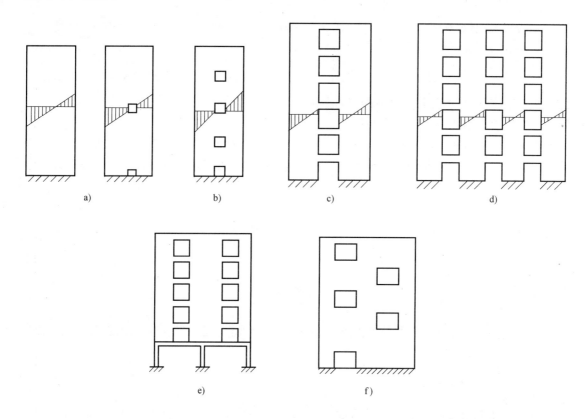

图 6.7　剪力墙的类型

a）整体墙　b）整体小开口墙　c）双肢墙　d）多肢墙　e）框支剪力墙　f）开有不规则大洞口的墙

6.2.4　剪力墙的分析方法

剪力墙结构随着开洞大小的不同，计算方法和计算简图选择也不同。

（1）材料力学分析法　对整体墙和整体小开口墙，在水平荷载作用下，其计算简图可近似看作是一根竖向的悬臂杆件，因此可按照材料力学中的有关公式进行内力和位移的计算。

（2）连续化方法　将结构进行某些连续化简化，进而得到比较简单的解析法。联肢墙中的连续连杆法就属于这一类，将每一层中的连系梁假想为连续分布在整个楼层高度内的一系列连杆，借助于连杆的位移协调条件建立墙肢的内力微分方程，解微分方程便可求得内力，如图 6.9 所示。该方法得到的解析解的精度可以满足工程需要，但其假定条件较多，使用范围受限。

（3）带刚域框架计算方法　将剪力墙简化为一个等效的框架，由于墙肢较宽、连梁较高，在墙梁相交处形成一个刚度很大的区域，因此，等效框架的杆件便成为带刚域杆件

（图 6.8）。带刚域框架的分析方法又分为两种：

1）简化计算法。利用现有的图表曲线，采取进一步的简化，对壁式框架进行简化分析。

2）矩阵位移法。是框架结构电算方法，应当指出的是，用矩阵位移法求解不仅可以解一个平面框架，而且可以将整个结构作为空间问题来求解。

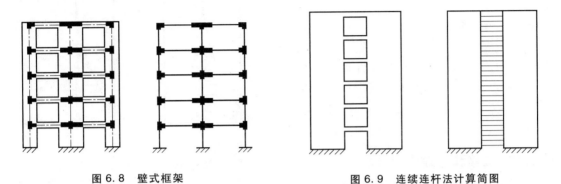

图 6.8 壁式框架 　　　　　　　　图 6.9 连续连杆法计算简图

（4）有限元法和有限条带法 将剪力墙结构作为平面问题，采用网格划分为矩形或三角形单元，取结点位移作为未知量，建立各结点的平衡方程，用电算方法求解，如图 6.10a 所示。任意形状、尺寸的开孔及任意荷载或墙厚变化的情况有限元法都能求解，精度也很高。对于剪力墙结构，由于其外形及边界较规整，也可将剪力墙划分为条带，即取条带为单元，如图 6.10b 所示。条带之间以结线相连，每条带沿 y 方向的内力与位移变化用函数形式表示，在 x 方向则为离散值。以结线上的位移为未知量，考虑条带间结线上的平衡方程求解。

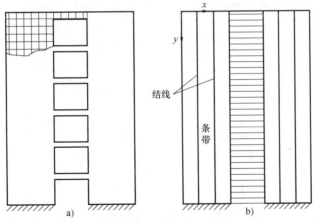

图 6.10 有限元法和有限条带法

a）有限元法 b）有限条带法

6.3 整体墙在水平荷载作用下的内力和位移计算

6.3.1 整体墙截面内力计算

整体墙不开洞或开洞很小，可以忽略洞口的影响，在水平荷载作用下，根据其变性特征，可视为上端自由、下端固定的整截面悬臂构件（图6.11），其任意截面弯矩、剪力和变形可根据材料力学中悬臂梁的内力和变形的有关公式进行计算。如在均布荷载作用下悬臂梁截面应力为

$$\sigma = \frac{My}{I}, \tau = \frac{VS}{Ib} \qquad (6.2)$$

式中 σ、τ、M、V——截面的正应力、剪应力、弯矩和剪力；

    I、S、b、y——截面惯性矩、静面矩、截面宽度和截面重心到所求正应力点的距离。

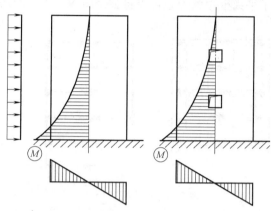

图6.11　均布荷载作用下整体墙内力分布

6.3.2　位移和等效刚度计算

水平荷载作用下计算整截面墙侧向位移时，要考虑洞口对截面面积及刚度的削弱影响，剪力墙的等效截面面积 A_w 按下式计算

$$A_w = \left(1 - 1.25\sqrt{\frac{A_{op}}{A_f}}\right)A \qquad (6.3)$$

式中 A_w——无洞口剪力墙截面面积或小洞口剪力墙折算截面面积；

    A——剪力墙截面毛面积；

    A_{op}——剪力墙洞口总面积（立面）；

    A_f——剪力墙立面总墙面面积。

组合截面等效惯性矩 I_w 取有洞与无洞截面惯性矩沿竖向的加权平均值

$$I_w = \frac{\sum_{i=1}^{n} I_i h_i}{\sum_{i=1}^{n} h_i} \qquad (6.4)$$

式中 I_w——剪力墙的惯性矩，小洞口整体墙为组合截面惯性矩；

    I_i——剪力墙沿竖向各段的惯性矩，有洞口时扣除洞口的影响；

    h_i——剪力墙沿竖向各段相应的高度，$\sum_{i=1}^{n} h_i = H$，H 为剪力墙总高度，如图6.12所示。

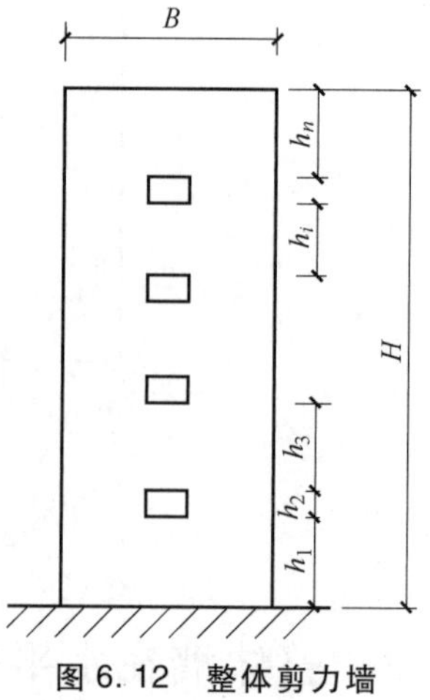

图6.12　整体剪力墙

由于截面比较宽，计算位移时除考虑弯曲变形外，宜考虑剪切变形的影响，在三种常用水平荷载作用下（图6.13），考虑弯曲和剪切变形后的顶点位移公式为

$$u = \begin{cases} \dfrac{11}{60}\dfrac{V_0 H^3}{EI_w}\left(1+\dfrac{3.64\mu EI_w}{H^2 GA_w}\right) & \text{（倒三角形分布荷载）} \\[3mm] \dfrac{1}{8}\dfrac{V_0 H^3}{EI_w}\left(1+\dfrac{4\mu EI_w}{H^2 GA_w}\right) & \text{（均布荷载）} \\[3mm] \dfrac{1}{3}\dfrac{V_0 H^3}{EI_w}\left(1+\dfrac{3\mu EI_w}{H^2 GA_w}\right) & \text{（顶部集中力）} \end{cases} \qquad (6.5)$$

式中 V_0——底部截面总剪力；

G——混凝土的剪切模量；

μ——剪力不均匀系数，矩形截面取 $\mu=1.2$，I 形截面 $\mu=$ 全面积/腹板面积，T 形截面查表 6.2。

表 6.2 T 形截面剪应力不均匀系数 μ

B/t　H/t	2	4	6	8	10	12
2	1.383	1.496	1.521	1.511	1.483	1.445
4	1.441	1.876	2.287	2.682	3.061	3.424
6	1.362	1.097	2.033	2.367	2.698	3.026
8	1.313	1.572	1.838	2.106	2.374	2.641
10	1.283	1.489	1.707	1.927	2.148	2.370
12	1.264	1.432	1.614	1.800	1.988	2.178
15	1.245	1.374	1.519	1.669	1.820	1.973
20	1.228	1.317	1.422	1.534	1.648	1.763
30	1.214	1.264	1.328	1.399	1.473	1.549
40	1.208	1.240	1.284	1.334	1.387	1.442

注：B——翼缘宽度；t——剪力墙厚度；H——剪力墙截面高度。

上式括号内后一项反映剪切变形的影响，为方便，常将顶点位移写成如下形式

$$u = \begin{cases} \dfrac{11}{60}\dfrac{V_0 H^3}{EI_{eq}} & \text{（倒三角形荷载）} \\[3mm] \dfrac{1}{8}\dfrac{V_0 H^3}{EI_{eq}} & \text{（均布荷载）} \\[3mm] \dfrac{1}{3}\dfrac{V_0 H^3}{EI_{eq}} & \text{（顶部集中力）} \end{cases} \qquad (6.6)$$

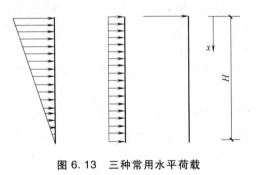

图 6.13 三种常用水平荷载

即把剪切变形与弯曲变形综合成用弯曲变形的等效刚度形式写出，其中，考虑剪切变形后的等效刚度为

$$EI_{eq} = \begin{cases} EI_w \Big/ \left(1+\dfrac{3.64\mu EI_w}{H^2 GA_w}\right) & \text{（倒三角形荷载）} \\[3mm] EI_w \Big/ \left(1+\dfrac{4\mu EI_w}{H^2 GA_w}\right) & \text{（均布荷载）} \\[3mm] EI_w \Big/ \left(1+\dfrac{3\mu EI_w}{H^2 GA_w}\right) & \text{（顶部集中力）} \end{cases} \qquad (6.7)$$

I_{eq}为等效惯性矩，有时为简便，将以上三式统一取平均值，即取

$$EI_{eq} = \frac{EI_w}{1 + \frac{9\mu I_w}{H^2 A_w}}, G = 0.42E \tag{6.8}$$

上式为整体悬臂墙的等效抗弯刚度计算公式。

6.4 整体小开口墙在水平荷载作用下的内力和位移计算

6.4.1 整体弯曲和局部弯曲分析

整体小开口墙体洞口总面积虽然超过总立面面积的16%，但总的说洞口仍很小。试验研究分析表明，整体小开口墙在水平荷载作用下，整片剪力墙要绕组合截面的形心轴产生整体弯曲变形，各墙肢还要绕各自截面的形心轴产生局部弯曲变形，并在各墙肢产生相应的整体弯曲应力和局部弯曲应力。相比之下整体变形是主要的，而局部变形是次要的，不会超过整体弯曲变形的15%。墙体弯矩图在连系梁处发生突变，但在整个墙肢高度上没有或仅仅在个别楼层中才出现反弯点。整个剪力墙的变形仍以弯曲型为主，如图6.14所示。

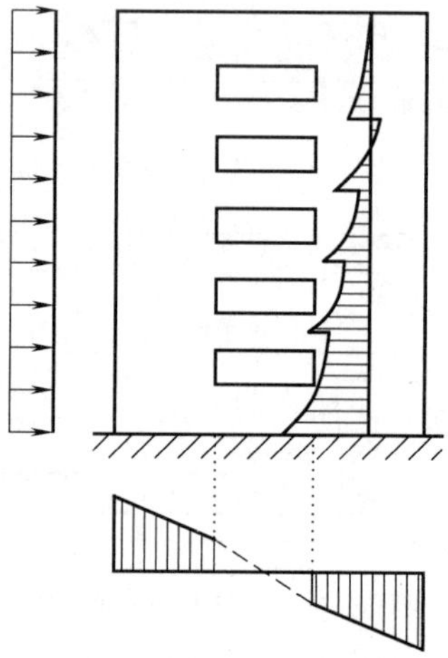

6.4.2 内力计算

根据整体小开口墙应力分布和变形特点，墙肢内力和位移计算仍可应用材料力学的计算公式，略加修正即可。

图 6.14 整体小开口墙应力分布

1. 墙肢弯矩

如图6.15所示，在水平荷载作用下，设整体小开口墙在z高度处第i墙肢横截面上产生总弯矩为M_{zi}，轴力为N_{zi}，剪力为V_{zi}。若整个墙绕组合截面形心整体弯曲时在各墙肢z高度处截面上产生的整体弯矩为M'_{zi}，墙肢绕其自身的形心轴局部弯曲时的弯矩为M''_{zi}，则在z高度处第i墙肢横截面上产生总弯矩M_{zi}为

$$M_{zi} = M'_{zi} + M''_{zi} \tag{6.9}$$

试验分析表明，外荷载在标高z处产生的总弯矩M_z与产生整体弯曲的弯矩和产生局部弯曲的弯矩；三者关系为：$M_z = M'_z + M''_z$，其中$M''_z \leqslant 15\% M_z$，可近似取$M'_z = 0.85 M_z$。

第i墙肢受到的整体弯曲的弯矩M'_{zi}为

$$M'_{zi} = 0.85 M_z \frac{I_i}{I} \tag{6.10}$$

式中　I_i——墙肢i的截面惯性矩；

　　　I——剪力墙对组合截面形心轴的惯性矩。

第i墙肢受到的局部弯曲的弯矩M''_{zi}为

$$M''_{zi} = 0.15M_z \frac{I_i}{\sum I_i} \qquad (6.11)$$

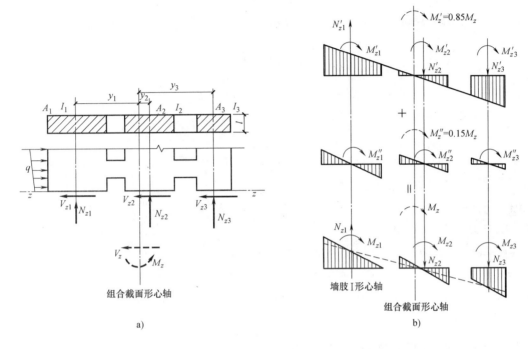

a)

b)

图 6.15 整体小开口墙截面正应力分布

则 $\qquad M_{zi} = 0.85M_z \dfrac{I_i}{I} + 0.15M_z \dfrac{I_i}{\sum I_i} \qquad i = (1,2,\cdots,k+1) \qquad (6.12)$

2. 墙肢剪力

各墙肢剪力的分配与墙肢的截面面积及惯性矩有关，当墙肢较窄时，基本上按惯性矩的大小分配；当墙肢较宽时，基本上按面积的大小分配。实际的整体小开口墙体中各墙肢宽度相差较大，故墙肢剪力 V_{zi} 采用按面积和惯性矩分配后的平均值进行计算，即

$$V_{zi} = \frac{1}{2}\left[\frac{A_i}{\sum\limits_{i=1}^{k+1} A_i} + \frac{I_i}{\sum\limits_{i=1}^{k+1} I_i}\right]V_z \qquad (6.13)$$

式中 V_z——外荷载在 z 截面产生的总剪力；

A_i——第 i 墙肢截面面积。

底层各墙肢的剪力可按墙肢的截面面积分配。

3. 墙肢轴力

各墙肢截面上的轴力由整体弯曲正应力来合成，局部弯曲在墙肢中不产生轴向力，则

$$N_{zi} = N'_{zi} = 0.85M_z \frac{A_i y_i}{I} \qquad (6.14)$$

式中　N_{zi}——在高度 z 处第 i 墙肢承担的轴力；

　　　y_i——第 i 墙肢截面形心到组合截面形心的距离。

连梁的剪力可由上、下墙肢的轴力差计算。

上述分配内力时，考虑到各墙肢有共同的变形曲率。当有个别细小墙肢时，由于细小墙肢会产生显著的局部弯曲，使其局部弯矩增大，此时细小墙肢端部宜附加局部弯矩修正，即

$$M_{zi} = M_{zi0} + \Delta M_{zi} \qquad\qquad (6.15)$$

$$\Delta M_{zi} = V_{iz} \frac{h_0}{2} \qquad\qquad (6.16)$$

式中　M_{zi0}——按整体小开口墙计算的墙肢弯矩；

　　　ΔM_{zi}——由于小墙肢局部弯曲增加的弯矩；

　　　V_{iz}——第 i 墙肢剪力；

　　　h_0——洞口高度。

4. 连梁内力

墙肢内力求得后，可按静力平衡求得连梁的剪力和弯矩：$V_{bij} = N_{ij} - N_{(i-1)j} - V_{bi(j-1)}$，$M_{bij} = V_{bij} l_{bj}/2$。其中，$l_{bj}$ 为第 j 连梁的计算跨度；V_{bij}、M_{bij} 为第 i 层第 j 连梁的剪力和弯矩；$V_{bi(j-1)}$ 为第 i 层第 $(j-1)$ 连梁的剪力；N_{ij}、$N_{(i-1)j}$ 为第 i 和 $(i-1)$ 层 j 列墙肢的轴力。

6.4.3　位移和等效刚度计算

整体小开口墙在三种常用荷载作用下，顶点位移的计算仍按材料力学公式计算。考虑开孔后刚度的削弱，应将按组合截面构件计算位移乘以 1.2 后采用。

整体小开口墙的顶点位移可按下式计算

$$u = \begin{cases} 1.2 \times \dfrac{1}{8} \dfrac{V_0 H^3}{EI_w} \left(1 + \dfrac{4\mu EI_w}{H^2 GA_w}\right) & \text{（均布荷载）} \\[3mm] 1.2 \times \dfrac{11}{60} \dfrac{V_0 H^3}{EI_w} \left(1 + \dfrac{3.64\mu EI_w}{H^2 GA_w}\right) & \text{（倒三角形分布荷载）} \\[3mm] 1.2 \times \dfrac{1}{3} \dfrac{V_0 H^3}{EI_w} \left(1 + \dfrac{3\mu EI_w}{H^2 GA_w}\right) & \text{（顶部集中力）} \end{cases} \qquad (6.17)$$

式中　A_w——组合截面面积，$A_w = \sum\limits_{j=1}^{m} A_j$，$m$ 为墙肢数；

　　　I_w——组合截面惯性矩，$I_w = \sum\limits_{j=1}^{m} I_j + \sum\limits_{j=1}^{m} A_j y_i^2$，$y_i$ 为墙肢 i 对组合截面形心轴之距。

上式也可以采用悬臂梁顶点位移公式（6.6）的形式来表示，则得到整体小开口剪力墙的等效刚度为

$$EI_{eq} = \begin{cases} 0.8 \times EI_w \bigg/ \left(1 + \dfrac{4\mu EI_w}{H^2 GA_w}\right) & \text{(均布荷载)} \\[4mm] 0.8 \times EI_w \bigg/ \left(1 + \dfrac{3.64\mu EI_w}{H^2 GA_w}\right) & \text{(倒三角形荷载)} \\[4mm] 0.8 \times EI_w \bigg/ \left(1 + \dfrac{3\mu EI_w}{H^2 GA_w}\right) & \text{(顶部集中力)} \end{cases} \qquad (6.18)$$

6.5　双肢墙在水平荷载作用下的内力和位移计算

双肢墙是由连梁将两墙肢连接在一起，且墙肢的刚度一般比连梁的刚度大很多，属于高次超静定结构，可采用连续化的分析方法简化计算。

6.5.1　基本假定

如图 6.16a 所示为双肢墙及其几何参数，墙肢可以为矩形截面或 T 形截面（考虑翼缘），以墙肢截面的形心线作为墙肢的轴线，连梁一般取矩形，图中 $2c$ 为墙肢轴线之距；$2a_0$ 为连梁净跨。用连续化分析方法计算双肢墙的内力和位移时的基本假定如下：

1）每一楼层处连梁的作用可以用沿高度均匀分布的连续弹性薄片代替（连梁连续化假定），连梁两端转角相同，其反弯点在跨中，即将墙肢仅在楼层标高处由连梁连接在一起的结构，变为墙肢在整个高度上由连续连杆连接在一起的连续结构，如图 6.16b 所示，从而为建立微分方程提供了条件。

2）忽略连梁的轴向变形，同一标高处两墙肢水平位移相等。

3）两墙肢刚度相差不大，各截面的转角和曲率都相等，同时假定同一标高处两墙肢的转角和曲率也相同。

4）各墙肢截面、各连梁截面及层高等几何参数沿竖向高度不变，这样使所建立的微分方程为常系数微分方程，便于求解。当沿高度截面尺寸或层高有变化时，可取其几何平均值进行计算。

6.5.2　建立微分方程

应用力法原理，将连续化后的连梁沿其跨中切开，去掉多余联系，得到静定基本体系如图 6.16c 所示。在切开后的截面上只有剪力集度 $\tau(x)$ 和轴力集度 $\sigma(x)$，且是连续函数。

根据变形连续条件，基本体系在外荷载、切口处轴力和剪力共同作用下，切口处沿未知力 $\tau(x)$ 方向上的相对位移应为零，其表达式可表示为

$$\delta_1(x) + \delta_2(x) + \delta_3(x) = 0 \qquad (6.19)$$

式中各符号含义及求解方法如下：

1. $\delta_1(x)$——墙肢弯曲和剪切变形产生的相对位移

基本体系在外荷载、切口处轴力和剪力的共同作用下，墙肢将发生弯曲变形和剪切变形（图 6.17a）。当墙肢发生剪切变形时，只在墙肢的上、下截面产生相对水平错动，此错动不会使连梁切口处产生相对竖向位移，故由于墙肢剪切变形在切口处产生的相对位移为零。

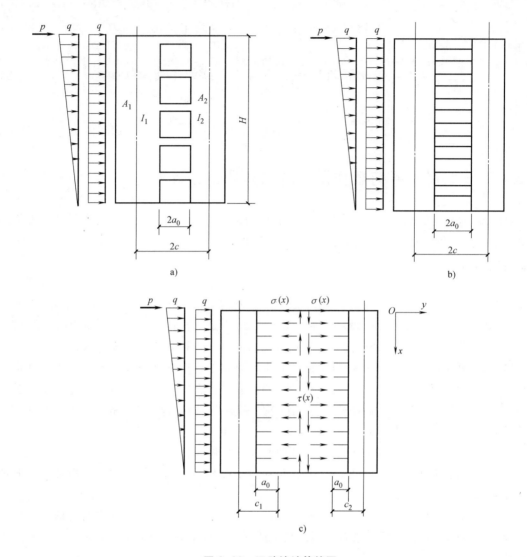

图 6.16 双肢墙计算简图

a）几何尺寸 b）连续化假定 c）基本体系

因此，由墙肢弯曲变形使切口处产生的相对位移为 $\delta_1(x)$，根据基本假定可知，$\theta_{1m} = \theta_{2m} = \theta_m$，$\delta_1(x)$ 算式为

$$\delta_1 = -2c\theta_m \tag{6.20}$$

式中 θ_m——由墙肢弯曲变形产生的转角，规定以顺时针方向为正；

  $2c$——两墙肢轴线间的距离。

式中的负号表示相对位移与假设的未知剪力 $\tau(x)$ 方向相反。

2. $\delta_2(x)$——墙肢轴向变形产生的相对位移

由图 6.17b 所示的基本体系可知，水平外荷载及切口处的轴力只使墙肢产生弯曲和剪切变形，并不使墙肢产生轴向变形，只有切口处的剪力 $\tau(x)$ 才使墙肢产生轴力和轴向变形。一个墙肢受拉，另一个墙肢受拉，轴力大小相等，方向相反。在 x 截面处的轴力在数量上等

于高度范围内切口处的剪力之和，即

$$N(x) = \int_0^x \tau(x)\,\mathrm{d}x \qquad (6.21)$$

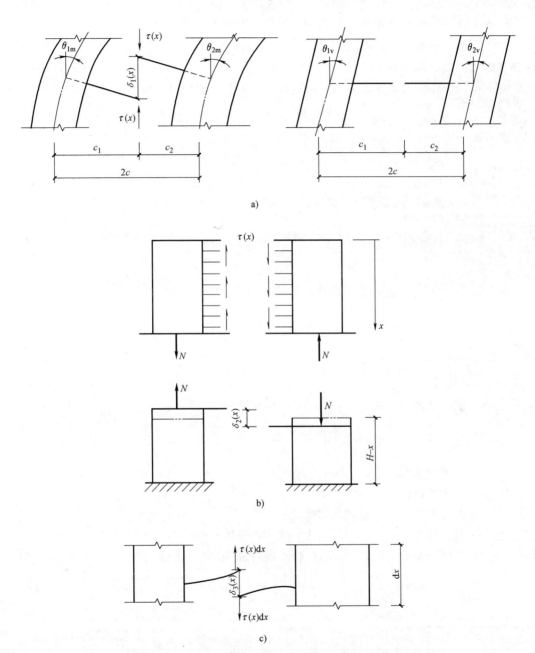

图 6.17　连梁中点的相对位移

a）墙肢弯曲变形和剪切变形　b）墙肢轴向变形　c）连梁弯曲和剪切变形

基本体系在外荷载、切口处，自两墙肢底至 x 截面处的轴向变形差为切口产生的相对位移为

$$\delta_2(x) = \int_x^H \frac{N(x)}{EA_1} dx + \int_x^H \frac{N(x)}{EA_2} dx = \frac{1}{E}\left(\frac{1}{A_1} + \frac{1}{A_2}\right)\int_x^H N(x) dx = \frac{1}{E}\left(\frac{1}{A_1} + \frac{1}{A_2}\right)\int_x^H \int_0^x \tau(x) dx dx$$

$$(6.22)$$

3. $\delta_3(x)$——连杆（连梁）弯曲和剪切变形产生的相对位移

切口处剪力 $\tau(x)$ 的作用，使连杆产生弯曲和剪切变形。连杆是连续的，取其微段高度 dx 连杆进行分析，截面面积为 $(A_b/h)dx$，惯性矩为 $(I_b/h)dx$，切口处剪力为 $\tau(x)dx$，连杆总长度为 $2a$。由悬臂梁变形公式可得，在切口处产生的相对位移为（图 6.17c）

$$\delta_3(x) = \delta_{3m} + \delta_{3v} = 2\frac{\tau(x)ha^3}{3EI_b} + 2\frac{\mu\tau(x)ha}{GA_b} = 2\frac{\tau(x)ha^3}{3EI_b}\left(1 + \frac{3\mu EI_b}{GA_b a^2}\right) \qquad (6.23)$$

或改写为

$$\delta_3(x) = \frac{2\tau(x)ha^3}{3EI_b^0} \qquad (6.24)$$

式中 I_b^0——连梁的折算惯性矩，计算公式为

$$I_b^0 = \frac{I_b}{1 + \dfrac{3\mu EI_b}{GA_b a^2}} \qquad (6.25)$$

当取 $G = 0.42E$ 时，矩形截面连梁折算惯性矩可按下式计算

$$I_b^0 = \frac{I_b}{1 + \dfrac{0.7h_b^2}{a^2}}$$

式中 h——层高；

a_0——洞口宽度的一半；

a——连梁计算跨度的一半，$a = a_0 + \dfrac{h_b}{4}$；

h_b——连梁的截面高度；

A_b、I_b——连梁的截面面积和惯性矩；

E、G——混凝土的弹性模量和剪切模量；

μ——截面剪应力分布不均匀系数，矩形截面取 $\mu = 1.2$。

将式（6.20）、式（6.22）、式（6.23）代入式（6.19）得

$$-2c\theta_m + \frac{1}{E}\left(\frac{1}{A_1} + \frac{1}{A_2}\right)\int_x^H \int_0^x \tau(x) dx dx + \frac{2\tau(x)ha^3}{3EI_b^0} = 0 \qquad (6.26)$$

对上式求一次导数有

$$-2c\theta_m' - \frac{1}{E}\left(\frac{1}{A_1} + \frac{1}{A_2}\right)\int_0^x \tau(x) dx + \frac{2\tau'(x)ha^3}{3EI_b^0} = 0 \qquad (6.27)$$

再求一次导数有

$$-2c\theta_m'' - \frac{1}{E}\left(\frac{1}{A_1} + \frac{1}{A_2}\right)\tau(x) + \frac{2ha^3}{3EI_b^0}\tau''(x) = 0 \qquad (6.28)$$

由图 6.16c 所示的基本体系，可分别写出两墙肢的弯矩与其曲率的关系为

$$EI_1 \frac{\mathrm{d}^2 y_{1m}}{\mathrm{d}x^2} = M_1(x) \tag{6.29}$$

$$EI_2 \frac{\mathrm{d}^2 y_{2m}}{\mathrm{d}x^2} = M_2(x) \tag{6.30}$$

式中　$M_1(x)$、$M_2(x)$——墙肢 1、墙肢 2 在计算截面 x 处的弯矩。

如图 6.18 所示，在 x 处将双肢墙截断，由平衡条件可得

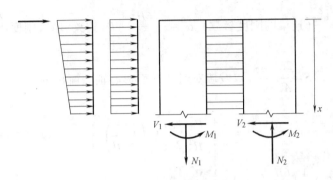

图 6.18　x 处墙肢内力

$$M_1(x) + M_2(x) = M_p(x) - 2cN(x) = M_p(x) - 2c \int_0^x \tau(x)\mathrm{d}x \tag{6.31}$$

式中　$M_p(x)$——外荷载在计算截面 x 处产生的倾覆力矩，以顺时针为正。

由假设可知：$y_{1m} = y_{2m} = y_m$，$\theta_{1m} = \theta_{2m} = \theta_m$

将式（6.29）和式（6.30）相加，可得

$$M_1(x) + M_2(x) = E(I_1 + I_2) \frac{\mathrm{d}^2 y_m}{\mathrm{d}x^2} \tag{6.32}$$

由式（6.31）和式（6.32）得　　$E(I_1 + I_2) \frac{\mathrm{d}^2 y_m}{\mathrm{d}x^2} = M_p(x) - 2c \int_0^x \tau(x)\mathrm{d}x$

$$\theta'_m = - \frac{\mathrm{d}^2 y_m}{\mathrm{d}x^2} = - \frac{1}{E(I_1 + I_2)} \left[M_p(x) - 2c \int_0^x \tau(x)\mathrm{d}x \right] \tag{6.33}$$

对上式微分一次得

$$\theta'' = - \frac{1}{E(I_1 + I_2)} [V_p(x) - 2c\tau(x)] \tag{6.34}$$

式中　$V_p(x)$——外荷载在计算截面 x 处产生的剪力，按下式计算

$$V_p(x) = \begin{cases} V_0 \dfrac{x}{H} & \text{（倒三角形荷载）} \\ V_0 \left[1 - \left(1 - \dfrac{x}{H} \right)^2 \right] & \text{（均布荷载）} \\ V_0 & \text{（顶部集中荷载）} \end{cases} \tag{6.35}$$

式中　V_0——外荷载在计算截面 $x = H$ 处的底部剪力。

将式（6.35）代入式（6.34），可得

$$\theta'' = \frac{1}{E(I_1+I_2)} \begin{cases} V_0\left[\left(1-\dfrac{x}{H}\right)^2 - 1\right] + 2c\tau(x) & \text{(倒三角形荷载)} \\[3mm] -V_0\dfrac{x}{H} + 2c\tau(x) & \text{(均布荷载)} \\[3mm] -V_0 + 2c\tau(x) & \text{(顶部集中荷载)} \end{cases} \qquad (6.36)$$

将 θ'' 代入式（6.28），并令

$$D = \frac{I_b^0 c^2}{a^3}（\text{连梁的刚度参数}）, \quad \alpha_1^2 = \frac{6H^2}{h(I_1+I_2)}D（\text{连梁、墙肢刚度比}）$$

$$S = \frac{2cA_1A_2}{A_1+A_2}（\text{双肢墙对组合截面形心轴的面积矩}）$$

得

$$\tau''(x) - \tau(x)\frac{1}{H^2}\left(\frac{6H^2D}{2hsc} + \alpha_1^2\right) = \begin{cases} -\dfrac{\alpha_1^2}{H^2}\dfrac{V_0}{2c}\left[1-\left(1-\dfrac{x}{H}\right)^2\right] & \text{(倒三角形荷载)} \\[3mm] \dfrac{\alpha_1^2}{H^2}\dfrac{V_0}{2c}\dfrac{x}{H} & \text{(均布荷载)} \\[3mm] -\dfrac{\alpha_1^2}{H^2}\dfrac{V_0}{2c} & \text{(顶部集中荷载)} \end{cases} \qquad (6.37)$$

再令

$$\alpha_1^2 = \alpha^2 + \frac{6H^2}{2hsc}D, \quad m(x) = 2c\tau(x) \qquad (6.38)$$

式（6.37）可写成

$$m''(x) - \frac{\alpha^2}{H^2}m(x) = \begin{cases} -\dfrac{\alpha_1^2}{H^2}\left[1-\left(1-\dfrac{x}{H}\right)^2\right]V_0 & \text{(倒三角形荷载)} \\[3mm] -\dfrac{\alpha_1^2}{H^2}\dfrac{x}{H}V_0 & \text{(均布荷载)} \\[3mm] -\dfrac{\alpha_1^2}{H^2}V_0 & \text{(顶部集中荷载)} \end{cases} \qquad (6.39)$$

上式就是双肢墙的基本微分方程。式中，α 为剪力墙的整体工作系数；$m(x)$ 为连梁对墙肢的线约束弯矩即单位高度上的约束弯矩。

6.5.3　基本微分方程的解

为简化基本微分方程，便于求解，将参数化为无量纲单位，引入变量 $\xi = x/H$，并令

$$m(x) = \varphi(x)V_0\frac{\alpha_1^2}{\alpha^2} \qquad (6.40)$$

则基本方程可以写成

$$\varphi''(\xi)-\alpha^2\varphi(\xi)=\begin{cases}-\alpha^2\left[1-(1-\xi)^2\right] & \text{（倒三角荷载）}\\ -\alpha^2\xi & \text{（均布荷载）}\\ -\alpha^2 & \text{（顶部集中力）}\end{cases} \tag{6.41}$$

上述微分方程为二阶常系数非齐次线性微分方程，方程的解由齐次方程的通解和特解组成：

$$\phi(\xi)=C_1\cosh\alpha\xi+C_2\sinh\alpha\xi+\begin{cases}1-(1-\xi)^2-\dfrac{2}{\alpha^2} & \text{（倒三角形分布）}\\ \xi & \text{（均布荷载）}\\ 1 & \text{（顶点集中荷载）}\end{cases} \tag{6.42}$$

式中，C_1 和 C_2 为待定常数，由下列两个边界条件确定。

（1）当 $x=0$，即 $\xi=0$ 时，墙顶弯矩为零，因而 $\theta'_m=-\dfrac{\mathrm{d}^2y_m}{\mathrm{d}\xi^2}=0$，代入式（6.27），式中第二项在 $\xi=0$ 处为零（轴力为 0），由一般解式（6.42）得

$$\varphi(\xi)\big|_{\xi=0}=C_1\alpha\sinh\alpha\xi+C_2\alpha\cosh\alpha\xi+\begin{cases}2(1-\xi)\\ 1\\ 0\end{cases}$$

解得

$$C_2=\begin{cases}-2/\alpha & \text{（倒三角分布荷载）}\\ -1/\alpha & \text{（均布荷载）}\\ 0 & \text{（顶部集中荷载）}\end{cases}$$

（2）当 $x=H$，即 $\xi=1$ 时，墙底弯曲转角为零，即 $\theta_m=0$，将其代入式（6.26），底截面处轴向变形引起的相对位移 $\xi_2=0$，可得 $\tau(1)=0$。由一般解式（6.42）得

$$C_1=\begin{cases}-\left(1-\dfrac{2}{\alpha^2}-\dfrac{2\sinh\alpha}{\alpha}\right)\dfrac{1}{\cosh\alpha} & \text{（倒三角分布荷载）}\\ -\left(1-\dfrac{\sinh\alpha}{\alpha}\right)\dfrac{1}{\cosh\alpha} & \text{（均布荷载）}\\ -\dfrac{1}{\cosh\alpha} & \text{（顶部集中荷载）}\end{cases}$$

将 C_1 和 C_2 代入式（6.42）得到微分方程的解为

$$\begin{cases}\varphi(\xi)=1-(1-\xi)^2-\dfrac{2}{\alpha^2}+\left(\dfrac{2\sinh\alpha}{\alpha}-1+\dfrac{2}{\alpha^2}\right)\dfrac{\cosh\alpha\xi}{\cosh\alpha}-\dfrac{2}{\alpha}\sinh\alpha\xi & \text{（倒三角形荷载）}\\ \varphi(\xi)=\xi+\left(\dfrac{\sinh\alpha}{\alpha}-1\right)\dfrac{\cosh\alpha\xi}{\cosh\alpha}-\dfrac{1}{\alpha}\sinh\alpha\xi & \text{（均布荷载）}\\ \varphi(\xi)=1-\dfrac{\cosh\alpha\xi}{\cosh\alpha} & \text{（顶点集中荷载）}\end{cases} \tag{6.43}$$

由式（6.43）可知，$\varphi(\xi)$ 为 α 和 ξ 两个变量的函数。为便于应用，可根据荷载类型、参数 α 和 ξ，查取相关表格得到 $\varphi(\xi)$ 值。

6.5.4　内力计算

由式（6.40），连续连杆线约束弯矩可表示为

$$m(\xi) = V_0 \frac{\alpha_1^2}{\alpha^2} \varphi(\xi) \tag{6.44}$$

式中，$\varphi(\xi)$、$m(\xi)$ 都是沿高度变化的连续函数。

1. 连梁内力

求出连梁中心坐标处的线约束弯矩 $m(\xi)$ 值，乘以层高可得到该连梁的近似约束弯矩值（图 6.19），进一步便可得到连梁的剪力和弯矩。

第 i 层连梁的约束弯矩

$$m_i = m(\xi_i) h \tag{6.45}$$

第 i 层连梁的剪力

$$V_{bi} = m(\xi_i) h / 2c \tag{6.46}$$

第 i 层连梁梁端弯矩

$$M_{bi} = V_{bi} a_0 \tag{6.47}$$

2. 墙肢内力

求出连梁的剪力后，墙肢轴力便可由平衡条件求得，某截面处墙肢的轴力为该截面以上所有连梁剪力之和（图 6.20），两个墙肢的轴力必然大小相等，方向相反。

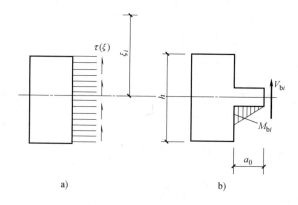

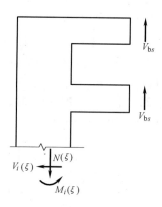

图 6.19　连梁内力

a）连杆剪力　b）连梁剪力、弯矩

图 6.20　墙肢轴力

第 i 层 j 墙肢的轴力为

$$N_j = \sum_{s=i}^{n} V_{bs} \tag{6.48}$$

由基本假定，两个墙肢弯矩按刚度分配，由平衡条件可得（图 6.21）

第 i 层两墙肢的弯矩分别为

$$M_{1i} = \frac{I_1}{I_1 + I_2} \left(M_{pi} - \sum_{s=i}^{n} m_s \right) , M_{2i} = \frac{I_2}{I_1 + I_2} \left(M_{pi} - \sum_{s=i}^{n} m_s \right) \tag{6.49}$$

式中　M_{pi}——水平荷载在 i 层处的倾覆力矩；

$\sum_{s=i}^{n} m_s$——i 层以上连梁约束弯矩之和。

第 i 层两墙肢的剪力近似考虑弯曲和剪切变形后的抗剪刚度进行分配

$$V_{1i} = \frac{I_1^0}{I_1^0 + I_2^0} V_{\text{p}i}, \quad V_{2i} = \frac{I_2^0}{I_1^0 + I_2^0} V_{\text{p}i} \tag{6.50}$$

式中　$V_{\text{p}i}$——水平荷载在 i 层处的总剪力；

I_i^0——考虑弯曲和剪切变形后墙肢的折算

惯性矩，$I_i^0 = \dfrac{I_i}{1 + \dfrac{12\mu E I_i}{G A_i h^2}}$。

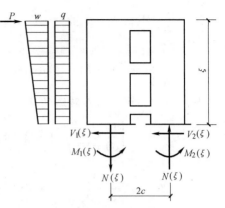

图 6.21　双肢墙内力

6.5.5　位移和等效刚度计算

由于墙肢截面较宽，位移计算时应考虑墙肢
弯曲变形和剪切变形的影响，即

$$y = y_{\text{m}} + y_{\text{v}} = \iint_1^{\xi}\int_1^{\xi} \frac{\text{d}^2 y_{\text{m}}}{\text{d}\xi^2} \text{d}\xi\text{d}\xi + \int_1^{\xi} \frac{\text{d}y_{\text{v}}}{\text{d}\xi} \text{d}\xi \tag{6.51}$$

$$\frac{\text{d}^2 y_{\text{m}}}{\text{d}\xi^2} = \frac{1}{E(I_1 + I_2)} \left[M_{\text{p}}(\xi) - \int_0^{\xi} m(\xi)\text{d}\xi \right] \tag{6.52}$$

$$\frac{\text{d}y_{\text{y}}}{\text{d}\xi} = \frac{\mu V_{\text{p}}(\xi)}{G(A_1 + A_2)} \tag{6.53}$$

分别将三种荷载作用下的 $m(\xi)$、$M_{\text{p}}(\xi)$、$V_{\text{p}}(\xi)$ 代入式（6.51），积分后可得到

倒三角形荷载

$$y = \frac{V_0 H^3}{60E \sum I_i}(1 - T)(11 - 15\xi + 5\xi^4 - \xi^5) + \frac{\mu V_0 H}{G \sum A_i}\left[(1 - \xi)^2 - \frac{1}{3}(1 - \xi^3)\right] -$$

$$\frac{V_0 H^3 T}{E \sum I_i}\left\{ c_1 \frac{1}{\alpha^3}[\sinh\alpha\xi + (1 - \xi)\alpha\cosh\alpha - \sinh\alpha] + \right.$$

$$\left. c_2 \frac{1}{\alpha^3}\left[\cosh\alpha\xi + (1 - \xi)\alpha\sinh\alpha - \cosh\alpha - \frac{1}{2}\alpha^2\xi^2 + \alpha^2\xi - \frac{\alpha^2}{2}\right] - \frac{1}{3\alpha^2}(2 - 3\xi + \xi^2) \right\}$$

均布荷载

$$y = \frac{V_0 H^3}{24E \sum I_i}(1 - T)(3 - 4\xi + \xi^4) + \frac{\mu V_0 H}{2G \sum A_i}(1 - \xi^2) -$$

$$\frac{V_0 H^3 T}{E \sum I_i}\left\{ c_1 \frac{1}{\alpha^3}[\sinh\alpha\xi + (1 - \xi)\alpha\cosh\alpha - \sinh\alpha] + \right.$$

$$\left. c_2 \frac{1}{\alpha^3}\left[\cosh\alpha\xi + (1 - \xi)\alpha\sinh\alpha - \cosh\alpha - \frac{1}{2}\alpha^2\xi^2 + \alpha^2\xi - \frac{\alpha^2}{2}\right] \right\}$$

顶点集中荷载

$$y = \frac{V_0 H^3}{6E \sum I_i}(1 - T)(2 - 3\xi + \xi^3) + \frac{\mu V_0 H}{G \sum A_i}(1 - \xi) -$$

$$\frac{V_0 H^3 T}{E\sum I_i}\left\{c_1\frac{1}{\alpha^3}\left[\sinh\alpha\xi+(1-\xi)\alpha\cosh\alpha-\sinh\alpha\right]+\right.$$

$$\left.c_2\frac{1}{\alpha^3}\left[\cosh\alpha\xi+(1-\xi)\alpha\sinh\alpha-\cosh\alpha-\frac{1}{2}\alpha^2\xi^2+\alpha^2\xi-\frac{\alpha^2}{2}\right]\right\}$$

当 $\xi=0$ 时，可求得双肢墙的顶点位移为

$$u=\begin{cases}\dfrac{11}{60}\dfrac{V_0 H^3}{E\sum I_i}(1+3.64\gamma^2-T+\psi_\alpha T) & （倒三角形分布荷载）\\[3mm] \dfrac{1}{8}\dfrac{V_0 H^3}{E\sum I_i}(1+4\gamma^2-T+\psi_\alpha T) & （均布荷载）\\[3mm] \dfrac{1}{3}\dfrac{V_0 H^3}{E\sum I_i}(1+3\gamma^2-T+\psi_\alpha T) & （顶部集中荷载）\end{cases}\qquad(6.54)$$

式中，T 为轴向变形影响系数，γ 为墙肢剪切变形系数，其表达式分别为

$$T=\frac{\alpha_1^2}{\alpha^2}=\frac{2cs}{2cs+I_1+I_2}\qquad(6.55)$$

$$\gamma^2=\frac{E\sum I_i}{H^2 G\sum A_i/\mu}\qquad(6.56)$$

三种荷载下 ψ_α 的计算公式为

$$\psi_\alpha=\begin{cases}\dfrac{60}{11}\dfrac{1}{\alpha^2}\left(\dfrac{2}{3}+\dfrac{2\sinh\alpha}{\alpha^3\cosh\alpha}-\dfrac{2}{\alpha^2\cosh\alpha}-\dfrac{\sinh\alpha}{\alpha\cosh\alpha}\right) & （倒三角形分布荷载）\\[3mm] \dfrac{8}{\alpha^2}\left(\dfrac{1}{2}+\dfrac{1}{\alpha^2}-\dfrac{1}{\alpha^2\cosh\alpha}-\dfrac{\sinh\alpha}{\alpha\cosh\alpha}\right) & （均布荷载）\\[3mm] \dfrac{3}{\alpha^2}\left(1-\dfrac{\sinh\alpha}{\alpha\cosh\alpha}\right) & （顶部集中荷载）\end{cases}\qquad(6.57)$$

可见，ψ_α 是 α 的函数。为方便使用也可将其绘制成表格，查阅使用。

式（6.54）可以用等效抗弯刚度表示为悬臂梁顶点位移形式公式（6.6），则双肢墙的等效刚度表达式为

$$\begin{cases}EI_{eq}=\dfrac{E(I_1+I_2)}{(1+3.64\gamma^2-T)+\psi_\alpha T} & （倒三角形荷载）\\[3mm] EI_{eq}=\dfrac{E(I_1+I_2)}{1+4\gamma^2-T+\psi_\alpha T} & （均布荷载）\\[3mm] EI_{eq}=\dfrac{E(I_1+I_2)}{1+3\gamma^2-T+\psi_\alpha T} & （顶部集中荷载）\end{cases}\qquad(6.58)$$

6.5.6 双肢墙内力和位移分布特点

双肢墙内力和位移曲线如图 6.22 所示。主要特征有以下几点：

1）侧移曲线呈弯曲型。α 值越大，墙的刚度越大，位移越小。

2）连梁的剪力分布有明显的特点。剪力最大（也是弯矩最大）的连梁不在底层，其位置和大小将随着连梁与墙的刚度比 α 值而改变。随着 α 值的增大，连梁剪力加大，剪力最大的连梁在高度上位置下移。

3）墙肢的轴力等于该截面以上所有连梁剪力之和，与 α 值有关。当 α 值增大时，连梁剪力增大，则墙肢轴力也加大。

4）墙肢弯矩也与 α 值有关，α 值增大，墙肢弯矩减小。因 $M_{1z}+M_{2z}+N \cdot 2c = M_{pz}$，相同的外弯矩 M_p 下，轴力越大，弯矩 M_1、M_2 越小。

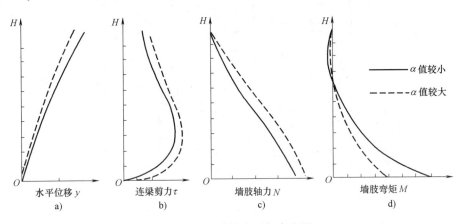

图 6.22　双肢墙变形与内力图

5）双肢墙截面应力，根据图 6.23b、c 整体弯曲应力和局部弯曲应力的相对大小不同，双肢墙截面应力分布图 6.23a 将会相应改变。

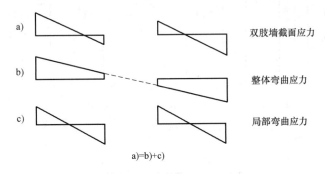

图 6.23　双肢墙截面应力图

6.6　多肢墙在水平荷载作用下的内力和位移计算

6.6.1　微分方程的建立和求解

剪力墙具有多于一列、排列整齐的洞口时，且墙肢的刚度一般比连梁的刚度大较多，就成为多肢墙。其内力和位移计算仍采用连续化的方法，基本假定和基本体系的取法均与双肢墙类似。

如图 6.24a 所示为有 k 列洞口、$k+1$ 列墙肢的多肢墙，其基本体系如图 6.24b 所示，将其每列连梁沿全高连续化，在每列连梁反弯点处切开，则切口处作用有剪力集度 $\tau_i(x)$ 和轴力集度 $\sigma_i(x)$，同双肢墙的求解一样，根据每个切口处的变形连续条件，可建立 k 个变形协调微分方程。需注意的是，在建立第 i 切口处的协调方程时，除了考虑第 i 跨连梁内力外，还要考虑第 $i-1$ 跨连梁对第 i 墙肢和第 $i+1$ 跨连梁对 $i+1$ 墙肢的影响。

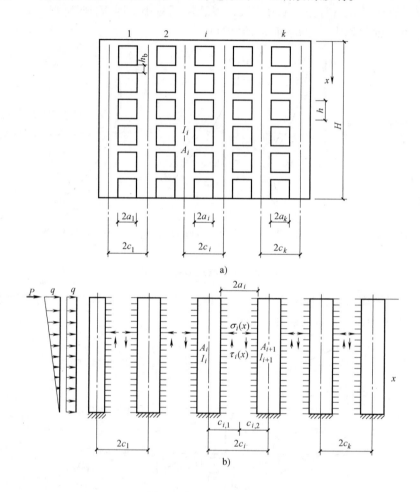

图 6.24　多肢墙及其基本体系
a）几何尺寸　b）基本体系

为便于求解微分方程，将各微分方程叠加，设各个开口处的未知力之和为 $\sum_{i=1}^{k} m_i(x) = m(x)$ 为未知量，求出 $m(x)$ 后，按一定比例分配到各列连杆得到 $m_i(x)$，再分别求出各连梁的剪力、弯矩和各墙肢弯矩、轴力、剪力。

用这种叠加的方法，可建立其与双肢剪力墙完全相同的微分方程，因此，可直接用双肢剪力墙的公式和图表，其解与双肢墙的表达式完全一样，即式（6.43），但要注意以下区别：

1）多肢墙中共有 $k+1$ 个墙肢，要用 $\sum\limits_{i=1}^{k+1} I_i$ 代替 I_1+I_2，$\sum\limits_{i=1}^{k+1} A_i$ 代替 A_1+A_2。

2）多肢墙中有 k 个连梁，每个连梁刚度 D_i 用公式计算

$$D_i = I_{bi}^0 c_i^2 / a_i^3 \quad (i=1,2,\cdots,k) \tag{6.59}$$

式中　a_i——第 i 列连梁计算跨度的一半；

c_i——第 i 和 $i+1$ 墙肢轴线距离的一半；

I_{bi}^0——连梁折算惯性矩，$I_{bi}^0 = \dfrac{I_{bi}}{1+\dfrac{3\mu EI_{bi}}{a_i^2 GA_{bi}}}$。

3）计算连梁与墙肢刚度比参数 α_1，要用各列连梁刚度之和与墙肢惯性矩之和

$$\alpha_1^2 = \frac{6H^2}{h\sum\limits_{i=1}^{k+1} I_i} \sum_{i=1}^{k} D_i \tag{6.60}$$

4）多肢墙整体系数 α 表达式与双肢墙不同。多肢墙中计算墙肢轴向变形影响比较复杂，为便于计算，T 用近似值代替，见表 6.3。整体系数 α 由下式计算

$$\alpha^2 = \frac{\alpha_1^2}{T} = \frac{6H^2}{Th\sum\limits_{i=1}^{k+1} I_i} \sum_{i=1}^{k} D_i \tag{6.61}$$

表 6.3　多肢墙轴向变形影响系数 T

墙肢数目	3~4	5~7	8 肢以上
T	0.80	0.85	0.90

5）求第 j 层（x 位置或相对位置 ξ 处）的约束总弯矩 $m_j(\xi)$

$$m_j(\xi) = ThV_0\varphi(\xi) \tag{6.62}$$

6）按分配系数 η_i 计算第 j 层各跨连梁的约束弯矩 $m_i(\xi)$

$$m_i(\xi) = \eta_i m_j(\xi) \tag{6.63}$$

$$\eta_i = \frac{D_i\varphi_i}{\sum\limits_{i=1}^{k} D_i\varphi_i} \tag{6.64}$$

$$\varphi_i = \frac{1}{1+\dfrac{\alpha}{4}} \left[1 + 1.5\alpha \frac{r_i}{B}\left(1-\frac{r_i}{B}\right) \right] \tag{6.65}$$

式中　r_i——第 i 列连梁中点至墙边距离；

B——墙总宽度；

φ_i——多肢墙连梁约束弯矩分布系数，其值也可根据 r_i/B 和 α 直接查有关表格得到。

同一层各个连梁剪力大小的分布图形与 α 有关。当 $\alpha \to 0$ 时，墙的整体性很差，剪力墙截面剪应力近似均匀分布，由剪力互等定理，连梁跨中剪应力呈均匀分布；当 $\alpha \to \infty$ 时，墙的整体性很强，剪力墙截面剪应力呈抛物线分布，连梁跨中剪应力呈抛物线分布，两端为 0，中间最大，约为平均剪应力的 1.5 倍；当 $0<\alpha<\infty$ 时，介于两种情况之间，如图 6.25

所示。

6.6.2 内力计算

1. 连梁的内力

第 j 层第 i 列连梁的约束弯矩按式 (6.63) 计算，则第 j 层 i 列连梁的剪力和梁端弯矩分别为

$$V_{bji} = \left(\frac{\eta_i}{2c_i}\right) m_j(\xi) \qquad (6.66)$$

$$M_{bji} = V_{bji} a_{i0} \qquad (6.67)$$

式中 a_{i0} ——第 i 列洞口宽度的一半。

2. 墙肢的内力

第 j 层第 i 墙肢的剪力近似为

$$V_{ji} = \frac{I_i^0}{\sum\limits_{i=1}^{k+1} I_i^0} V_{pj} \qquad (6.68)$$

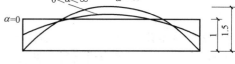

图 6.25 多肢墙肢应力分布图

第 j 层第 i 墙肢的弯矩为

$$M_{ji} = \frac{I_i}{\sum\limits_{l=1}^{k+1} I_l}\left(M_{pj} - \sum\limits_{l=j}^{n} m_l(\xi)\right) \qquad (6.69)$$

第 j 层第 1 墙肢的轴力

$$N_{j1} = \sum\limits_{l=j}^{n} V_{bl1} \qquad (6.70)$$

第 j 层第 i 墙肢的轴力

$$N_{ji} = \sum\limits_{l=j}^{n} (V_{bil} - V_{b,i-1,l}) \qquad (6.71)$$

第 j 层第 $k+1$ 墙肢的轴力

$$N_{j,k+1} = \sum\limits_{l=j}^{n} V_{blk} \qquad (6.72)$$

式中 I_i^0 ——第 i 墙肢考虑剪切变形后的折算惯性矩；

V_{pj}、M_{pj} ——第 j 层由外荷载产生的弯矩和剪力。

6.6.3 位移和等效刚度计算

多肢墙的位移须同时考虑弯曲变形和剪切变形的影响，其顶点位移可按下式计算

$$u = \begin{cases} \dfrac{11}{60}\dfrac{V_0 H^3}{EI_{eq}} & \text{（倒三角形分布荷载）} \\[3mm] \dfrac{1}{8}\dfrac{V_0 H^3}{EI_{eq}} & \text{（均布荷载）} \\[3mm] \dfrac{1}{3}\dfrac{V_0 H^3}{EI_{eq}} & \text{（顶部集中荷载）} \end{cases} \qquad (6.73)$$

多肢墙的等效刚度为

$$\begin{cases} EI_{eq} = \dfrac{E \sum I_i}{1 + 3.64\gamma^2 - T + \psi_\alpha T} & \text{(倒三角形分布荷载)} \\[4mm] EI_{eq} = \dfrac{E \sum I_i}{1 + 4\gamma^2 - T + \psi_\alpha T} & \text{(均布荷载)} \\[4mm] EI_{eq} = \dfrac{E \sum I_i}{1 + 3\gamma^2 - T + \psi_\alpha T} & \text{(顶点集中荷载)} \end{cases} \tag{6.74}$$

式中，系数 T、γ、ψ_α、$\sum I_i$ 等需按多肢墙考虑，对墙肢少、层数多、$H/B \geqslant 4$ 的细高剪力墙，可不考虑剪切变形的影响，取 $\gamma = 0$。

6.7 壁式框架在水平荷载作用下的内力和位移计算

当剪力墙的洞口尺寸较大，连梁的线刚度又大于或接近于墙肢的线刚度时，剪力墙的受力性能接近于框架。但由于墙肢和连梁的截面高度较大，节点区也较大，故计算时应将节点视为墙肢和连梁的刚域，按带刚域的框架（即壁式框架）进行分析。

6.7.1 计算简图

壁式框架的梁柱轴线取连梁和墙肢的截面形心轴线。实际工程计算中，为简化计算，往往以楼面标高作为梁的轴线，并认为楼层层高与上下连梁间距相同，计算简图如图 6.26b 所示。在梁柱相交的节点区，梁柱的弯曲刚度可认为无穷大而形成刚域（图 6.26c），刚域的长度可按下式计算：

梁刚域长度 $\qquad l_{b1} = a_1 - 0.25h_b, l_{b2} = a_2 - 0.25h_b \qquad (6.75)$

柱刚域长度 $\qquad l_{c1} = c_1 - 0.25h_c, l_{c2} = c_2 - 0.25h_c \qquad (6.76)$

当按上式计算的刚域长度小于零时，可不考虑刚域的影响。

壁式框架与一般框架的区别主要有两点，一是梁、柱杆端有刚域，使杆件的刚度增大；二是梁、柱截面高度较大，杆件剪切变形的影响不可忽略。这两个因素对框架柱的抗侧刚度和反弯点高度都有一定的影响。

6.7.2 带刚域杆件的等效刚度

1. 带刚域杆件考虑剪切变形的刚度系数

如图 6.27a 所示为一带有刚域、长度为 al 和 bl 的两端固定杆件，当两端均产生单位转角 $\theta = 1$ 时所需的杆端弯矩称为杆端的转动刚度系数（m_{12}、m_{21}）。

当杆端发生单位转角时，由于 $11'$ 和 $22'$ 为刚性段，在 $1'$ 点和 $2'$ 点处除有单位转角外，还有线性位移 al 和 bl，刚域做刚体转动，使杆 $1'2'$ 发生弦转角 φ（图 6.27b），则

$$\varphi = \frac{al + bl}{l'} = \frac{(a+b)l}{(1-a-b)l} = \frac{a+b}{1-a-b} \tag{6.77}$$

为了求 m_{12}、m_{21}，可把 $1'$ 和 $2'$ 当作铰接点，先使刚性边 $11'$ 和 $22'$ 各产生一个单位转角，

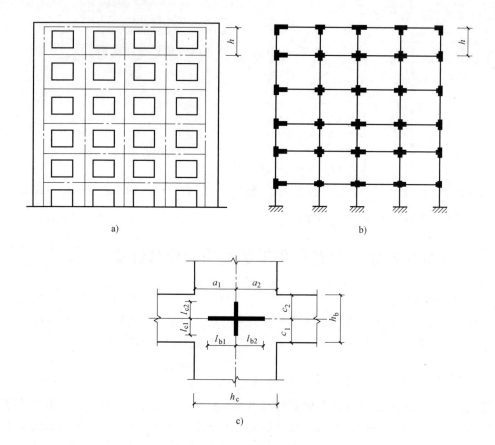

图 6.26　壁式框架计算简图

a）壁式框架图　b）计算简图　c）节点区刚域

由于 1′ 和 2′ 当作铰接点，刚性段有转角时杆件并不产生内力，然后在 1′ 和 2′ 点上加上弯矩 m'_{12}、m'_{21}，使双点画线位置变到实际杆件的变形位置，这时 1′2′ 段两端都转了 $(1+\varphi)$ 的角度（图 6.27c）。

根据结构力学，杆件 1′2′ 为等截面杆件，考虑剪切变形后，当两端各转了 $(1+\varphi)$ 角度后，1′2′ 的杆端弯矩为

$$m'_{12}=m'_{21}=\frac{6EI}{(1+\beta)\,l'}(1+\varphi)=\frac{6EI}{(1+\beta)\,l}\,\frac{1}{(1-a-b)^2} \tag{6.78}$$

令线刚度 $i=\dfrac{EI}{l}$，上式可表示为

$$m'_{12}=m'_{21}=\frac{6i}{(1+\beta)}\,\frac{1}{(1-a-b)^2} \tag{6.79}$$

1′2′ 杆件相应的杆端剪力（图 6.27d）为

$$V'_{12}=V'_{21}=\frac{m'_{12}+m'_{21}}{l'}=\frac{12i}{(1+\beta)(1-a-b)^3l} \tag{6.80}$$

根据刚域段的平衡条件（图 6.27d），可得杆端 1、2 的弯矩，即杆端的转动刚度系数和

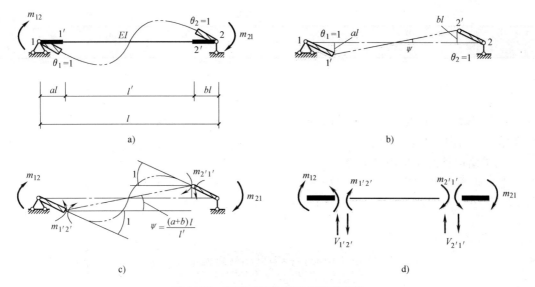

图 6.27　带刚域杆件线刚度计算简图

杆端的约束弯矩

$$m_{12} = m'_{12} + V'_{12}(al) = \frac{6i}{(1+\beta)} \frac{(1+a-b)}{(1-a-b)^3} = 6ic \tag{6.81}$$

$$m_{21} = m'_{21} + V'_{21}(bl) = \frac{6i}{(1+\beta)} \frac{(1-a+b)}{(1-a-b)^3} = 6ic' \tag{6.82}$$

$$m = m_{12} + m_{21} = \frac{12EI}{(1+\beta)} \frac{1}{(1-a-b)^3 l} = 12i\left(\frac{c+c'}{2}\right) \tag{6.83}$$

$$c = \frac{(1+a-b)}{(1+\beta)(1-a-b)^3}; c' = \frac{(1-a+b)}{(1+\beta)(1-a-b)^3}$$

式中　β——考虑杆件剪切变形影响的系数，可按 $\beta = \frac{12\mu EI}{GAl'^2}$ 计算。

2. 带刚域杆件的等效刚度

为简化计算，可将带刚域杆件用一个具有相同长度的等截面受弯构件来代替，使两者具有相同的转动刚度，即

$$\frac{12EI_0}{l} = \frac{12EI}{(1+\beta)} \frac{1}{(1-a-b)^3 l}$$

整理后可求得带刚域杆件的等效刚度为

$$EI_0 = EI\eta_v\left(\frac{l}{l'}\right)^3 \tag{6.84}$$

式中　EI——杆件中段的截面抗弯刚度；

　　　l'——杆件中段的长度；

$\left(\dfrac{l}{l'}\right)^3$——考虑刚域影响对杆件刚度的提高系数；

　　　η_v——考虑剪切变形的刚度折减系数，$\eta_v = \dfrac{1}{1+\beta}$，为方便计算，可由表 6.4 查用。

表 6.4　η_v 值

h_b/l'	0.0	0.1	0.2	0.3	0.4	0.5	0.6	0.7	0.8	0.9	1.0
η_v	1.00	0.97	0.89	0.79	0.68	0.57	0.48	0.41	0.34	0.29	0.25

6.7.3　内力计算

将带刚域杆件转换为具有等效刚度的等截面杆件后，可采用 D 值法进行壁式框架水平荷载作用下的内力和位移计算。

1. 带刚域柱的侧移刚度 D 值

带刚域柱的侧移刚度可按下式计算

$$D = \alpha_c \frac{12k_c}{h^2} \tag{6.85}$$

式中　　　k_c——考虑刚域和剪切变形影响后的柱线刚度，取 $k_c = \dfrac{EI_0}{h}$；

$\quad\quad\quad EI_0$——带刚域柱的等效刚度，按式（6.84）计算；

$\quad\quad\quad h$——层高；

$\quad\quad\quad \alpha_c$——柱侧移刚度的修正系数，由梁柱刚度比按表 5.1 中的规定计算。计算时梁柱均取其等效刚度，即将表 5.1 中 i_1、i_2、i_3 和 i_4 用 k_1、k_2、k_3 和 k_4 来代替；

k_1、k_2、k_3、k_4——上、下层带刚域梁按等效刚度计算的线刚度。

2. 带刚域柱反弯点高度比的修正

带刚域柱应考虑柱下端刚域长度，其反弯点高度比应按下式确定（图 6.28）

$$yh = ah + y_0 h' + (y_1 + y_2 + y_3)h = (a + y_0 s + y_1 + y_2 + y_3)h \tag{6.86}$$

式中　ah——壁柱下端刚域长度；

$\quad\quad h'$——柱中段的高度；

$\quad\quad s$——柱端刚域长度的影响系数，$s = h'/h$；

$\quad\quad y_0$——标准反弯点高度比，可根据结构总层数 m、所计算楼层 n 及 k 查相关表求得；

$\quad\quad y_1$——壁柱上、下层梁刚度变化时，反弯点高度比的修正值，根据 α 及 k 查相关表求得；

y_2、y_3——上、下层层高变化时，反弯点高度比的修正值，根据 K 及 $\alpha_2 = h_上/h$ 或 $\alpha_3 = h_下/h$ 查相关表求得。

壁式框架的 D 值及反弯点高度确定后，就可将层剪力按各壁柱 D 值的比例分配给壁柱，再计算柱端及梁端弯矩，步骤与一般框架结构相同，可参考第 5 章。

6.7.4　位移计算

壁式框架的水平位移也是由两部分组成：梁柱

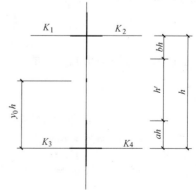

图 6.28　壁柱反弯点高度计算简图

弯曲变形产生的位移和柱轴向变形产生的位移。

梁柱弯曲变形产生的位移：

层间位移 $\Delta u_j^{\mathrm{M}} = \dfrac{V_{pj}}{\sum\limits_{m=1}^{k} D_{jm}}$ ，顶点位移 $u_n^{\mathrm{M}} = \sum\limits_{j=1}^{n} \Delta u_j^{\mathrm{M}} = \sum\limits_{j=1}^{n} \dfrac{V_{pj}}{\sum\limits_{m=1}^{k} D_{jm}}$ 。

柱轴向变形产生的侧移：

顶点位移 $u_j^{\mathrm{N}} = \dfrac{V_0 H^3}{EB^2 A_{底}} F_n$ ，层间位移 $\Delta u_j^{\mathrm{N}} = u_j^{\mathrm{N}} - u_{j-1}^{\mathrm{N}}$ 。轴向变形一般所占比例较小，可以略去不计。

6.8 剪力墙分类的判别

剪力墙结构设计时，应首先判别各片剪力墙的类型并计算其等效抗弯刚度，然后由协同工作分析计算各片剪力墙分配的荷载，最后采用相应的计算方法计算各墙肢和连梁的内力及各剪力墙的侧移。

由各类剪力墙的受力特点可知，剪力墙类别的划分应考虑两个主要因素：一个是各墙肢间的整体性，由剪力墙的整体工作系数 α 来反映；另一个是沿墙肢高度方向是否会出现反弯点，出现反弯点的层数越多，其受力性能越接近于壁式框架。

6.8.1 剪力墙的整体性

剪力墙因洞口尺寸不同而形成不同宽度的连梁和墙肢，其整体性能取决于连梁与墙肢的相对刚度，用剪力墙整体工作系数 α 来表示。$\alpha^2 = \dfrac{6H^2 \sum\limits_{i=1}^{k} \dfrac{I_{bi}^0 c_i^2}{a_i^3}}{Th \cdot \sum\limits_{i=1}^{k+1} I_i}$ ，式中，$\sum\limits_{i=1}^{k} \dfrac{I_{bi}^0 c_i^2}{a_i^3}$ 为连梁的刚度系数，其值越大，连梁的转动刚度越大，连梁对墙肢的约束作用也就越大；$\sum\limits_{i=1}^{k+1} I_i$ 为剪力墙的墙肢的惯性矩之和，反映了剪力墙本身的刚度。

当剪力墙上的洞口很大时，连梁的刚度很小而墙肢的刚度又相对较大时，α 值很小，连梁犹如铰接于墙肢的一个连杆，每一墙肢相当于一个单肢的剪力墙，这些单肢剪力墙完全承担了水平荷载，墙肢中轴力为零，各墙肢横截面上的正应力呈线性分布。反之，当剪力墙上的洞口很小，连梁的刚度很大而墙肢刚度相对较小时，α 值很大，连梁对墙肢的约束作用很强，剪力墙的整体性很好，此时的剪力墙犹如一片整体墙或整体小开口墙，在整个剪力墙的截面中，正应力呈线性分布或接近线性分布。当连梁对墙肢的约束作用介于上述两种情况之间时，其受力状态也介于上述两种情况之间，这时，剪力墙截面正应力不再呈线性分布，墙肢中局部弯曲正应力的比例增大，此时的剪力墙就是联肢剪力墙。

因此，α 值可作为剪力墙分类的判别准则之一：当 $\alpha < 1$ 时，忽略连梁的约束作用，各墙肢分别按独立墙肢考虑；当 $1 \leqslant \alpha < 10$ 时，按联肢墙；当 $\alpha \geqslant 10$ 时，可能为整体小开口墙。

整体工作系数 α 计算公式归纳如下

$$\alpha = \begin{cases} H\sqrt{\dfrac{6}{Th\sum\limits_{i=1}^{k}I_i}\sum\limits_{i=1}^{k}\dfrac{I_{bi}^0 c_i^2}{a_i^3}} & \text{（多肢墙）} \\[4ex] H\sqrt{\dfrac{6}{h(I_1+I_2)}\dfrac{I_{bi}^0 c^2}{a^3}\dfrac{I}{I_A}} & \text{（双肢墙）} \end{cases}$$

式中　T——墙肢轴向变形系数，近似取值见表 6.3。

I——剪力墙对组合截面形心的惯性矩；

I_A——各墙肢截面积对组合截面形心的面积二次矩之和，$I_A = I - \sum\limits_{i=1}^{k+1}I_i$；

I_{bi}^0——第 i 列连梁的折算惯性矩，$I_{bi}^0 = \dfrac{I_{bi}}{1+\dfrac{3\mu E_l I_{bi}}{A_{bi}Ga_i^2}}$；

H——剪力墙总高度；

$2a_i$——第 i 列连梁计算跨度，$2a_i = 2a_{i0} + \dfrac{h_b}{2}$；

$2a_{i0}$——第 i 列洞口宽度；

h_b——连梁高度；

$2c_i$——第 i 跨墙肢轴线间距离。

6.8.2　墙肢惯性矩比 I_A/I

剪力墙分类时，在一般情况下利用其整体工作系数 α 是可以说明问题的，但也有例外情况。例如，对洞口很大的壁式框架，当连梁比墙肢线刚度大很多时，则计算的 α 值也很大，表示它具有很好的整体性。因为壁式框架与整截面墙或整体小开口墙都有很大的 α 值，但从二者弯矩图分布来看，壁式框架与整截面墙或整体小开口墙是受力特点完全不同的剪力墙。所以，除根据 α 值进行剪力墙分类判别外，还应判别沿高度方向墙肢弯矩图是否会出现反弯点。

墙肢是否出现反弯点，与墙肢惯性矩的比值 I_A/I（轴向变形系数）、整体性系数 α 和层数 n 等因素有关。I_A 值（$I_A = I - \sum\limits_{i=1}^{k+1}I_i$，$I$ 为剪力墙对组合截面形心的惯性矩）反映了剪力墙截面削弱的程度，I_A 值大，说明截面削弱较多，洞口较宽，墙肢相对较弱。当 I_A 增大到某一值时，墙肢表现出框架柱的受力特点，即沿高度方向出现反弯点。因此，通常将 I_A/I 值作为剪力墙分类的第二个判别准则。判别墙肢出现反弯点时 I_A/I 的界限值用 ζ 表示，ζ 值与整体性系数 α 和层数 n 有关，当等肢或各肢相差不多时，可查表 6.5。当为不等肢墙且各肢相差很大时，可根据表 6.6 中的 S 值，按下式分别计算各肢墙的 ζ_i 值

$$\zeta_i = \frac{1}{S}\left(1 - \frac{3A_i/\sum A_i}{2NI_i/\sum I_i}\right)$$

表 6.5　系数 ζ 的数值

荷载	均布荷载					倒三角荷载				
层数 N α	8	10	12	16	20	8	10	12	16	20
10	0.832	0.897	0.945	1.000	1.000	0.887	0.938	0.974	1.000	1.000
12	0.810	0.874	0.926	0.978	1.000	0.867	0.915	0.950	0.994	1.000
14	0.797	0.858	0.901	0.957	0.993	0.833	0.901	0.933	0.976	1.000
16	0.788	0.847	0.888	0.943	0.977	0.844	0.889	0.924	0.963	0.989
18	0.781	0.838	0.879	0.932	0.965	0.837	0.881	0.913	0.953	0.978
20	0.775	0.832	0.871	0.923	0.956	0.832	0.875	0.906	0.945	0.970
22	0.771	0.827	0.864	0.917	0.948	0.828	0.871	0.901	0.939	0.964
24	0.768	0.823	0.861	0.911	0.943	0.825	0.867	0.897	0.935	0.959
26	0.766	0.820	0.857	0.907	0.937	0.822	0.864	0.893	0.931	0.956
28	0.763	0.818	0.854	0.903	0.934	0.820	0.861	0.889	0.928	0.953
≥30	0.762	0.815	0.853	0.900	0.930	0.818	0.858	0.885	0.925	0.949

表 6.6　系数 S

层数 N α	8	10	12	14	16
10	0.915	0.907	0.890	0.888	0.882
12	0.937	0.929	0.921	0.912	0.906
14	0.952	0.945	0.938	0.929	0.923
16	0.963	0.956	0.950	0.941	0.936
18	0.971	0.965	0.959	0.951	0.955
20	0.877	0.973	0.966	0.958	0.953
22	0.982	0.976	0.971	0.964	0.960
24	0.985	0.980	0.976	0.969	0.965
26	0.988	0.984	0.980	0.973	0.968
28	0.991	0.987	0.984	0.976	0.971
≥30	0.993	0.911	0.998	0.979	0.974

6.8.3　剪力墙分类的判别式

根据整体工作系数 α 和墙肢惯性矩比 I_A/I，可对剪力墙类型做判别：

1）当剪力墙无洞口，或虽有洞口但洞口面积与墙面面积之比不大于 0.16，且孔洞口净距及孔洞边至墙边距离大于孔洞长边尺寸时，按整截面墙计算。

2）当 $\alpha<1$ 时，忽略连梁的约束作用，各墙肢分别按独立墙肢计算。

3）当 $1\leqslant\alpha<10$ 时，按联肢墙计算。

4）当 $\alpha\geqslant10$，且 $I_A/I\leqslant\zeta$ 时，按整体小开口墙计算。

5）当 $\alpha\geqslant10$，且 $I_A/I>\zeta$ 时，按壁式框架计算。

6.9 剪力墙截面设计

剪力墙属于截面高度较大而厚度相对很小的"片"状构件，具有较大的承载力和平面内刚度。实体墙只有墙肢构件，开洞墙由墙肢和连梁两类构件组成，设计时应分别计算出水平荷载和竖向荷载作用下的内力，经内力组合后可进行截面的配筋计算。

6.9.1 剪力墙的延性设计

在地震区，剪力墙结构应具备必要的延性，由试验和理论分析可知影响剪力墙延性的主要因素有配筋形式及配筋率、轴向力、截面形式、混凝土强度等级、墙体开洞情况等。为了实现延性剪力墙，剪力墙的设计应符合下述原则：

1）强墙弱梁。连梁屈服先于墙肢屈服，使塑性变形和耗能分布散于连梁中，避免因墙肢过早屈服使塑性变形集中在某一层而形成软弱层或薄弱层。为了使连梁先屈服，应降低连梁的弯矩设计值，按降低后的弯矩进行配筋。

2）强剪弱弯。弯剪型变形的剪力墙，一般会在墙肢底部一定高度内屈服形成塑性铰，通过适当提高塑性铰范围及其相邻范围的抗剪承载力（剪力墙底部加强部位的剪力设计值要乘以增大系数），实现墙肢强剪弱弯，避免墙肢剪切破坏。

3）加强重点部位。通常剪力墙的底部截面弯矩最大，底部截面钢筋屈服以后，由于钢筋和混凝土的粘结力破坏，钢筋屈服的范围扩大而形成塑性铰区。同时，塑性铰区也是剪力最大的部位，斜裂缝常常在这个部位出现，且分布在一定的范围，反复荷载作用就形成交叉裂缝，可能出现剪切破坏。在塑性铰区要采取加强措施，称为剪力墙的加强部位。为保证剪力墙出现塑性铰后具有足够的延性，该范围内应当加强构造措施，提高其抗剪破坏的能力。

4）控制塑性铰的区域。一级抗震等级的剪力墙，应按照设计意图控制塑性铰的出现部位，在其他部位则应保证不出现塑性铰，因此，对一级抗震等级的剪力墙，各截面的弯矩设计值应符合下列规定：

① 底部加强部位及其上一层应按墙底截面组合弯矩计算值采用；其他部位可按墙肢组合弯矩计算值的 1.2 倍采用。

② 对于双肢剪力墙，如果有一个墙肢出现小偏心受拉，该墙肢可能会出现水平通缝而失去受剪承载力，则由荷载产生的剪力将全部转移给另一个墙肢，导致其受剪承载力不足，因此在双肢墙中墙肢不宜出现小偏心受拉。当墙肢出现大偏心受拉时，墙肢会出现裂缝，使其刚度降低，剪力将在两墙肢中进行重分配，此时，可将另一墙肢按弹性计算的弯矩设计值和剪力设计值乘以增大系数 1.25，以提高其承载力。

5）限制墙肢的轴压比和在墙肢设置边缘构件。限制墙肢的轴压比和在墙肢设置边缘构件是提高剪力墙抗震性能的重要措施。

6）连梁的特殊措施。普通配筋、跨高比小的连梁很难成为延性构件，对抗震等级高、跨高比小的连梁应采取特殊措施（设置交叉斜撑），使其成为延性构件。

6.9.2 剪力墙内力设计值的调整

一级抗震等级的剪力墙，应按照设计意图控制塑性铰的出现部位，对一级抗震等级的剪力墙底部加强部位以上部位，墙肢的组合弯矩设计值和组合剪力设计值应乘以增大系数，弯矩增大系数可取 1.2（图 6.29），剪力增大系数可取 1.3。

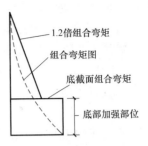

　　剪力墙底部加强区范围内的剪力设计值，一、二、三级抗震等级时应按式（6.87）调整，四级抗震等级及无地震作用组合时可不调整。

$$V = \eta_{\mathrm{vw}} V_{\mathrm{w}} \tag{6.87}$$

　　当设防烈度为 9 度时，一级剪力墙应按式（6.88）调整，二、三级的其他部位及四级时不调整。

图 6.29　一级抗震等级的剪力墙各截面弯矩的调整

$$V = 1.1 \frac{M_{\mathrm{wua}}}{M_{\mathrm{w}}} V_{\mathrm{w}} \tag{6.88}$$

式中　V——底部加强部位剪力墙截面剪力设计值；

V_{w}——底部加强部位剪力墙截面考虑地震作用组合的剪力计算；

M_{wua}——剪力墙正截面抗震受弯承载力，应考虑承载力抗震调整系数 γ_{RE}、采用实配纵筋面积、材料强度标准值和组合的轴力设计值等计算，有翼墙时应计入墙两侧各一倍翼墙厚度范围内的纵向钢筋；

M_{w}——底部加强部位剪力墙底截面弯矩的组合计算值；

η_{vw}——剪力增大系数，一级为 1.6，二级为 1.4，三级为 1.2。

6.9.3　剪力墙墙肢截面设计计算

　　在竖向力和水平力的作用下，墙肢的破坏形态与实体墙的破坏形态相同，主要有弯曲破坏、弯剪破坏、剪切破坏和滑移破坏等（图 6.30），因此，墙肢设计应进行正截面偏心受压（拉）、斜截面抗剪承载力验算和施工缝处的抗滑移验算。

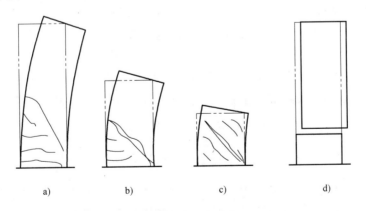

图 6.30　悬臂实体剪力墙的破坏形态
a）弯曲破坏　b）弯剪破坏　c）剪切破坏　d）滑移破坏

　　钢筋混凝土剪力墙应进行平面内的偏心受压或偏心受拉、平面外轴心受压承载力计算。在集中荷载作用下，墙内无暗柱时还应进行局部受压承载力计算。一般情况下主要验算剪力墙平面内的承载力，当平面外有较大弯矩时，还应验算平面外的受弯承载力。墙肢的控制截面一般取墙底截面以及墙厚改变、混凝土强度等级改变、配筋量改变的截面。

1. 正截面偏心受压承载力计算

矩形、T形、I形截面偏心受压剪力墙的正截面承载力的计算方法有两种，一种为按《混凝土结构设计规范》的有关规定计算，另一种为《高规》中的有关计算方法，前者运算较复杂且偏于精确，后者运算稍简单且偏于粗略。下面对《高规》中的墙肢正截面偏心受压公式做介绍。

墙肢在轴力和弯矩作用下的承载力计算与柱相似，区别在于剪力墙的墙肢除在端部配置竖向抗弯钢筋外，还在端部以外配置竖向和横向分布钢筋，计算时应考虑分布钢筋的作用，分布钢筋较细，容易受压屈曲，验算压弯承载力时不考虑受压竖向分布钢筋的作用。偏心受压正截面承载力计算时，假定在剪力墙腹板中 1.5 倍相对受压区范围之外，受拉区分布钢筋全部屈服，忽略 1.5 倍受压区范围之内分布筋作用，计算简图如图 6.31 所示。

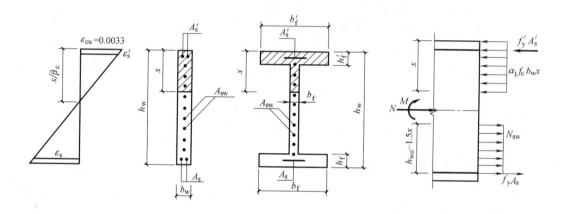

图 6.31 偏心受压正截面承载力计算简图

持久、短暂设计状况时

$$N \leqslant A'_s f'_y - A_s \sigma_s - N_{sw} + N_c \tag{6.89}$$

$$N\left(e_0 + h_{w0} - \frac{h_{w0}}{2}\right) \leqslant A'_s f'_y (h_{w0} - a'_s) - M_{sw} + M_c \tag{6.90}$$

当 $x > h'_f$ 时，中和轴在腹板中，基本公式中 N_c、M_c 由下列公式计算

$$N_c = \alpha_1 f_c b_w x + \alpha_1 f_c (b'_f - b_w) h'_f \tag{6.91}$$

$$M_c = \alpha_1 f_c b_w x \left(h_{w0} - \frac{x}{2}\right) + \alpha_1 f_c (b'_f - b_w) h'_f \left(h_{w0} - \frac{h'_f}{2}\right) \tag{6.92}$$

当 $x \leqslant h'_f$ 时，中和轴在翼缘内，基本公式中 N_c、M_c 由下式计算

$$N_c = \alpha_1 f_c b'_f x \tag{6.93}$$

$$M_c = \alpha_1 f_c b'_f x \left(h_{w0} - \frac{x}{2}\right) \tag{6.94}$$

对于混凝土受压区为矩形的其他情况，按 $b'_f = b_w$、$h'_f = 0$ 代入上述表达式进行计算。

当 $x \leqslant \xi_b h_{w0}$ 时，为大偏压，此时受拉、受压端部钢筋都达到屈服，基本公式中 σ_s、N_{sw}、M_{sw} 由下列公式计算

$$\sigma_s = f_y \tag{6.95}$$

$$N_{sw} = (h_{w0} - 1.5x) b_w f_{yw} \rho_w \tag{6.96}$$

$$M_{sw} = \frac{1}{2} (h_{w0} - 1.5x)^2 b_w f_{yw} \rho_w \tag{6.97}$$

当 $x > \xi_b h_{w0}$ 时，为小偏压，此时端部受压钢筋屈服，而受拉分布钢筋及端部钢筋均未屈服。既不考虑受压分布钢筋的作用，也不计入受拉分布钢筋的作用。基本公式中 σ_s、N_{sw}、M_{sw} 由下列公式计算

$$\sigma_s = \frac{f_y}{\xi_b - 0.8} \left(\frac{x}{h_{w0}} - \beta_c \right) \tag{6.98}$$

$$N_{sw} = 0 \tag{6.99}$$

$$M_{sw} = 0 \tag{6.100}$$

界限相对受压区高度由下式计算

$$\xi_b = \frac{\beta_c}{1 + \dfrac{f_y}{E_s \varepsilon_{cu}}} \tag{6.101}$$

式中　a'_s——剪力墙受压区端部钢筋合力点到受压区边缘的距离；

b'_f——T 形或 I 形截面受压区翼缘宽度，矩形截面时 $b'_f = b_w$；

e_0——偏心距，$e_0 = M/N$；

f_y、f'_y——剪力墙端部受拉、受压钢筋强度设计值；

f_{yw}——剪力墙墙体竖向分布钢筋强度设计值；

f_c——混凝土轴心抗压强度设计值；

h'_f——T 形或 I 形截面受压区翼缘的高度，矩形截面时 $h'_f = 0$；

h_{w0}——剪力墙截面有效高度，$h'_{w0} = h_w - a'_s$；

ρ_w——剪力墙竖向分布钢筋配筋率，$\rho_w = \dfrac{A_{sw}}{b_w h_{w0}}$，$A_{sw}$ 为剪力墙腹板竖向钢筋总配筋量；

ξ_b——界限相对受压区高度；

α_1——受压区混凝土矩形应力图的应力与混凝土轴心抗压强度设计值的比值，当混凝土强度等级不超过 C50 时取 1.0，当混凝土强度等级为 C80 时取 0.94，当混凝土强度等级在 C50 和 C80 之间时，可按线性内插取值；

β_c——混凝土强度影响系数，当混凝土强度等级不超过 C50 时取 0.8，当混凝土强度等级为 C80 时取 0.74，当混凝土强度等级在 C50 和 C80 之间时，可按线性内插取值；

ε_{cu}——混凝土极限压应变，应按现行《混凝土结构设计规范》第 6.2.1 条规定采用。

地震设计状况时，式（6.89）、式（6.90）右端应除以承载力抗震调整系数 γ_{RE}

$$N \leqslant \frac{1}{\gamma_{RE}} (A'_s f'_y A_s \sigma_s - N_{sw} + N_c) \tag{6.102}$$

$$N \left(e_0 + h_{w0} - \frac{h_w}{2} \right) \leqslant \frac{1}{\gamma_{RE}} [A'_s f'_y (h_{w0} - a'_s) - M_{sw} + M_c] \tag{6.103}$$

式中，γ_{RE}——承载力抗震调整系数，取 0.85。

对于大偏心受压情况，由于忽略了受压分布筋的有利作用，计算的受弯承载力比实际的受弯承载力低，偏于安全；对于小偏心受压情况，忽略了受压分布筋和受拉分布筋的有利作用，计算出的受弯承载力也小于实际的受弯承载力，也偏于安全。

对大偏心受压，工程设计时先给定竖向分布钢筋的截面面积 A_{sw}，对称配筋时，由式（6.89）计算 x，再确定端部钢筋面积 A_s；非对称配筋时，给定一端的配筋面积，再由公式确定另一端的钢筋面积。

对小偏心受压，非对称配筋时，先按构造要求给定一端的配筋面积，再由公式确定另一端的钢筋面积。对称配筋时，矩形截面相对受压区高度可按式（6.104）近似计算，再由基本公式确定端部钢筋面积。

$$\xi = \frac{N - \alpha_1 f_c b_w h_{w0} \xi_b}{\dfrac{Ne - 0.43\alpha_1 f_c b_w h_{w0}^2}{(0.8 - \xi_b)(h_{w0} - a')} + \alpha_1 f_c b_w h_{w0}} + \xi_b \tag{6.104}$$

2. 正截面偏心受拉承载力计算

所有正截面承载力设计的 M、N 关系可以归结为一近似的二次抛物线，正截面偏心受拉承载力可偏安全地近似用 ce 直线模拟（图 6.32），直线方程为

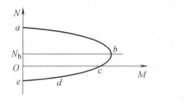
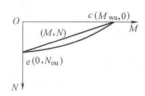

图 6.32　墙肢 *M-N* 相关关系曲线

$$\frac{N}{N_{ou}} + \frac{M}{M_{wu}} = 1$$

式中，$M = Ne_0$，整理可得

$$N = \frac{1}{\dfrac{1}{N_{ou}} + \dfrac{e_0}{M_{wu}}}$$

《高规》规定，当持久短暂设计状况时，应满足

$$N \leqslant \frac{1}{\dfrac{1}{N_{ou}} + \dfrac{e_0}{M_{wu}}} \tag{6.105}$$

当地震设计状况时，应满足

$$N \leqslant \frac{1}{\gamma_{RE}} \left(\frac{1}{\dfrac{1}{N_{ou}} + \dfrac{e_0}{M_{wu}}} \right) \tag{6.106}$$

N_{ou} 为构件轴心受拉时的承载力，对于对称配筋的剪力墙，$A_s' = A_s$，剪力墙腹板竖向分

布筋的全部截面积为 A_{sw}，则有

$$N_{ou} = 2A_s f_y + A_{sw} f_{yw} \tag{6.107}$$

M_{wu} 为墙肢纯弯时的受弯承载力，规范有以下公式

$$M_{wu} = A_s f_y (h_{w0} - a'_s) + A_{sw} f_{yw} \frac{h_{w0} - a'_s}{2} \tag{6.108}$$

值得说明的是，式（6.108）中右侧第二项假定墙肢腹板钢筋全部受拉屈服并将其对受压钢筋合力点取矩，这样将导致受弯承载力的虚假增大，使计算结果偏不安全。

在抗震设计的双肢剪力墙中，其墙肢不宜出现小偏心受拉，因为如果双肢剪力墙中一个墙肢出现小偏心受拉，该墙肢可能会出现水平通缝而使混凝土失去抗剪能力，该水平通缝同时降低该墙肢的刚度，从而由荷载产生的剪力将绝大部分转移到另一个墙肢而导致其抗剪承载力不足，该情况应在设计时予以避免。当任一墙肢出现大偏心受拉时，墙肢易出现裂缝，使其刚度降低，剪力将在墙肢中重分配，此时，可将另一墙肢按弹性计算的弯矩设计值及剪力设计值乘以增大系数 1.25，以提高其抗剪承载力，由于地震力是双向的，故应对两个墙肢同时进行加强。

3. 斜截面受剪承载力计算

当墙肢剪跨比较大、无横向钢筋或横向钢筋很少时，可能发生剪拉破坏。竖向钢筋锚固不好时也会发生类似的破坏，避免措施是配置必需的腹筋；当墙肢截面尺寸小、剪压比过大时，宜发生斜压破坏，因此应限制截面的剪压比。墙肢剪切破坏的特征是首先出现水平裂缝或细的倾斜裂缝，水平力增加，出现一条主要斜裂缝，并延伸扩展，混凝土受压区减小，最后斜裂缝尽端的受压区混凝土在剪应力和压应力共同作用下破坏，横向钢筋屈服。在剪力墙设计时，通过构造措施防止发生剪拉破坏和斜压破坏，通过计算确定墙中的水平分布钢筋，防止发生剪切破坏。

（1）偏心受压剪力墙斜截面受剪承载力计算　对偏心受压构件，轴向压力可提高其受剪承载力，但当压力增大到一定程度后，对抗剪的有利作用减小，因此对轴向压力的取值应加以限制。

剪力墙在偏心受压时的斜截面受剪承载力，应按下列公式计算：

持久、短暂设计状况时

$$V \leqslant \frac{1}{\lambda - 0.5}\left(0.5f_t b_w h_{w0} + 0.13N \frac{A_w}{A}\right) + f_{yh} \frac{A_{sh}}{s} h_{w0} \tag{6.109}$$

地震设计状况时

$$V \leqslant \frac{1}{\gamma_{RE}}\left[\frac{1}{\lambda - 0.5}\left(0.4f_t b_w h_{w0} + 0.1N \frac{A_w}{A}\right) + 0.8f_{yh} \frac{A_{sh}}{s} h_{w0}\right] \tag{6.110}$$

式中　N——剪力墙的轴向压力设计值，当大于 $0.2f_c b_w h_w$ 时，取等于 $0.2f_c b_w h_w$；

A——剪力墙墙肢全截面面积；

A_w——T 形或 I 形截面剪力墙腹板面积，矩形截面取 A_w 等于 A；

λ——计算截面处的剪跨比，$\lambda = \dfrac{M}{V h_{w0}}$，$\lambda$ 小于 1.5 时应取 1.5，λ 大于 2.2 时应取 2.2，当计算截面与墙底之间的距离小于 $0.5h_{w0}$ 时，λ 应按距墙底 $0.5h_{w0}$ 处的弯矩值和剪力值计算；

s——剪力墙水平分布钢筋间距;

f_t——混凝土抗拉强度设计值;

f_{yh}——水平分布钢筋强度设计值;

A_{sh}——同一截面剪力墙的水平分布钢筋的全部截面面积。

(2) 偏心受拉剪力墙斜截面受剪承载力计算

偏心受拉构件中,考虑了轴向拉力的不利影响,轴力项取负值。剪力墙在偏心受拉时的斜截面受剪承载力,应按下列公式计算:

持久、短暂设计状况时

$$V \leqslant \frac{1}{\lambda - 0.5}\left(0.5f_t b_w h_{w0} - 0.13N\frac{A_w}{A}\right) + f_{yh}\frac{A_{sh}}{s}h_{w0} \qquad (6.111)$$

当公式右边计算值小于 $f_{yh}\dfrac{A_{sh}}{s}h_{w0}$ 时,应取等于 $f_{yh}\dfrac{A_{sh}}{s}h_{w0}$。

地震设计状况时

$$V \leqslant \frac{1}{\gamma_{RE}}\left[\frac{1}{\lambda - 0.5}\left(0.4f_t b_w h_{w0} - 0.1N\frac{A_w}{A}\right) + 0.8f_{yh}\frac{A_{sh}}{s}h_{w0}\right] \qquad (6.112)$$

当公式右边计算值小于 $0.8f_{yh}\dfrac{A_{sh}}{s}h_{w0}$ 时,取等于 $0.8f_{yh}\dfrac{A_{sh}}{s}h_{w0}$。

4. 施工缝的抗滑移计算

抗震等级为一级的剪力墙,要防止水平施工缝处发生滑移。考虑了摩擦力的有利影响后,验算水平施工缝处的竖向钢筋是否足以抵抗水平剪力。已配置的端部和分布竖向钢筋不够时,可设置附加插筋,附加插筋在上、下层剪力墙中都要有足够的锚固长度。其受剪承载力应符合下列要求

$$V_{wj} \leqslant \frac{1}{\gamma_{RE}}(0.6f_y A_s + 0.8N) \qquad (6.113)$$

式中　　V_{wj}——剪力墙施工缝处的剪力设计值;

　　　　A_s——施工缝处剪力墙腹板内的竖向分布钢筋和边缘构件竖向钢筋总截面面积(不包括两侧翼墙),以及在墙体中有足够锚固长度的附加竖向插筋面积;

　　　　f_y——竖向钢筋抗拉强度设计值;

　　　　N——水平施工缝处考虑地震作用组合的轴向力设计值,压力取正值,拉力取负值。

5. 平面外轴心受压承载力验算

剪力墙平面外轴心受压承载力应按下式验算

$$N \leqslant 0.9\varphi(f_c A + f_y' A_s') \qquad (6.114)$$

式中　　A_s'——取全部竖向钢筋的截面面积;

　　　　φ——稳定系数,在确定稳定系数时平面外计算长度可按层高取;

　　　　N——计算截面最大轴压力设计值。

6.9.4　剪力墙墙肢构造要求

1. 剪力墙的厚度和混凝土强度等级

剪力墙的厚度和混凝土强度等级一般根据结构的刚度和承载力要求确定,墙厚还应考虑

平面外稳定、开裂、减轻自重、轴压比的要求等因素。

剪力墙结构混凝土强度等级不应低于C20；带有筒体和短肢剪力墙的剪力墙结构的混凝土强度等级不应低于C25；抗震设计时也不宜高于C60。

为保证剪力墙出平面的刚度和稳定性能，《高规》规定了剪力墙截面的最小厚度，见表6.7。

当墙平面外有与其相交的剪力墙时，可视为剪力墙的支承，有利于保证剪力墙出平面的刚度和稳定性能，因而可在层高及无支长度二者中取较小值计算剪力墙的最小厚度。无支长度是指沿剪力墙长度方向没有平面外横向支承墙的长度。

表6.7　剪力墙截面最小厚度

抗震等级	剪力墙部位	最小厚度	
		有端柱或翼墙/mm	一字独立墙/mm
一、二级	底部加强部位	200	220
	其他部位	160	180
三、四级	底部加强部位	180	180
	其他部位	160	160
非抗震设计		160	160

注：剪力墙井筒中分隔电梯井或管道井的墙肢截面厚度可适当减小，但不宜小于160mm。

2. 剪力墙墙肢最小截面尺寸（剪压比限制）

为了使剪力墙不发生斜压破坏，首先必须保证墙肢截面尺寸和混凝土强度不致过小，只有这样才能使配置的水平钢筋能够屈服并发挥预想的作用。《高规》规定：

持久、短暂设计状况

$$V_w \leqslant 0.25\beta_c f_c b_w h_{w0} \tag{6.115}$$

地震设计状况

剪跨比 $\lambda > 2.5$ 时

$$V_w \leqslant \frac{1}{\gamma_{RE}}(0.20\beta_c f_c b_w h_{w0}) \tag{6.116}$$

剪跨比 $\lambda \leqslant 2.5$ 时

$$V_w \leqslant \frac{1}{\gamma_{RE}}(0.15\beta_c f_c b_w h_{w0}) \tag{6.117}$$

式中　V_w——剪力墙截面剪力设计值，应经过调整增大；

　　　h_{w0}——剪力墙截面有效高度；

　　　β_c——混凝土强度影响系数。当混凝土强度等级不大于C50时取1.0，当混凝土强度等级为C80时取0.8，当混凝土强度等级在C50至C80之间时可按线性内插取用；

　　　λ——计算截面处的剪跨比，即 $M^c/(V^c h_{w0})$，其中 M^c、V^c 应分别取与 V_w 同一组合的、未按规程的有关规定进行调整的弯矩和剪力计算值。

3. 剪力墙轴压比限值

当偏心受压剪力墙轴力较大时，截面受压区高度增大，其延性降低。为了保证在地震作用下钢筋混凝土剪力墙具有足够的延性，《高规》规定，抗震设计时，一、二、三级剪力墙墙肢，在重力荷载代表值作用下的轴压比 μ_N 不宜超过表6.8的限值。

表 6.8　剪力墙墙肢轴压比限值

等级或烈度	一级(9 度)	一级(7、8 度)	二、三级
轴压比限值	0.4	0.5	0.6

注：墙肢轴压比指重力荷载代表值作用下墙肢承受的轴压力设计值 N 与墙肢的全截面面积 A_w 和混凝土轴心抗压强度设计值 f_c 乘积之比，$\mu_N = N/(f_c A_w)$。

延性系数不仅与轴向压力有关，还与截面的形状有关。在相同的轴向压力作用下，带翼缘的剪力墙延性较好，一字形截面剪力墙最为不利，上述规定没有区分 I 形、T 形及一字形截面，因此，设计时对一字形截面剪力墙墙肢应从严掌握其轴压比。

4. 剪力墙边缘构件

剪力墙两端和洞口两侧应设置边缘构件（暗柱、明柱、翼柱）。研究表明，剪力墙的边缘构件由于横向钢筋的约束，可提高混凝土极限压应变，改善混凝土的受压性能，增大延性。约束边缘构件箍筋较多，对混凝土约束较强，因而混凝土有较大的变形能力；构造边缘构件的箍筋较少，对混凝土约束程度较差。

一、二、三级抗震等级剪力墙底层墙肢底截面的轴压比大于表 6.9 规定时，以及部分框支剪力墙中的剪力墙，应在底部加强部位及相邻的上一层设置约束边缘构件。

除上述所列部位外，剪力墙应设置构造边缘构件；B 级高层建筑的剪力墙，宜在约束边缘构件层与构造边缘构件层之间设置 1~2 层的过渡层，过渡层边缘构件的构造要求可低于约束边缘构件，但应高于构造边缘构件。

表 6.9　剪力墙可不设约束边缘构件的最大轴压比

等级或烈度	一级(9 度)	一级(7、8 度)	二、三级
轴压比限值	0.1	0.2	0.3

（1）约束边缘构件设计。剪力墙约束边缘构件的主要措施是加大边缘构件的长度及其体积配箍率（图 6.33），约束边缘构件的设计应符合下列要求：

1）约束边缘构件沿墙肢的长度 l_c 和配箍特征值 λ_v 应符合表 6.10 的要求，其体积配箍率 ρ_v 应按下式计算

$$\rho_v = \lambda_v \frac{f_c}{f_{yv}} \qquad (6.118)$$

式中　ρ_v——箍筋体积配箍率，可计入箍筋、拉筋及符合构造要求的水平分布钢筋，计入的水平分布钢筋的体积配箍率不应大于总体积配箍率的 30%；

　　　λ_v——约束边缘构件的配箍特征值；

　　　f_c——混凝土轴心抗压强度设计值，混凝土强度低于 C35 时，应按 C35 计算；

　　　f_{yv}——箍筋、拉筋或水平分布钢筋的抗拉强度设计值。

表 6.10　约束边缘构件范围及配筋要求

项目	一级(9 度)		一级(7、8 度)		二、三级	
	$\mu_N \leqslant 0.2$	$\mu_N > 0.2$	$\mu_N \leqslant 0.3$	$\mu_N > 0.3$	$\mu_N \leqslant 0.4$	$\mu_N > 0.4$
l_c(暗柱)	$0.2h_w$	$0.25h_w$	$0.15h_w$	$0.20h_w$	$0.15h_w$	$0.20h_w$
l_c(翼墙和端柱)	$0.15h_w$	$0.20h_w$	$0.10h_w$	$0.15h_w$	$0.10h_w$	$0.15h_w$

（续）

项目	一级（9度）		一级（7、8度）		二、三级	
	$\mu_N \leqslant 0.2$	$\mu_N > 0.2$	$\mu_N \leqslant 0.3$	$\mu_N > 0.3$	$\mu_N \leqslant 0.4$	$\mu_N > 0.4$
λ_v	0.12	0.20	0.12	0.20	0.12	0.20
纵向钢筋（取较大值）	$0.012A_c$，$8\phi16$		$0.012A_c$，$8\phi16$		$0.010A_c$，$6\phi16$（三级 $6\phi14$）	
箍筋或拉筋沿竖向的间距	100mm		100mm		150mm	

注：1. μ_N 为约束边缘构件的配箍特征值，h_w 为剪力墙墙肢长度。

2. 剪力墙翼墙长度小于其厚度 3 倍或端柱截面边长小于墙厚的 2 倍时，按无翼墙或无端柱查表，端柱有集中荷载时，配筋构造尚应满足与墙相同抗震等级框架柱的要求。

3. l_c 为约束边缘构件沿墙肢方向的长度，对暗柱不应小于墙厚和 400mm 的较大值，有翼墙或端柱时，不应小于翼墙厚度或端柱沿墙肢方向截面高度加 300mm。

2）约束边缘构件阴影部分（图 6.33）的竖向钢筋除应满足正截面受压（受拉）承载力计算要求外，还应满足表 6.10 要求；约束边缘构件中箍筋或拉筋沿竖向的间距应满足表 6.10 要求。箍筋、拉筋沿水平方向的肢距不宜大于 300mm，不应大于竖向钢筋间距的 2 倍。

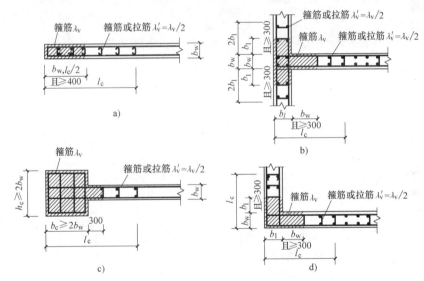

图 6.33　剪力墙的约束边缘构件

a）暗柱　b）有翼墙　c）有端柱　d）转角墙（L 形墙）

（2）构造边缘构件设计。剪力墙构造边缘构件的范围宜按图 6.34 中阴影部分采用，其竖向钢筋最小配筋率应满足表 6.11 的规定，并应符合下列要求：

1）竖向钢筋应满足正截面受压（受拉）承载力计算要求。

2）当端柱承受集中荷载时，其竖向钢筋、箍筋直径和间距应满足框架柱的相应要求。

3）箍筋、拉筋沿水平方向的肢距不宜大于 300mm，不应大于竖向钢筋间距的 2 倍。

4）抗震设计时，对于连体结构、错层结构以及 B 级高度的剪力墙结构中的剪力墙（筒体），由于剪力墙（筒体）比较重要或者房屋高度较高，故其构造边缘构件的最小配筋率应适当加强，其构造边缘构件的最小配筋应满足下列要求：竖向钢筋最小配筋率应比表 6.11 中数值提高 $0.010A_c$ 采用；箍筋的配箍范围应取图 6.34 中的阴影部分，配箍特征值 λ_v 不宜小于 0.1。

5）非抗震设计的剪力墙，墙肢端部应配置不小于的 4 Φ 12 纵筋，箍筋直径不应小于 6 mm，间距不宜大于 250mm。

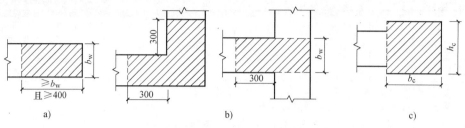

图 6.34 剪力墙的构造边缘构件范围

a）暗柱　b）翼柱　c）端柱

表 6.11 剪力墙构造边缘构件的最小配筋率要求

抗震等级	底部加强部位			其他部位		
	竖向钢筋最小量（取较大值）	箍筋		竖向钢筋最小量（取较大值）	箍筋或拉筋	
		最小直径 /mm	沿竖向最大间距 /mm		最小直径 /mm	沿竖向最大间距 /mm
一级	$0.010A_c, 6\phi16$	8	100	$0.008A_c, 6\phi14$	8	150
二级	$0.008A_c, 6\phi14$	8	150	$0.006A_c, 6\phi12$	8	200
三级	$0.006A_c, 6\phi12$	6	150	$0.005A_c, 4\phi12$	6	200
四级	$0.005A_c, 4\phi12$	6	200	$0.004A_c, 4\phi12$	6	250

注：1. A_c 为计算边缘构件纵向构造钢筋的暗柱或端柱面积，即图 6.34 中剪力墙截面的阴影部分。
　　2. 符号 ϕ 表示钢筋直径。
　　3. 其他部位的拉筋，水平间距不应大于纵筋间距的 2 倍，转角处宜采用箍筋。
　　4. 当端柱承受集中荷载时，其纵向钢筋、箍筋直径和间距应满足柱的相应要求。

5. 剪力墙截面的分布钢筋

为了保证剪力墙能够有效地抵抗平面外的各种作用，同时，由于剪力墙的厚度较大，为防止混凝土表面出现收缩裂缝，高层剪力墙中竖向和水平分布钢筋不应采用单排配筋。当剪力墙截面厚度 $b \leqslant 400mm$ 时，可采用双排配筋；当 $b_w > 400mm$，但 $b_w \leqslant 700mm$ 时，宜采用三排配筋；当 $b_w > 700mm$ 时，宜采用四排配筋。受力钢筋可均匀分布成数排。

剪力墙截面分布钢筋的配筋率按下式计算

$$\rho_{sw} = \frac{A_{sw}}{b_w s}, \quad \rho_{sh} = \frac{A_{sh}}{b_w s} \tag{6.119}$$

式中　ρ_{sw}、ρ_{sh}——竖向和水平方向分布钢筋的配筋率；

A_{sw}、A_{sh}——间距 s 范围内配置在同一截面内的竖向或水平分布钢筋各肢面积之和。

为了防止剪力墙在受弯裂缝出现后立即达到极限受弯承载力、防止斜裂缝出现后发生脆性破坏，剪力墙竖向和水平向分布钢筋配筋率，一、二、三级时均不应小于 0.25%，四级和非抗震设计时均不应小于 0.20%。

竖向和水平向分布钢筋的间距不宜大于 300mm，直径不应小于 8mm。为了保证分布钢筋具有可靠的混凝土握裹力，剪力墙竖向、水平向分布钢筋的直径不宜大于墙肢截面厚度的 1/10。

对墙体受力不利和受温度影响较大的部位，主要包括房屋顶层的剪力墙、长矩形平面房屋的楼梯间和电梯间的剪力墙、端开间纵向剪力墙及端山墙等温度应力较大的部位，应适当增大其分布钢筋的配筋量，以抵抗温度应力的不利影响，竖向和水平向分布钢筋的配筋率均不应小于 0.25%。

6. 剪力墙钢筋的锚固和连接

非抗震设计时，剪力墙纵向钢筋锚固长度应取为 l_a；抗震设计时，剪力墙纵向钢筋最小锚固长度应取 l_{aE}。

剪力墙竖向及水平向分布钢筋的搭接连接如图 6.35 所示，一级、二级抗震等级剪力墙的底部加强部位，接头位置应错开，同一截面连接钢筋的数量不宜超过总数量的 50%，错开的净距不宜小于 500mm；其他情况剪力墙的钢筋可在同一截面连接。分布钢筋的搭接长度，非抗震设计时，不应小于 $1.2l_a$；抗震设计时，不应小于 $1.2l_{aE}$。

暗柱及端柱内纵向钢筋连接和锚固要求宜与框架柱相同。

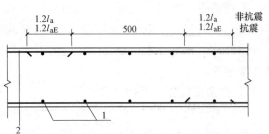

图 6.35　剪力墙分布钢筋的搭接连接

1—竖向分布钢筋；2—水平向分布钢筋

6.9.5　梁截面设计与构造要求

剪力墙开洞形成的跨高比较小的连梁，竖向荷载作用下的弯矩所占比例较小，水平荷载作用下产生的反弯使其对剪切变形十分敏感，容易出现剪切斜裂缝（图 6.36）。《高规》规定，对剪力墙开洞形成的跨高比小于 5 的连梁，应按本节的方法计算，否则，宜按框架梁进行设计。

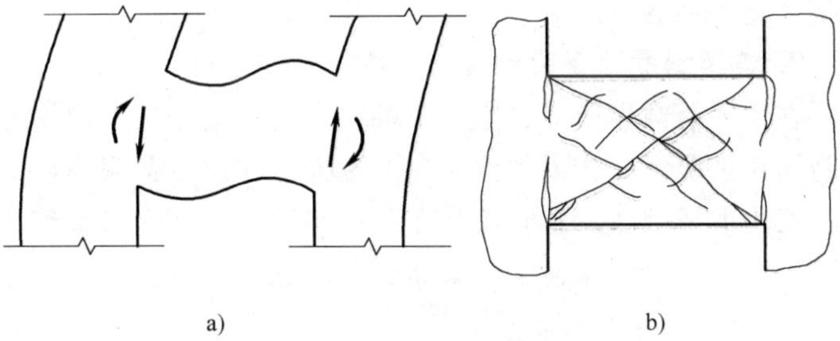

图 6.36　剪力墙分布钢筋的搭接连接

a）变形图　b）裂缝图

1. 连梁剪力设计值

为了实现连梁的强剪弱弯，推迟剪切破坏，提高其延性，应将连梁的剪力设计值进行调整，即将连梁的剪力设计值乘以增大系数。

非抗震设计以及四级抗震等级剪力墙的连梁，应分别取考虑水平风荷载、水平地震作用效应组合的剪力设计值；

一、二、三级抗震等级剪力墙的连梁，其梁端截面组合的剪力设计值应按式（6.120）进行调整；9 度时一级剪力墙的连梁应按实际抗弯配筋反算该增大系数，见式（6.121）。

$$V = \eta_{vb} \frac{M_b^l + M_b^r}{l_n} + V_{Gb} \tag{6.120}$$

$$V = 1.1(M_{bua}^l + M_{bua}^r) / l_n + V_{Gb} \tag{6.121}$$

式中　M_b^l、M_b^r——梁左、右端截面顺时针或逆时针方向的弯矩设计值；

M_{bua}^l、M_{bua}^r——连梁左、右端截面顺时针或逆时针方向实配的抗震受弯承载力所对应的弯矩值，应按实配钢筋面积（计入受压钢筋）和材料强度标准值并考虑承载力抗震调整系数计算；

l_n——连梁的净跨；

V_{Gb}——在重力荷载代表值作用下，按简支梁计算的梁端截面剪力设计值；

η_{vb}——连梁剪力增大系数，一级取 1.3，二级取 1.2，三级取 1.1。

上述剪力调整时，由竖向荷载引起的剪力 V_{Gb} 可按简支梁计算的原因有二：一是对于连梁尚未完全开裂时，由于连梁两侧支座情况基本一致，按两端简支与按两端固支的计算结果是一致的；二是对于连梁开裂以后的情况，按两端简支计算竖向荷载引起的剪力与实际情况是基本相符的。

2. 连梁正截面承载力计算

连梁的正截面受弯承载力可按一般受弯构件的要求计算。由于连梁通常都采用对称配筋（$A_s = A_s'$，图 6.37），受压区很小，忽略混凝土的受压区贡献，通常采用简化计算公式

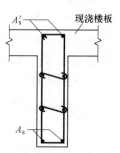

$$M \leqslant f_y A_s (h_{b0} - a_s') \tag{6.122}$$

式中　A_s——纵向受拉钢筋面积；

h_{b0}——连梁截面有效高度；

a_s'——纵向受压钢筋合力点至截面近边的距离。

图 6.37　剪力墙连梁截面配筋图

地震设计状况时，仍按式（6.122）计算，但其右端应除以承载力抗震调整系数 γ_{RE}。

3. 连梁斜截面受剪承载力计算

在水平荷载作用下，连梁两端的弯矩方向相反，剪切变形大，易出现剪切裂缝。尤其在小跨高比情况下，连梁的剪切变形更大。在反复荷载作用下，斜裂缝会很快扩展到全对角线上，发生剪切破坏，有时还会在梁的端部发生剪切滑移破坏。因此，在地震作用下，连梁的抗剪承载力会降低。连梁斜截面受剪承载力计算公式：

持久、短暂设计状况　　　　　$$V_b \leqslant 0.7 f_t b_b h_{b0} + f_{yv} \frac{A_{sv}}{s} h_{b0} \tag{6.123}$$

地震设计状况

跨高比大于 2.5 时　　　　$$V \leqslant \frac{1}{\gamma_{RE}} \left(0.42 f_t b_b h_{b0} + f_{yv} \frac{A_{sv}}{s} h_{b0} \right) \tag{6.124}$$

跨高比不大于 2.5 时

$$V \leqslant \frac{1}{\gamma_{RE}} \left(0.38 f_t b_b h_{b0} + 0.9 f_{yv} \frac{A_{sv}}{s} h_{b0} \right) \tag{6.125}$$

式中　V——调整后的连梁剪力设计值；

b_b——连梁截面宽度；

其余符号同前。

4. 连梁受剪截面尺寸要求（剪压比验算）

连梁对剪力墙结构的抗震性能有较大的影响。研究表明，若连梁截面的平均剪应力过大，箍筋就不能充分发挥作用，连梁就会发生剪切破坏，尤其是连梁跨高比较小的情况。为

此，应限制连梁截面的平均剪应力。连梁截面尺寸应符合：

持久、短暂设计状况　　　　　　　$V \leqslant 0.25\beta_c f_c b_b h_{b0}$　　　　　　　　（6.126）

地震设计状况

跨高比大于 2.5 时　　　　　　$V \leqslant \dfrac{1}{\gamma_{RE}}(0.20\beta_c f_c b_b h_{b0})$　　　　　（6.127）

跨高比不大于 2.5 时　　　　　$V \leqslant \dfrac{1}{\gamma_{RE}}(0.15\beta_c f_c b_b h_{b0})$　　　　　（6.128）

当连梁不满足式（6.126）~式（6.128）的要求，可做如下处理：

1）减小连梁截面高度，加大连梁截面宽度或采取其他减少连梁刚度的措施。

2）抗震设计剪力墙连梁的弯矩和剪力设计值可进行调幅，以降低其剪力设计值。弯矩调幅的方法有两种：在内力计算前，对连梁的刚度进行折减，折减幅度不宜超过 0.5；或内力计算后，将连梁的弯矩和剪力组合值乘以折减系数，一般调幅后的弯矩不小于调幅前弯矩的 0.8（6、7 度）和 0.5（8、9 度）。同时，其他部位的连梁和墙肢的弯矩设计值应适当提高，以补偿静力平衡。两种方法的效果都是减少连梁内力和配筋，无论采用哪种方法，连梁调幅后的弯矩、剪力设计值不应低于使用状况下的值。

3）当连梁破坏对承受竖向荷载无明显影响时，可考虑该连梁不参与工作，按独立墙肢的计算简图进行第二次多遇地震作用下的内力分析，墙肢应按两次计算的较大内力值计算配筋。

5. 连梁的构造要求

为防止斜裂缝出现后连梁的脆性破坏，除了满足剪压比要求，加大其箍筋配置外，还可通过一些特殊的构造要求来保证，如钢筋锚固、箍筋加密区范围、腰筋配置等。连梁的配筋（图 6.38）应满足下列要求：

1）连梁顶面、底面纵向受力钢筋伸入墙内的锚固长度，抗震设计时不应小于 l_{aE}，非抗震设计时不应小于 l_a，且伸入墙内长度不应小于 600mm。

2）抗震设计时，沿连梁全长箍筋的构造要求应按框架梁梁端加密区箍筋构造要求采用；非抗震设计时，沿连梁全长箍筋直径不应小于 6mm，间距不大于 150mm。

3）在顶层连梁纵向钢筋伸入墙体的长度范围内，应配置间距不大于 150mm 的构造箍筋，构造箍筋直径与该连梁的箍筋直径相同。

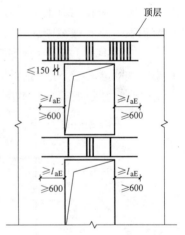

图 6.38　连梁配筋构造示意图

4）连梁高度范围内的墙肢水平分布钢筋应在连梁内拉通，作为连梁的腰筋；当连梁截面高度大于 700mm 时，其两侧面沿梁高范围设置的纵向构造钢筋（腰筋）的直径不应小于 8mm，间距不应大于 200mm；对跨高比不大于 2.5 的连梁，梁两侧的纵向构造钢筋（腰筋）的面积配筋率应不低于 0.3%。

5）跨高比不大于 1.5 的连梁，非抗震设计时其纵向钢筋的最小配筋率可取 0.2%；抗震设计时其纵向钢筋的最小配筋率应符合表 6.12 要求。跨高比大于 1.5 的连梁，其纵向钢筋的最小配筋率可按框架梁要求采用。

表 6.12　连梁纵向钢筋的最小配筋率　　　　　　　　　（单位：%）

跨高比	最小配筋率（采用较大值）
$l/h_b \leqslant 0.5$	$0.20, 45f_y/f_t$
$0.5 < l/h_b \leqslant 1.5$	$0.25, 55f_y/f_t$

6）非抗震设计时，连梁顶面、底面及单侧纵向钢筋的最大配筋率不宜大于 2.5%；抗震设计时连梁顶面、底面及单侧纵向钢筋的最大配筋率应符合表 6.13 要求。否则应按实配钢筋进行连梁强剪弱弯验算。

表 6.13　连梁纵向钢筋的最大配筋率　　　　　　　　　（单位：%）

跨高比	最大配筋率
$l/h_b \leqslant 1.0$	0.60
$1.0 < l/h_b \leqslant 2.0$	1.20
$2.0 < l/h_b \leqslant 2.5$	1.50

6.9.6　剪力墙墙面和连梁上开洞处理

由于布置管道的需要，有时需在连梁上开洞，在设计时需对削弱的连梁采取加强措施和对开洞处的截面进行承载力验算，并应满足下列要求：

1）当剪力墙墙面开有非连续小洞口（其各边长度小于 800mm），且在整体计算中不考虑其影响时，应在洞口上、下和左、右两边配置补强钢筋，补强钢筋直径不应小于 12mm，截面面积不应小于被截断的水平分布钢筋和竖向分布钢筋的面积（图 6.39a）。

2）穿过连梁的管道宜预埋套管，洞口上、下的截面有效高度不宜小于梁高的 1/3，且不宜小于 200mm；被洞口削弱的截面应进行承载力计算，洞口处应配置补强纵筋和箍筋（图 6.39b），补强钢筋直径不应小于 12mm。

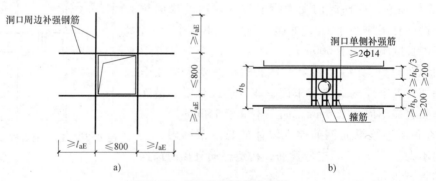

图 6.39　洞口补强配筋示意图

【例 6-1】　某 19 层剪力墙总高度 38m，墙厚 200mm，承受水平均布荷载 $q = 20$kN/m，有关尺寸如图 6.40 所示。已知 $E = 25.5 \times 10^6$kN/m²，$G/E = 0.42$，试计算剪力墙顶点水平位移。

【解】　（1）判断剪力墙类型。

开洞率：$\dfrac{墙面开洞面积}{墙面总面积} = \dfrac{10 \times 1 \times 1.8\text{m}^2}{7 \times 38\text{m}^2} = 0.067 < 0.16$

孔洞间净距 = 2m，孔洞到墙边的净距分别为 2m 和 4m，二者均大于洞口长边尺寸 1.8m，所以该片剪力墙为整体墙。

（2）计算几何参数。

设剪力墙开洞横截面的形心距左边缘为 x_0，则

$$x_0 = \frac{0.2 \times 2 \times 1 + 0.2 \times 4 \times 5}{0.2 \times 2 + 0.2 \times 4}\text{m} = 3.667\text{m}$$

开洞横截面对其形心轴的惯性矩为

$$I_0 = \frac{1}{12} \times 0.2 \times 2^3\text{m}^4 + \frac{1}{12} \times 0.2 \times 4^3\text{m}^4 + 0.2 \times 2 \times$$
$$(3.667-1)^2\text{m}^4 + 0.2 \times 4 \times (5-3.667)^2\text{m}^4$$
$$= 5.467\text{m}^4$$

无洞口横截面对其形心轴的惯性矩为

$$I_0 = \frac{1}{12} \times 0.2 \times 7^3\text{m}^4 = 5.717(\text{m}^4)$$

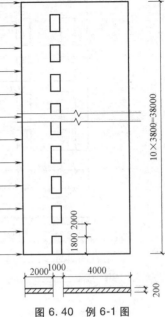

图 6.40　例 6-1 图

等效截面面积　$A_q = \left(1 - 1.25\sqrt{\dfrac{A_d}{A_0}}\right)A$

$$= \left(1 - 1.25\sqrt{\frac{10 \times 1 \times 1.8}{7 \times 38}}\right) \times 0.2 \times 7\text{m}^2 = 0.945\text{m}^2$$

等效惯性矩　$I_q = \dfrac{\displaystyle\sum_{i=1}^{20} I_i h_i}{H} = \dfrac{5.717 \times 20 + 5.467 \times 18}{38}\text{m}^4 = 5.6\text{m}^4$

（3）计算剪力墙等效刚度及顶点水平位移。

等效抗弯刚度　$EI_{eq} = \dfrac{EI_q}{\left(1 + \dfrac{4\mu EI_q}{H^2 GA_q}\right)} = \dfrac{5.6 \times 25.5 \times 10^6}{1 + \dfrac{4 \times 1.2 \times 5.6}{38^2 \times 0.42 \times 0.945}}\text{kN} \cdot \text{m}^2 = 1.3643 \times 10^8\text{kN} \cdot \text{m}^2$

顶点水平位移　$u = \dfrac{1}{8}\dfrac{V_0 H^3}{EI_{eq}} = \dfrac{1}{8} \times \dfrac{18 \times 38 \times 38^3}{1.3643 \times 10^8}\text{m} = 0.0343\text{m}$

【例 6-2】　某 15 层剪力墙，总高 42.4m，有关尺寸如图 6.41 所示，水平地震作用下各层受力情况见图，$G = 0.4E$。试求墙肢内力和顶部位移。

【解】　（1）判断剪力墙类型。

1）墙肢截面几何参数计算。

各墙肢惯性矩

$$I_1 = \frac{0.16 \times 0.58^3}{12}\text{m}^4 = 0.0026\text{m}^4，\quad I_2 = \frac{0.16 \times 2.34^3}{12}\text{m}^4 = 0.1708\text{m}^4，\quad I_3 = \frac{0.16 \times 5.38^3}{12}\text{m}^4 = 2.0763\text{m}^4$$

墙肢形心至左端的距离

$$Y_c = \frac{\sum A_i Y_i}{\sum A_i} = \frac{0.0928 \times 0.29 + 0.3744 \times 2.65 + 0.8608 \times 7.51}{1.328}\text{m} = 5.64\text{m}$$

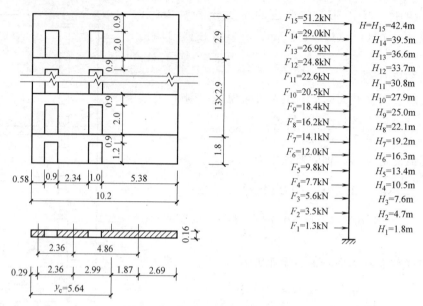

图 6.41　例 2 图（尺寸单位：m）

组合截面惯性矩

$$I = \sum_{i=1}^{3}(I_i + A_i y_i^2) = (0.0026+0.0928\times5.35^2)\,m^4 + (0.1708+0.3744\times2.99^2)\,m^4 +$$

$$(2.0763+0.8608\times1.87^2)\,m^4 = 11.2932\,m^4$$

$$I_A = I - \sum I_i = (11.2932-2.2497)\,m^4 = 9.0435\,m^4$$

2）连梁几何参数计算。

计算跨度　　$2a_1 = \left(0.9+\dfrac{0.9}{2}\right)m = 1.35m$,　　$2a_2 = \left(1.0+\dfrac{0.9}{2}\right)m = 1.45m$

轴线跨度　　　　　　$2c_1 = 2.36m$,　　$2c_2 = 4.86m$

惯性矩　　　　　　　$I_{bi} = \dfrac{0.16\times0.9^3}{12}\,m^4 = 0.00972\,m^4$

折算惯性矩　　$\tilde{I}_{b1} = \dfrac{I_{b1}}{1+\dfrac{9\mu E I_{b1}}{G A_{b1} a_1^2}} = \dfrac{0.00972}{1+\dfrac{9\times1.2\times0.00972}{0.4\times0.144\times0.675^2}}\,m^4 = 0.00433\,m^4$

$$\tilde{I}_{b2} = \dfrac{I_{b2}}{1+\dfrac{9\mu E I_{b2}}{G A_{b2} a_2^2}} = \dfrac{0.00972}{1+\dfrac{9\times1.2\times0.00972}{0.42\times0.144\times0.725^2}}\,m^4 = 0.00468\,m^4$$

将有关计算参数列入表 6.14。

整体性系数　$\alpha = H\sqrt{\dfrac{6}{Th\sum I_i}\sum\dfrac{\tilde{I}_{bi}c_i^2}{a_i^3}} = 42.4\sqrt{\dfrac{6}{0.8\times2.9\times2.2497}\times0.09212} = 13.79 > 10$

墙肢惯性矩比值　$\dfrac{I_A}{I} = \dfrac{9.0435}{11.2932} = 0.8 < \zeta$（查表得 $\zeta \approx 0.97$）

因此，该剪力墙属于整体小开口墙。

表 6.14　各墙肢、连梁几何参数

墙肢	1	2	3	Σ	连梁	1	2	Σ
A_i / m^2	0.0928	0.3744	0.8608	1.328	I_{bi} / m^4	0.00972	0.00972	
I_i / m^4	0.0026	0.1708	2.0763	2.2497	$\tilde{I}_{bi} / m^4$	0.00433	0.00468	
$A_i / \sum A_i$	0.06988	0.2819	0.6482		$D_i = \dfrac{\tilde{I}_{bi} c_i^2}{a_i^3} / m^3$	0.0196	0.07252	0.09212
$I_i / \sum I_i$	0.001156	0.07592	0.9229					

（2）计算在楼层标高处剪力墙截面的剪力弯矩。

各楼层标高处截面的内力值见表 6.15。

基底弯矩

$$M_0 = \sum_{j=1}^{15} F_j H_j = 7962.57 \text{kN} \cdot \text{m}$$

基底剪力

$$V_0 = \sum_{j=1}^{15} F_j = 263.6 \text{kN}$$

表 6.15　楼层标高处截面的内力值

层数	F_j / kN	V_{pj} / kN	H_j / m	$F_j H_j / \text{kN} \cdot \text{m}$
15	51.2	51.2	42.4	2170.88
14	29.0	80.2	39.5	1145.5
13	26.9	107.1	36.6	984.54
12	24.8	131.9	33.7	835.76
11	22.6	154.5	30.8	696.08
10	20.5	175.0	27.9	571.95
9	18.4	193.4	25.0	460.0
8	16.2	209.6	22.1	358.02
7	14.1	223.7	19.2	270.72
6	12.0	235.7	16.3	195.60
5	9.8	245.5	13.4	131.32
4	7.7	253.2	10.5	80.85
3	5.6	258.8	7.6	42.56
2	3.5	262.3	4.7	16.45
1	1.3	263.6	1.8	2.34
Σ	263.6			7962.57

（3）计算各墙肢、各楼层标高处的截面内力。

按下式计算各墙肢、各楼层标高处的截面内力，并列于表 6.16 中。

$$M_{i0} = 0.85 M_0 \frac{I_i}{I} + 0.15 M_0 \frac{I_i}{\sum I_i}, \quad N_{i0} = 0.85 M_0 \frac{A_i y_i}{I}, \quad V_{i0} = V_0 \frac{A_i}{\sum A_i}$$

表 6.16　各墙肢在楼层标高处的截面内力

墙肢	剪力/kN		弯矩/kN・m					轴力/kN	
	$\dfrac{A_i}{\sum A_i}$	V_{i0}	$\dfrac{I_i}{I}$	$0.85M_0\dfrac{I_i}{I}$	$\dfrac{I_i}{\sum I_i}$	$0.15M_0\dfrac{I_i}{\sum I_i}$	M_{i0}	$\dfrac{A_iy_i}{I}$	N_{i0}
1	0.06988	18.42	0.00023	1.56	0.00116	1.39	2.95	0.04396	297.53
2	0.2819	74.31	0.01512	102.33	0.0759	90.65	192.98	0.09913	670.93
3	0.6482	170.87	0.1839	1244.67	0.9229	1102.30	2346.979	-0.1425	-964.47

（4）计算顶部侧移。

将楼层处集中力按基底弯矩等效折算成倒三角形荷载，则

$$q = \frac{3M_0}{H^2} = \frac{3 \times 7962.57}{42.4^2}\text{kN/m} = 13.2875\text{kN/m}$$

相应的基底剪力

$$V_0 = \frac{qH}{2} = \frac{13.2875 \times 42.4}{2}\text{kN} = 281.69\text{kN}$$

等效刚度

$$EI_{eq} = EI_q \Big/ \left(1 + \frac{3.64\mu EI_q}{H^2 GA_q}\right)$$

可得

$$u = 1.2 \times \frac{11V_0H^3}{60\,EI_{eq}} = 1.2 \times \frac{11V_0H^3}{60\,EI}\left(1 + \frac{3.64\mu EI}{H^2 G\sum A_i}\right)$$

$$= 1.2 \times \frac{11}{60} \times \frac{281.69 \times 42.4^3}{2.55 \times 10^7 \times 11.2932} \times \left(1 + \frac{3.64 \times 1.2 \times 11.2932}{42.4^2 \times 0.4 \times 1.328}\right)\text{m} = 0.01725\text{m}$$

【例 6-3】　某剪力墙结构总高度 51.2m，设计地震分组为第一组，抗震设防烈度 8 度，设计基本加速度 0.2g，Ⅱ类场地。图 6.42 为该结构中的一片剪力墙的截面图，墙体截面厚度 200mm，采用混凝土为 C30，墙肢端部竖向受力筋和连梁受力筋为 HRB400 级，墙肢分布筋和连梁箍筋为 HRB335 级。

已知墙肢 1 底部截面在重力荷载代表值作用下的轴向压力标准值为承受的设计值 N = 4536kN，墙肢 1 底部截面有两组最不利组合的内力设计值：

① 弯矩设计值为 M = 2685kN・m、轴力设计值为 N = 552kN（压）、剪力设计值 V = 191kN；

② 弯矩设计值为 M = 2685kN・m、轴力设计值为 N = 6030kN（压）、剪力设计值 V = 191kN。

已知连梁 1 的高度为 900mm，最不利内力组合设计值为：M_b = 69kN・m，V_b = 152kN。

要求：设计墙肢 1 底部加强部位的配筋以及连梁 1 的配筋。

【解】　根据结构类型、抗震设防烈度和结构高度，确定结构的抗震等级为二级。根据表 6.7，剪力墙底部加强部位厚度满足最小墙厚要求。

混凝土为 C30，f_c = 14.3N/mm²，f_t = 1.43N/mm²；HRB400 级，$f_y = f_y'$ = 360N/mm²；HRB335 级，$f_y = f_y'$ = 300N/mm²。

（1）墙肢 1 底截面轴压比验算。

$$\mu_N = \frac{N}{f_c A} = \frac{4536 \times 10^3}{14.3 \times 200 \times 1(4200 + 300)} = 0.35 > 0.3$$，查表 6.9，二级剪力墙底部加强部位墙

肢两端需设置约束边缘构件。

（2）墙肢 1 底截面边缘构件设计

查表 6.10 确定约束边缘构件长度 l_c，因墙肢 1 左端翼墙长度 500mm，小于翼墙厚度 3 倍 600mm，应视为无翼墙。$l_c = 0.15h_w = 0.15 \times 4200\text{mm} = 630\text{mm}$。

约束边缘构件中集中配置纵筋的暗柱沿墙腹方向的长度取下列各值的最大值

$$\begin{cases} b_w = 200\text{mm} \\ l_c/2 = 320\text{mm} \text{，故取最大值 400mm。} \\ 400\text{mm} \end{cases}$$

端部纵向钢筋的合力点到截面近边缘距离取 $a = 200\text{mm}$，则

$$h_{w0} = (4200 - 200)\text{mm} = 4000\text{mm}$$

查表 6.10 得约束边缘构件端部 400mm 范围内配箍特征值 $\lambda_v = 0.12$，按式（6.118）计算体积配箍率 $\rho_v = \lambda_v \dfrac{f_c}{f_{yv}} = 0.12 \times \dfrac{16.7}{300} = 0.668\%$。采用双肢箍，$\Phi 10@100$，体积配箍率为 $\rho_v = 1.01\%$，满足要求。

（3）墙肢 1 竖向钢筋设计。

竖向和水平向分布钢筋均取 $\Phi 10@200$，双层钢筋网，则配筋率为

$$\rho_w = \frac{nA_{sv}}{bs} = \frac{2 \times 78.5}{200 \times 200} = 0.3925\% > 0.25\%\text{，满足要求。}$$

$$A_{sw} = 4200 \times 200 \times 0.3925\% = 3297\text{mm}^2$$

端部竖向钢筋采用对称配筋，由式（6.102）得

$$\begin{aligned} N_b &= \alpha_1 f_c b_w \xi_b h_{w0} - f_{yw} A_{sw}/h_{w0} \cdot (h_{w0} - 1.5\xi_b h_{w0}) \\ &= 1 \times 14.3 \times 200 \times 0.55 \times 4000 - 300 \times 3297 \times (1 - 1.5 \times 0.55)\text{N} \\ &= 6118908\text{N} = 6118.91\text{kN} \\ &> N = 6030\text{kN} \\ &> N = 552\text{kN} \end{aligned}$$

为大偏心受压，取第一组轴压力（设计值较小）作为设计依据。按式（6.102）可求

$$x = \frac{\gamma_{RE} N + f_{yw} A_{sw}}{\alpha_1 f_c b_w + 1.5 f_{yw} A_{sw}/h_{w0}} = \frac{0.85 \times 552 \times 10^3 + 300 \times 3297}{1 \times 14.3 \times 200 + 1.5 \times 300 \times 3297/4000}\text{mm} = 451.35\text{mm}$$

$$> 2a' = 2 \times 200\text{mm} = 400\text{mm}$$

$$< \xi_b h_{w0} = 0.55 \times 4000\text{mm} = 2200\text{mm}$$

由式（6.97）得

$$\begin{aligned} M_{sw} &= \frac{1}{2}(h_{w0} - 1.5x)^2 b_w f_{yw} \rho_{sw} = \frac{1}{2} \times (4000 - 1.5 \times 451.35)^2 \times 200 \times 300 \times 0.3925\%\text{N} \cdot \text{mm} \\ &= 1300 \times 10^6\text{N} \cdot \text{mm} \end{aligned}$$

$$M_c = \alpha_1 f_c b_w x\left(h_{w0} - \frac{x}{2}\right) = 1 \times 14.3 \times 200 \times 451.35 \times (4000 - 451.35/2)\text{N} \cdot \text{mm} = 4872 \times 10^6\text{N} \cdot \text{mm}$$

$$e_0 = \frac{M}{N} = \frac{2685 \times 10^6}{552 \times 10^3} \text{mm} = 4864\text{mm}$$

由式（6.103） $N\left(e_0 + h_{w0} - \dfrac{h_w}{2}\right) \leq \dfrac{1}{\gamma_{RE}}\left[A'_s f'_y (h_{w0} - a'_s) - M_{sw} + M_c\right]$ 得

$$A'_s = A_s = \frac{\gamma_{RE} N\left(e_0 + h_{w0} - \dfrac{h_w}{2}\right) + M_{sw} + M_c}{f'_y (h_{w0} - a'_s)},$$

$$= \frac{0.85 \times 552 \times 10^3 \times (4864 + 4000 - 0.5 \times 4200) + 1300 \times 10^6 - 4872 \times 10^6}{360 \times (4000 - 200)}\text{mm}^2$$

$$< 0\text{mm}^2$$

在约束边缘构件范围（400mm）内竖向钢筋配筋率不应小于1%，按此要求 $A'_s = A_s = 200 \times 400 \times 0.01 \text{mm}^2 = 800$（$\text{mm}^2$），选 $6 \Phi 16$，$A_s = 1206\text{mm}^2$，满足要求。

（4）墙肢1水平钢筋设计。

水平分布钢筋取 $\Phi 10@200$，双排，$A_{sh} = 156\text{mm}^2$。由式（6.87）计算剪力设计值 $V = \eta_{vw} V_w = 1.4 \times 191\text{kN} = 267.4\text{kN}$。按剪压比验算截面尺寸

剪跨比 $\qquad \lambda = \dfrac{M}{V h_{w0}} = \dfrac{2685 \times 10^6}{267.4 \times 10^3 \times 4000} = 2.51 > 2.2$

由式（6.116）验算

$$\frac{1}{\gamma_{RE}}(0.20\beta_c f_c b_w h_{w0}) = \frac{1}{0.85} \times (0.20 \times 1.0 \times 14.3 \times 200 \times 4000)$$

$$= 2691\text{kN} > 267\text{kN}$$

满足要求。

按式（6.110）验算截面抗剪承载力

$$\frac{1}{\gamma_{RE}}\left[\frac{1}{\lambda - 0.5}\left(0.4 f_t b_w h_{w0} + 0.1 N \frac{A_w}{A}\right) + 0.8 f_{yh} \frac{A_{sh}}{s} h_{w0}\right]$$

$$= \frac{1}{0.85} \times \left[\frac{1}{2.51 - 0.5} \times (0.4 \times 1.43 \times 200 \times 4000 + 0.1 \times 552 \times 10^3 \times 1) + 0.8 \times 300 \times \frac{156}{200} \times 4000\right]\text{kN}$$

$$= 1181\text{kN} > 267\text{kN}$$

满足要求。

（5）连梁1抗弯钢筋设计（连梁弯矩不调幅）。

$$h_b = 900\text{mm}, h_{b0} = (900 - 40)\text{mm} = 860\text{mm}$$

由公式（6.122）得 $A_s = \dfrac{\gamma_{RE} M_b}{f_y (h_0 - a'_s)} = \dfrac{0.75 \times 69 \times 10^3}{360 \times (860 - 40)}\text{mm} = 175\text{mm}$

选配 $3 \Phi 16$，$A_s = 603\text{mm}^2$，$\rho = 0.35\%$

因连梁跨高比 $l/h_b = 1000/900 = 1.11 < 1.5$，所以

最小配筋率 $\rho_{min} = \max[0.25\%, (55 f_t/f_y)\%] = \max[0.25\%, (55 \times 1.43/360)\%] = 0.22\%] = 0.25\%$

最大配筋率 $\rho_{max} = 1.2\%$

因此钢筋配置符合要求。

连梁两侧面沿梁高范围设置的纵向构造钢筋（腰筋），面积配筋率应不低于 0.3%。

$A = 0.003 \times 200 \times 900 \text{mm} = 540 \text{mm}^2$，每侧配置 4 Φ 10，总面积 628mm²，间距不大于 200mm。

（6）连梁 1 抗剪箍筋设计。

由式（6.120）计算剪力设计值（忽略重力荷载代表值产生的剪力 V_{Gb}）

$$V = \eta_{vb}(M_b^l + M_b^r)/l_n + V_{Gb} = 1.2 \times (69+69) \times 10^3 / 1000 \text{kN} = 165.5 \text{kN} > 152 \text{kN}$$

按剪压比验算截面尺寸：因连梁跨高比<2.5，所以，按式（6.128）验算

$$\frac{1}{\gamma_{RE}}(0.15 \beta_c f_c b_b h_{b0}) = \frac{1}{0.85} \times (0.15 \times 1.0 \times 14.3 \times 200 \times 860) \text{N} = 434 \text{kN} > 165.5 \text{kN}$$

满足要求。

按式（6.125）计算截面箍筋

$$V \leqslant \frac{1}{\gamma_{RE}}\left(0.38 f_t b_b h_{b0} + 0.9 f_{yv} \frac{A_{sv}}{s} h_{b0}\right) \tag{6.129}$$

$$\frac{A_{sv}}{s} \geqslant (\gamma_{RE} V - 0.38 f_t b_b h_{b0})\frac{1}{0.9 f_{yv} h_{b0}}$$

$$= (0.85 \times 165.5 \times 10^3 - 0.38 \times 1.43 \times 200 \times 860)/(0.9 \times 300 \times 860) \text{mm} = 0.203 \text{mm}$$

配置箍筋 Φ 8，$A_{sv} = 101 \text{mm}^2$，$s \leqslant 101/0.203 \text{mm} = 498 \text{mm}$。

按梁端箍筋加密区的构造要求配置箍筋 Φ 8@100。

（7）绘制墙肢 1 底部加强部位截面配筋图和连梁 1 配筋立面图，如图 6.42 所示。

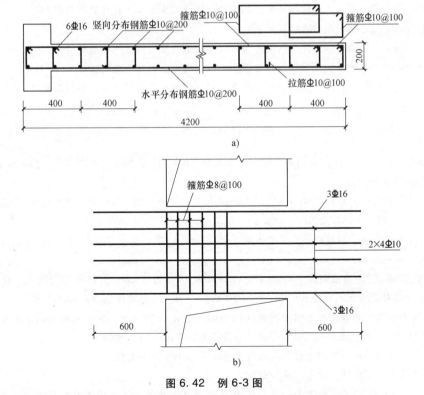

图 6.42　例 6-3 图

a）墙肢 1 底部加强部位截面配筋图　b）连梁 1 配筋立面图

思 考 题

6-1 综述剪力墙结构布置的具体要求。

6-2 剪力墙结构的特点是什么？剪力墙结构设计时，一般采用什么措施保证其延性？

6-3 剪力墙结构中竖向荷载与水平荷载是如何分配的？

6-4 剪力墙根据洞口的大小、位置等可分为哪些类型？各自的受力特点是什么？

6-5 什么是剪力墙的等效刚度？各类剪力墙的等效刚度如何计算？

6-6 试述剪力墙结构在水平荷载作用下的平面协同工作的假定和计算方法。

6-7 按照连续连杆法进行联肢墙内力和位移分析时做了哪些基本假定？

6-8 简述用连续连杆法进行联肢墙内力和位移计算的主要步骤。用 $\phi(\xi)$ 值写出双肢墙连梁及墙肢的内力计算公式。

6-9 简述联肢墙的内力分布和侧移曲线的特点，并说明整体工作系数 α 对其的影响。

6-10 说明整体墙、整体小开口墙、联肢墙、壁式框架和独立悬臂墙的判别准则。

6-11 梁刚度对墙肢、连梁的内力和位移有何影响？

6-12 一般框架结构相比，壁式框架在水平荷载作用下的主要受力特点有哪些？如何确定壁式框架的刚域尺寸？

6-13 如何计算带刚域杆件的等效刚度，采用 D 值法进行内力和位移计算时，壁式框架与一般框架有何异同？

6-14 什么是剪力墙的加强部位？加强部位的范围如何确定？

6-15 剪力墙截面的弯矩和剪力为什么要进行调整？如何进行调整？

6-16 剪力墙的截面承载力计算与一般偏心受力构件的截面承载力计算有何异同？

6-17 为什么要规定剪力墙的轴压比限值？

6-18 什么是剪力墙的边缘构件？约束边缘构件与构造边缘构件的区别是什么？

6-19 剪力墙的分布钢筋配置有哪些构造要求？连梁的配筋构造主要有哪些？

6-20 高比对连梁的性能有什么影响？为什么要对连梁的剪力进行调整？如何调整？

习 题

6-1 如图 6.43 所示某 12 层剪力墙，水平均布荷载 15kN/m。混凝土强度等级为 C25，$G/E = 0.42$，试计算此墙顶部的侧移和内力。

6-2 某 16 层剪力墙，总高度 48m，墙厚 160mm，水平均布荷载 10kN/m，如图 6.44 所示。混凝土等级为 C25，$G/E = 0.42$，试计算墙肢①、②、③在底层处的内力。

6-3 某 12 层剪力墙，墙肢和连梁尺寸如图 6.45 所示。混凝土强度等级为 C25，承受图示倒三角形荷载，试计算此墙的侧移和内力。

6-4 某矩形截面剪力墙总高度 $H = 60$m，$b_w = 250$mm，$h_w = 6000$mm，抗震设防烈度为 9 度，抗震等级为一级。墙肢底部截面承受的弯矩设计值为 $M = 20000$kN·m，轴力设计值 $N = 3600$kN（压），剪力设计值 $V = 1060$kN。重力荷载代表值作用下墙肢的轴向压力标准值 $N_k = 2950$kN。纵筋采用 HRB400 级，箍筋和分布筋采用 HPB300 级，混凝土采用 C30。竖向分布筋为双排Φ 10@ 200。要求：

1）计算该墙肢的轴压比，确定端部纵筋（对称配筋）和竖向分布筋。

2）验算该墙肢的剪压比，确定水平分布筋。

6-5 某剪力墙结构，抗震等级为一级，抗震设防烈度为 9 度。某连梁的截面尺寸 $b_b = 200$mm，$h_b =$

600mm，净跨 $l_b = 1200$mm。由地震作用产生的连梁剪力设计值 $V_b = 155$kN，重力荷载作用下 $V_{Gb} = 55$kN。纵筋采用 HRB400 级，箍筋采用 HPB300 级，混凝土采用 C30。要求设计该连梁的配筋。

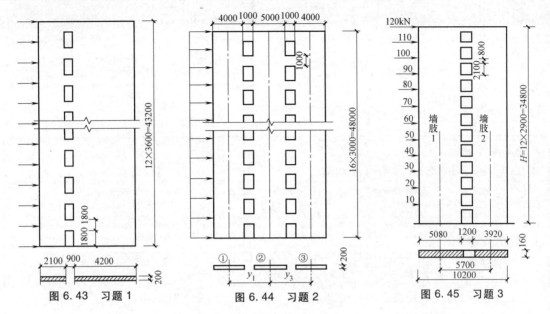

图 6.43　习题 1　　　　图 6.44　习题 2　　　　图 6.45　习题 3

本章提要

(1) 框架—剪力墙结构的受力特点

(2) 框架—剪力墙结构的布置原则和方式，框架—剪力墙结构中剪力墙的布置

(3) 框架—剪力墙结构在水平荷载作用下的简化分析

(4) 框架—剪力墙结构铰接体系在水平荷载作用下的内力和侧移

(5) 框架—剪力墙结构刚接体系在水平荷载作用下的内力和侧移

(6) 框架—剪力墙结构的受力和侧移特征

(7) 结构考虑扭转效应的近似计算

(8) 框架—剪力墙结构承载力设计和构造要求

7.1　概述

框架—剪力墙结构房屋的结构布置、计算分析、截面设计及构造要求除应符合本章规定外，尚应分别符合第2章第5.1节和第6.1节的有关规定。

7.1.1　框架—剪力墙结构的形式

框架—剪力墙结构简称框剪结构，其中框架与剪力墙的相互关系有下列几种结构形式：

1) 框架与剪力墙（单片墙、联肢墙或较小井筒）分开布置。

2) 在框架结构的若干跨中嵌入剪力墙（形成带边框的剪力墙）。

3) 在单片抗侧力结构中连续分别布置框架和剪力墙。

4) 上述两种或三种形式的混合。

7.1.2　框架—剪力墙结构的受力特点

如前所述，框架结构由杆件组成，杆件稀疏且截面尺寸小，因而侧向刚度不大，在侧向水平荷载作用下一般呈剪切型变形，高度中段的层间位移较大，因此适用高度受限。剪力墙结构的抗侧刚度大，在水平荷载作用下，一般呈弯曲型变形，顶部附近的楼层的层间位移较大，其他部位的位移较小，可用于较高建筑，但当墙间距较大时，水平承重结构尺寸较大，因而难以形成较大的使用空间。

框剪结构在结构布置合理的情况下，可以同时发挥框架和剪力墙的优点，克服其缺点，即既具有较大的抗侧刚度，可提供较强的抗风抗震能力，减少结构侧移，又可形成较大的使

用空间，且两种结构形成两道抗震防线，对结构抗震有利。因此，当抗风要求和抗震设防要求高时，应尽量采用框剪结构代替纯框架结构。

在水平荷载作用下，框架和剪力墙是变形特点不同的两种结构，当用平面内刚度很大的楼盖将二者连接在一起组成框架—剪力墙结构时，框架与剪力墙在楼盖处的变形必须协调一致，即二者之间存在协同工作问题。

在水平荷载作用下，单独剪力墙的变形曲线如图 7.1a 中双点画线所示，以弯曲变形为主；单独框架的变形曲线如图 7.1b 中双点画线所示，以整体剪切变形为主。但是，在框架—剪力墙结构中，框架与剪力墙是相互连接在一起的一个整体结构，并不是单独分开，故其变形曲线介于弯曲型与整体剪切型之间。图 7.1c 中绘出了三种侧移曲线及其相互关系，可见，在结构下部，剪力墙的位移比框架小，墙将框架向左拉，框架将墙向右拉，故而框架—剪力墙结构的位移比框架的单独位移小，比剪力墙的单独位移大；在结构上部，剪力墙的位移比框架大，框架将墙向左推，墙将框架向右推，因而框架—剪力墙的位移比框架的单独位移大，比剪力墙的单独位移小。框架与剪力墙之间的这种协同工作是非常有利的，它使框架—剪力墙结构的侧移大大减小，且使框架与剪力墙中的内力分布更趋合理。

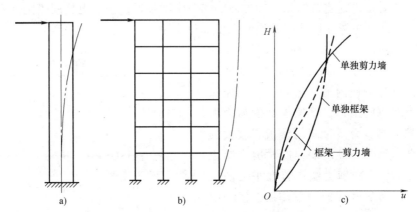

图 7.1　水平荷载作用下剪力墙、框架结构、框架—剪力墙结构的变形

a）剪力墙弯曲变形为主　b）框架整体剪切变形为主　c）三种侧移曲线

7.1.3　框架—剪力墙结构的布置

1. 结构布置原则

（1）框架—剪力墙结构应设计成双向抗侧力体系　框架与剪力墙协同工作共同抵抗水平荷载，其中剪力墙抵抗大部分水平荷载，是主要抗侧力构件。为了使框架—剪力墙结构在两个主轴方向均具有必需的水平承载力和侧向刚度，应在两个主轴方向均匀布置剪力墙，形成双向抗侧力体系。如果仅在一个主轴方向布置剪力墙，将造成两个主轴方向结构的水平承载力和侧向刚度相差悬殊，可能使结构整体扭转，对结构抗震不利。

（2）节点刚性连接与构件对中布置　为了保证结构的整体刚度和几何不变性，同时为提高结构在大震作用下的稳定性而增加其赘余约束，主体结构构件间的连接（节点）除个别节点外不应采用铰接；梁与柱或柱与剪力墙的中心线宜重合，以使内力传递和分布合理，且保证节点核心区的完整性。当框架梁、柱中心线之间有偏离时，应在计算中考虑其不利影响，采取必要的构造措施，并应符合第2章5.1节的有关规定。

2. 框架—剪力墙结构中剪力墙的布置

由于剪力墙的侧向刚度比框架大很多，剪力墙的数量和布置对结构的整体刚度和刚度中心位置影响很大，所以确定剪力墙数量并合理布置是这种结构设计的关键。

1）为了增强整体结构的抗扭能力，弥补结构平面形状凹凸引起的薄弱部位，减小剪力墙设置在房屋外围而受室内外温度变化的不利影响，剪力墙宜均匀布置在建筑物的周边附近、楼梯间、电梯间、平面形状变化及恒载较大的部位，剪力墙的间距不宜过大；平面形状凹凸较大时，宜在凸出部分的端部附近布置剪力墙。

2）纵、横向剪力墙宜组成L形、T形和ㄈ形等形式，以使纵墙（横墙）可以作为横墙（纵墙）的翼缘，从而提高其刚度、承载力和抗扭能力。

3）剪力墙布置不宜过分集中，单片剪力墙底部承担的水平剪力不应超过结构底部总剪力的30%，以免结构的刚度中心与房屋的质量中心偏离过大、墙截面配筋过多以及不合理的基础设计。当剪力墙墙肢截面高度过大时，可用门窗洞口或施工洞形成联肢墙。

4）剪力墙宜贯通建筑物全高，避免刚度突变；剪力墙开洞时，洞口宜上下对齐。抗震设计时，剪力墙的布置宜使结构各主轴方向的侧向刚度接近；楼、电梯间等竖井宜尽量与靠近的抗侧力结构结合布置，以增强其空间刚度和整体性。

5）长矩形平面或平面有一部分较长（如L形平面中有一肢较长），如果横向剪力墙的间距过大，楼盖在自身平面内的变形过大，不能保证框架与剪力墙协同工作，框架承受的剪力将增大（图7.2）；当剪力墙之间的楼板有较大洞时，楼板的平面刚度受到削弱，此时剪力墙之间间距不能太大；纵向剪力墙布置在平面的尽端时，会造成对楼盖两端的约束作用，楼盖中部的梁板会因混凝土收缩或温度变化而出现裂缝。因此，剪力墙布置间距宜符合下列要求：

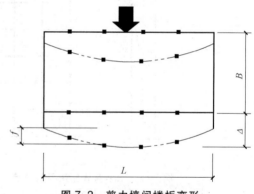

图7.2 剪力墙间楼板变形

① 横向剪力墙沿长方向的间距宜满足表7.1的要求，当剪力墙之间的楼盖有较大开洞时，剪力墙的间距应适当减小。

② 纵向剪力墙不宜集中布置在房屋的两尽端。

表7.1 剪力墙的间距限值 （单位：m）

楼盖形式	非抗震设计（取较小值）	抗震设防烈度		
		6度、7度（取较小值）	8度（取较小值）	9度（取较小值）
现浇	5.0B,60	4.0B,50	3.0B,40	2.0B,30
装配整体	3.5B,50	3.0B,40	2.5B,30	—

注：1. 表中B为剪力墙之间的楼盖宽度（m）。

2. 装配整体式楼盖的现浇层应符合《高规》第3.6.2条有关规定。

3. 现浇层厚度大于60mm的叠合板可作为现浇板考虑。

4. 当房屋端部未布置剪力墙时，第一片剪力墙与房屋端部的距离，不宜大于表中剪力墙间距的1/2。

3. 剪力墙的数量

在框架—剪力墙结构中，结构的侧向刚度主要由同方向各片剪力墙截面弯曲刚度 E_cI_w 的总和控制，结构水平位移随 E_cI_w 增大而减小。为满足结构水平位移的限值要求，建筑物越高，所需要的 E_cI_w 值越大。但剪力墙数量也不宜过多，剪力墙数量过多，不仅会增加材料用量，使地震作用相应增加，还会使绝大部分水平地震力被剪力墙吸收，框架的作用不能充分发挥，既不合理也不经济。一般以满足结构的水平位移限值作为设置剪力墙数量的依据较为合适。

在初步设计阶段，可根据房屋底层全部剪力墙截面面积 A_w 和全部柱截面面积 A_c 之和与楼面面积 A_f 的比值，或者采用全部剪力墙截面面积 A_w 与楼面面积 A_f 的比值，来估计剪力墙的数量。在结构设计时剪力墙的数量可参考表7.2确定。

表7.2　每一方向剪力墙的刚度之和与应满足的数值　　（单位：$kN \cdot m^2$）

设防烈度 ＼ 场地类别	Ⅰ类	Ⅱ类	Ⅲ类
7度	55WH	83WH	193WH
8度	110WH	165WH	385WH
9度	220WH	330WH	770WH

注：H 为结构地面以上的高度（m）；W 为结构地面以上的重量（kN）

根据我国已经建成的框架—剪力墙结构工程经验，$(A_w + A_c)/A_f$ 或 A_w/A_f 比值大致位于表7.3的范围内。层数多、高度大的框架—剪力墙结构体系，宜取表中的上限值。

表7.3　国内已建框剪结构墙、柱截面面积与底层楼面面积的比值

设计条件	$(A_w + A_c)/A_f$	A_w/A_f
7度，Ⅱ类场地	3%～5%	1.5%～2.5%
8度，Ⅱ类场地	4%～6%	2.5%～3%

抗震设计的框架—剪力墙结构，在基本振型地震作用下，框架部分承受的地震倾覆力矩大于总地震倾覆力矩的50%时，说明剪力墙数量偏少，这种框架—剪力墙结构的受力性能与框架结构相当，宜适当增加剪力墙数量。如由于使用要求而不能增加时，其最大适用高度可比框架结构适当增加，框架部分的抗震等级和轴压比限值宜按框架结构的规定采用；若框架部分承受的地震倾覆力矩大于总地震倾覆力矩的80%时，其最大适用高度宜按框架结构采用，框架部分的抗震等级和柱轴压比限值应按框架结构的采用。

4. 框架—剪力墙结构中的梁

框架—剪力墙结构中的梁有三种，如图7.3所示。第一种是普通框架梁 A，即两端与框架柱相连的梁，第二种是剪力墙与框架之间的梁 B，即一端与框架柱相连、一端与墙肢相连的梁，第三种是剪力墙之间的梁 C，即两端均与墙肢相连的梁。A 梁按框架梁设计，C 梁按双肢或多肢剪力墙中的连梁设计。

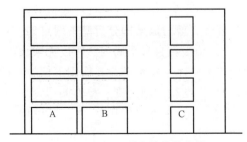

图7.3　框架—剪力墙结构中梁

对于 B 梁，一端相连的是刚度很大的墙肢，另一端则是刚度很小的柱子，在水平力作用下会因为弯曲变形很大而出现很大的弯矩和剪力，因此梁的设计应保证强剪弱弯。在进行内力和位移计算时，由于 B 梁可能弯曲屈服进入弹塑性状态，B 梁的刚度应乘以折减系数（一般不小于 0.5）予以降低。如配筋困难，还可在刚度足够满足水平位移限值的条件下，降低连梁的高度而减少刚度，降低内力。

7.1.4　板柱—剪力墙结构的布置

板柱结构由于楼盖基本没有梁，可以减少楼层高度，使用和管道安装方便，工程中时有采用。但板柱结构抵抗水平力的能力差，特别是板与柱的连接点是非常薄弱的部位，对抗震不利。因此，抗震设计时高层建筑不能单独设置板柱结构，而必须设置剪力墙（或剪力墙组成筒体）来承担水平力。板柱—剪力墙结构布置应满足以下要求：

1）板柱—剪力墙结构中的板柱框架比梁柱框架更弱，因此高层板柱—剪力墙结构应同时布置筒体或两主轴方向的剪力墙以成双向抗侧力体系，并应避免结构刚度偏心，其中剪力墙或筒体应符合《高规》的规定，且宜在对应剪力墙或筒体的各楼层处设置暗梁。

2）抗震设计时，房屋的周边应设置边梁形成周边框架，房屋的顶层及地下室顶板宜采用梁板结构。当楼、电梯间等较大开洞时，洞口周围宜设置框架梁或边梁。

3）无梁板可根据承载力和变形要求采用无柱帽（柱托）板或有柱帽（柱托）板形式，相关构造参考《高规》。

4）板柱—剪力墙结构剪力墙的布置要求与框架—剪力墙结构相同。

7.2　框架—剪力墙结构在水平荷载作用下的简化分析

在水平荷载作用下，框架—剪力墙结构采用简化分析的方法，即结构体系沿主轴方向平面分析法，按以下两步进行：

第一步，将与水平荷载方向一致的各片剪力墙合并成一片总剪力墙，与水平荷载方向一致的各榀框架合并成一榀总框架，与水平荷载方向一致的同一层的各根连梁合并成一根总连梁；对总剪力墙、总框架、总连梁进行协同工作分析，解决水平荷载在总剪力墙和总框架之间的分配，求得总剪力墙和总框架的总内力，计算结构的侧向位移。

第二步，按等效抗弯刚度比将总剪力墙的内力分配给各片剪力墙；按柱的抗侧刚度将总框架的总剪力分配给各柱，并计算各框架的内力。

7.2.1　基本假定

框架—剪力墙结构分析基本假定如下：

1）楼板在自身平面内的刚度无限大。这保证了楼板将整个结构单元内的所有框架和剪力墙连为整体，在水平荷载作用下框架和剪力墙之间不产生相对位移。

2）当结构体型规则、剪力墙布置均匀时，房屋的刚度中心与作用在结构上的水平荷载（风荷载或水平地震作用）的合力作用点重合，在水平荷载作用下房屋不产生绕竖轴的扭转。

3）不考虑剪力墙和框架柱的轴向变形及基础转动的影响。

在基本假定的前提下，同一楼层标高处，各榀框架和各片剪力墙的水平位移相同。此时，可将结构单元内所有剪力墙综合在一起形成一假想的总剪力墙，总剪力墙的弯曲刚度等于各片剪力墙弯曲刚度之和；把结构单元内所有框架综合在一起形成一假想的总框架，总框架的剪切刚度等于各榀框架剪切刚度之和。楼板的作用是保证各片平面结构具有相同的水平侧移，但楼面外刚度为零。

7.2.2　计算简图

按照剪力墙之间和剪力墙与框架之间有无连梁，或者是否考虑这些连梁对剪力墙转动的约束作用，框架—剪力墙结构计算简图可分为下列两类。

1. 框架—剪力墙铰接体系

如图 7.4a 所示结构单元平面，框架和剪力墙是通过楼板的作用连接在一起的。根据假定，在同一楼层内各点的水平位移相同，楼板在平面外的转动约束作用很小可予以忽略。因此，楼板对各个平面抗侧力结构不产生约束弯矩，总框架与总剪力墙之间可按铰接考虑，其横向计算简图如图 7.4b 所示。其中总剪力墙代表图 7.4a 中的 3 片剪力墙的综合，总框架则代表 4 榀框架的综合。在总框架与总剪力墙之间的每个楼层标高处，有一根两端铰接的连杆。这一列铰接连杆代表各层楼板，把各榀框架和剪力墙连成整体，共同抗御水平荷载的作用。连杆是刚性的（即轴向刚度 $EA \to \infty$），反映了刚性楼板的假定，保证总框架与总剪力墙在同一楼层标高处的水平位移相等。

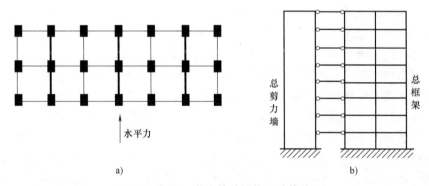

a)　　　　　　　　　　　　　　b)

图 7.4　框架—剪力墙铰接体系计算简图

a）框架—剪力墙结构平面图　b）横向计算简图

2. 框架—剪力墙刚接体系

对于如图 7.5a 所示结构单元平面，横向水平荷载作用下沿荷载方向（横向）有 3 片剪力墙，剪力墙与框架之间有连梁连接，该连梁对剪力墙有转动约束作用视为刚接，该梁对柱也有约束作用，此约束作用反映在柱的侧移刚度 D 中，可按铰接考虑，其横向计算简图如图 7.5b 所示。

此处，总剪力墙代表图 7.5a 中②⑤⑧轴线的 3 片剪力墙的综合；总框架代表 9 榀框架的综合，其中①③④⑥⑦⑨轴线均为 3 跨框架，②⑤⑧轴线为单跨框架。在总剪力墙与总框架之间有一列总连梁，把两者连为整体。总连梁代表②⑤⑧轴线 3 列连梁（ⒷⒸ）的综合。总连梁与总剪力墙刚接的一列梁端，代表了 3 列连梁与 3 片墙刚接的综合；总连梁与总框架铰接的一列梁端，代表了②⑤⑧轴线处 3 个梁端与单跨框架的刚接，以及楼板与其他各榀框架的铰接。

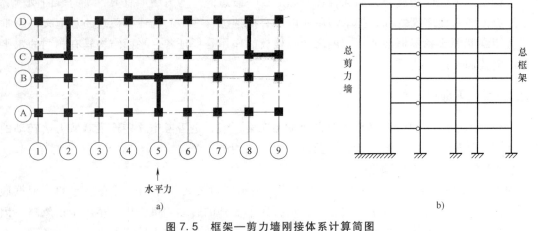

图 7.5　框架—剪力墙刚接体系计算简图
a）框架—剪力墙结构平面图　b）横向计算简图

图 7.5a 所示的结构布置情况，当计算纵向水平荷载作用，且考虑连梁的转动约束作用时，其纵向计算简图可按刚接体系考虑，如图 7.5b 所示，总剪力墙代表图 7.5a 中Ⓑ、Ⓒ轴线上相应的 3 片剪力墙的综合；总框架代表 5 榀框架的综合，其中Ⓐ、Ⓓ轴线均为 8 跨框架，Ⓑ轴线为 2 榀 2 跨框架，Ⓒ轴线为 4 跨框架。在总剪力墙与总框架之间有一列总连梁，把两者连为整体。总连梁代表Ⓑ、Ⓒ轴线各 2 列连梁的综合。总连梁与总剪力墙刚接的一列梁端，代表了 4 列连梁与 3 片墙刚接的综合；总连梁与总框架铰接的一列梁端，代表了Ⓑ、Ⓒ轴线处 4 个梁端与框架的刚接，以及楼板与其他各榀框架的铰接。

框架—剪力墙结构的下端为固定端，一般取至基础顶面；当设置地下室，且地下室的楼层满足有关要求时，可将地下室的顶板作为上部结构的嵌固部位。

以上得出的计算简图是一个多次超静定的平面结构，可用力法或位移法借助计算机计算，也可采用适合手算的连续栅片法。连续栅片法是沿结构的竖向采用连续化假定，即把连杆作为连续栅片。这个假定使总剪力墙与总框架不仅在每一楼层标高处具有相同的侧移，而且沿整个高度都有相同的侧移，从而使计算简化到能用四阶微分方程来求解。当房屋各层层高相等且层数较多时，连续栅片法具有较高的计算精度。

需要指出：计算地震力对结构的影响时，纵横两个方向均需考虑。计算横向地震力时，考虑横向布置的抗震墙和横向布置的框架；计算纵向地震力时，考虑沿纵向布置的抗震墙和纵向布置的框架。取墙截面时，另一方向的墙可作为翼缘，取一部分有效宽度。

7.3　框架—剪力墙铰接体系在水平荷载作用下的内力和侧移计算

7.3.1　总剪力墙的弯曲刚度和总框架剪切刚度

1. 总剪力墙的抗弯刚度

先按第 6 章所述方法判别剪力墙类别。对整截面墙，按式（6.7）计算等效抗弯刚度，当各层剪力墙的厚度或混凝土强度等级不同时，式中 E_c、I_w、A_w、μ 应取沿高度的加权平均值。同样，按式（6.18）计算整体小开口墙的等效抗弯刚度时，式中 E_c、I_w、A_w、μ 也应沿高度取加权平均值，但只考虑带洞部分的墙，不计无洞部分墙的作用。对联肢墙，可按式（6.74）计算等效抗弯刚度。

总剪力墙的等效抗弯刚度为结构单元内同一方向（横向或纵向）所有剪力墙等效抗弯刚度之和，即

$$E_c I_w = \sum_{i=1}^{k} E_c I_{eqi} \tag{7.1}$$

式中　k——总剪力墙中剪力墙的片数；

　　　$E_c I_{eqi}$——每片剪力墙等效抗弯刚度。

2. 总框架的剪切刚度

在第 5 章用 D 值法求框架内力时，曾引入修正后的框架柱侧向刚度 D 值，其物理意义是使框架柱两端产生单位相对侧移所需施加的水平剪力（图 7.6a），其表达式为：$D = 12\alpha \dfrac{i_c}{h^2}$。对总框架来说，$D$ 值应为同一层内所有框架柱的抗侧移刚度的总和，即 $D = \sum D_i$。

总框架的剪切刚度 C_{fi} 定义为：使总框架在楼层间产生单位剪切变形（$\phi = 1$）时所需施加的水平剪力（图 7.6b），则 C_{fi} 与 D 有如下关系

$$C_{fi} = Dh = h \sum_{j=1}^{l} D_{ij} \tag{7.2}$$

式中　D_{ij}——第 i 层第 j 根柱的侧向刚度；

　　　D——同一层（i）内所有框架柱的之和；

　　　h——层高。

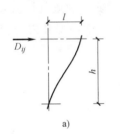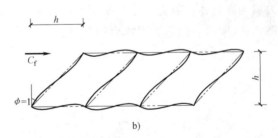

图 7.6　框架的剪切刚度

在这个协同分析中，假定总框架各层的剪切刚度 C_{fi} 相同，各剪力墙各层抗弯刚度 $E_c I_{wi}$ 也相同，实际工程中，总框架各层的剪切刚度 C_{fi} 及总剪力墙各层等效抗弯刚度 $E_c I_{wi}$ 沿结构高度不一定相同，而是有变化的，如变化不大，总框架的剪切刚度 C_f 可近似地以各层的剪切刚度按高度加权取平均值，即

$$C_f = \frac{\sum\limits_{i=1}^{m} h_i C_{fi}}{H} \tag{7.3}$$

$$E_c I_w = \frac{\sum\limits_{i=1}^{m} h_i E_c I_{wi}}{H} \tag{7.4}$$

式中　$E_c I_{wi}$——总剪力墙各层等效刚度；

　　　h_i——各层层高；

　　　H——建筑物总高度，$H = \sum\limits_{i=1}^{m} h_i$。

式（7.2）表示的总框架剪切刚度，仅考虑了梁、柱弯曲变形的影响。当框架结构的高度大于50m或高宽比大于4时，宜将柱的轴向变形考虑在内，可采用修正剪切刚度

$$C_{f0} = \frac{\delta_M}{\delta_M + \delta_N} C_f \tag{7.5}$$

式中　δ_M——仅考虑梁、柱弯曲变形时框架的顶点侧移；

　　　δ_N——柱轴向变形引起的框架顶点侧移。

δ_M 和 δ_N 可用第5章中简化方法计算。计算时可以用任意给定荷载，但必须使用相同的荷载计算 δ_M 和 δ_N。

7.3.2　基本微分方程

框架—剪力墙结构在水平荷载作用下，外荷载由框架和剪力墙共同承担，外力在框架和剪力墙之间的分配由协同工作计算确定，协同工作计算采用连续连杆法。铰接体系的计算简图如图7.7a所示。将连杆切断后，在各楼层标高处框架与剪力墙之间存在相互作用的集中力 P_{fi}，为简化计算，集中力简化为连续分布力 $p_{f(x)}$（连杆简化为连续栅片），则在任意水平荷载 $p_{(x)}$ 作用下，总框架与总剪力墙之间存在连续的相互作用力，如图7.7b所示。总剪力墙相当于置于弹性地基上的梁，同时承受外荷载 $p_{(x)}$ 和"弹性地基"总框架对它的弹性反力 $p_{f(x)}$；总框架相当于弹性地基，承受总剪力墙传递的力 $p_{f(x)}$，如图7.7c、d所示。

取总剪力墙为隔离体，剪力墙任一截面上的转角、弯矩、剪力的正负号仍采用梁中通用的规定，如图7.7e所示。把总剪力墙当作悬臂梁，根据材料力学可得其内力与弯曲变形的关系

由
$$EI_w \frac{d^2 y}{dx^2} = M_w \tag{7.6}$$

得
$$EI_w \frac{d^3 y_w}{dx^3} = (V_p - V_x) \tag{7.7}$$

$$EI_w \frac{d^4 y_w}{dx^4} = p_f(x) - p(x) \tag{7.8}$$

对于框架而言，层间剪力为

$$V_f = C_f \theta = C_f \frac{dy}{dx} \tag{7.9}$$

上式微分一次
$$\frac{dV_f}{dx} = -p_{f(x)} = C_f \frac{d^2 y}{dx^2} \tag{7.10}$$

式中，$p_{f(x)}$ 表示框架与剪力墙的相互作用力。将式（7.10）代入微分方程（7.8），并引入 $\xi = x/H$，则得

$$\frac{d^4 y}{d\xi^4} - \lambda^2 \frac{d^2 y}{d\xi^2} = \frac{H^4}{E_c I_w} p(\xi) \tag{7.11}$$

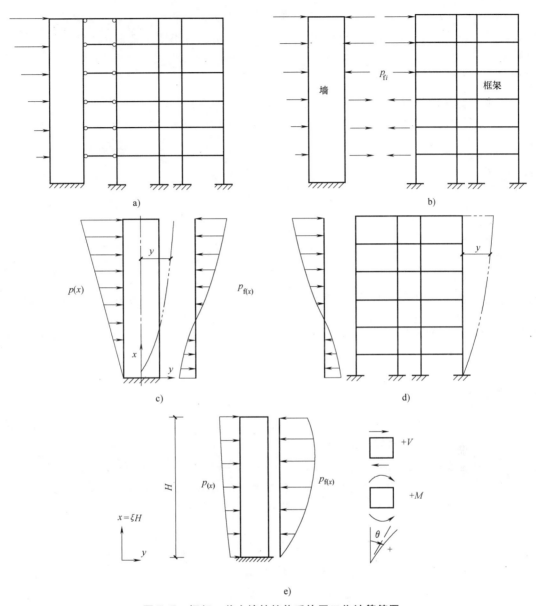

图 7.7　框架—剪力墙铰接体系协同工作计算简图

式中　ξ——相对坐标，坐标原点区在固定端处；

　　　λ——框架—剪力墙铰接体系的刚度特征值，是反映总框架和总剪力墙刚度之比的一个参数，对框架—剪力墙结构的受力状态、变形特征及外力分配都有很大的影响。按下式确定。

$$\lambda = H \sqrt{\frac{C_f}{E_c I_W}} \tag{7.12}$$

式（7.11）是四阶常系数非齐次线性微分方程，它的解包括两部分，一部分是相应齐次方程的通解，另一部分是该方程的一个特解

$$y = C_1 + C_2 \xi + A \sinh(\lambda \xi) + B \cosh(\lambda \xi) + y_1 \tag{7.13}$$

式中　C_1、C_2、A、B——四个任意常数，由框架—剪力墙结构的边界条件确定；

$\qquad\qquad y_1$——特解，与荷载形式 $p(\xi)$ 有关，可用待定系数法求解。

7.3.3　常见三种荷载作用下内力及侧移计算

1. 基本方程的特解 y_1

1）当作用均布荷载 p 时，式（7.11）中 $p(\xi)=p$，特解方程中 $r_1=r_2=0$，故可设 $y_1=a\xi^2$，则

$$\frac{\mathrm{d}^2 y_1}{\mathrm{d}\xi^2}=2a\,,\qquad \frac{\mathrm{d}^4 y_1}{\mathrm{d}\xi^4}=0$$

代入式（7.11）得 $a=-\dfrac{qH^2}{2C_{\mathrm{f}}}$，因此

$$y_1=-\frac{qH^2}{6C_{\mathrm{f}}}\xi^2 \tag{7.14}$$

2）当三角形分布荷载作用时，设三角形分布荷载的最大分布密度为 q，则任意高度 ξ 处的分布密度为 $p(\xi)=q\xi$。由 $r_1=r_2=0$，故可设 $y_1=a\xi^3$，代入式（7.11）得 $a=-\dfrac{qH^2}{6C_{\mathrm{f}}}$，因此

$$y_1=-\frac{qH^2}{6C_{\mathrm{f}}}\xi^2 \tag{7.15}$$

3）当顶部集中荷载作用时，设顶部集中荷载为 P，$p(\xi)=0$，则

$$y_1=0 \tag{7.16}$$

2. 基本方程通解中的积分常数确定

根据结构边界条件求通解中的 4 个积分常数，其 4 个边界条件分别为

（1）当 $\xi=0$（即 $x=0$）时，剪力墙下端固定，在结构底部侧移为零，即 $y=0$；

（2）当 $\xi=0$（即 $x=0$）时，剪力墙下端固定，弯曲转角为零，即 $\mathrm{d}y/\mathrm{d}\xi=0$；

（3）当 $\xi=1$（即 $x=H$）时，剪力墙顶端弯矩为零，即 $\dfrac{\mathrm{d}^2 y}{\mathrm{d}\xi^2}=0$；

（4）当 $\xi=1$（即 $x=H$）时，结构顶部总剪力为

$$V=V_{\mathrm{w}}+V_{\mathrm{f}}=\begin{cases}0\,(\text{均布荷载})\\0\,(\text{倒三角形分布荷载})\\P\,(\text{顶部集中荷载})\end{cases} \tag{7.17}$$

在确定的荷载形式下，依次解出上述四个边界条件，可求出 4 个积分常数 A、B、C_1、C_2，分别代入式（7.13）中，即可求出微分方程的解 y

$$y=\frac{qH^2}{C_{\mathrm{f}}\lambda^2}\cdot\left[\left(\frac{1+\lambda\sinh\lambda}{\cosh\lambda}\right)(\cosh\lambda\xi-1)-\lambda\sinh\lambda\xi+\lambda^2\left(\xi-\frac{\xi^2}{2}\right)\right]$$

$$y=\frac{qH^2}{C_{\mathrm{f}}}\cdot\left[\left(1+\frac{\lambda\sinh\lambda}{2}-\frac{\sinh\lambda}{\lambda}\right)\left(\frac{\cosh\lambda\xi-1}{\lambda^2\cosh\lambda}\right)+\left(\frac{1}{2}-\frac{1}{\lambda^2}\right)\left(\xi-\frac{\sinh\lambda\xi}{\lambda}\right)-\frac{\xi^3}{6}\right] \tag{7.18}$$

$$y=\frac{PH^3}{E_{\mathrm{c}}I_{\mathrm{w}}}\cdot\frac{1}{\lambda^3}\left[(\cosh\lambda\xi-1)\tanh\lambda-\sinh\lambda\xi+\lambda\xi\right]$$

式（7.18）就是框架—剪力墙结构在均布荷载、三角形荷载、顶部集中荷载作用下侧移计算公式。

侧移 y 求出后，框架—剪力墙结构任意截面的转角 θ，总剪力墙的弯矩 M_w、剪力 V_w，以及总框架的剪力 V_f，可由下列微分关系求得

$$\theta = \frac{dy}{dx} = \frac{1}{H}\frac{dy}{d\xi}$$

$$M_w = E_c I_w \frac{d^2 y}{dx^2} = \frac{E_c I_w}{H^2}\frac{d^2 y}{d\xi^2}$$

$$V_w = -E_c I_w \frac{d^3 y}{dx^3} = \frac{E_c I_w}{H^3}\frac{d^3 y}{d\xi^3}$$

$$V_f = V_p - V_w \text{ 或 } V_f = C_f \frac{dy}{dx} = \frac{C_f}{H}\frac{dy}{d\xi}$$

（7.19）

总剪力墙和总框架的内力和侧移主要计算公式是 y、M_w 和 V_w，下面分别给出三种典型荷载作用下的计算公式。

倒三角形分布荷载作用下

$$\begin{cases} y = \frac{qH^2}{C_f}\left[\left(1+\frac{\lambda\sinh\lambda}{2}-\frac{\sinh\lambda}{\lambda}\right)\frac{\cosh\lambda\xi-1}{\lambda^2\cosh\lambda}+\left(\frac{1}{2}-\frac{1}{\lambda^2}\right)\left(\xi-\frac{\sinh\lambda\xi}{\lambda}\right)-\frac{\xi^3}{6}\right] \\[2mm] M_w = \frac{qH^2}{\lambda^2}\left[\left(1+\frac{\lambda\sin\lambda}{2}-\frac{\sinh\lambda}{\lambda}\right)\frac{\cosh\lambda\xi}{\cosh\lambda}-\left(\frac{\lambda}{2}-\frac{1}{\lambda}\right)\sinh\lambda\xi-\xi\right] \\[2mm] V_w = \frac{qH}{\lambda^2}\left[\left(1+\frac{\lambda\sin\lambda}{2}-\frac{\sinh\lambda}{\lambda}\right)\frac{\lambda\sinh\lambda\xi}{\cosh\lambda}-\left(\frac{\lambda}{2}-\frac{1}{\lambda}\right)\lambda\cosh\lambda\xi-1\right] \end{cases}$$

（7.20）

均匀分布荷载作用下

$$y = \frac{qH^2}{C_f\lambda^2}\left[\left(\frac{1+\lambda\sinh\lambda}{\cosh\lambda}\right)(\cosh\lambda\xi-1)-\lambda\sinh\lambda\xi+\lambda^2\xi\left(1-\frac{\xi}{2}\right)\right]$$

$$M_w = \frac{qH^2}{\lambda^2}\left[\left(\frac{1+\lambda\sinh\lambda}{\cosh\lambda}\right)\cosh\lambda\xi-\lambda\sinh\lambda\xi-1\right]$$

$$V_w = \frac{qH}{\lambda}\left[\lambda\cosh\lambda-\left(\frac{1+\lambda\sinh\lambda}{\cosh\lambda}\right)\sinh\lambda\xi\right]$$

（7.21）

顶点集中荷载作用下

$$y = \frac{PH^3}{EI_w}\left[\frac{\sinh\lambda}{\lambda^3\cosh\lambda}(\cosh\lambda\xi-1)-\frac{1}{\lambda^3}\sinh\lambda\xi+\frac{1}{\lambda^2}\xi\right]$$

$$M_w = PH\left(\frac{\sinh\lambda}{\lambda\cosh\lambda}\cosh\lambda\xi-\frac{1}{\lambda}\sinh\lambda\xi\right)$$

$$V_w = P\left(\cosh\lambda\xi-\frac{\sinh\lambda}{\cosh\lambda}\sinh\lambda\xi\right)$$

（7.22）

由式（7.20）~式（7.22）可知，剪力墙位移 y、内力 M_w 和 V_w 均是 λ、ξ 的函数。总框架剪力可由总剪力减去总剪力墙剪力，总剪力由外荷载直接计算，$V_f = V_p - V_w$。

7.4 框架—剪力墙刚接体系在水平荷载作用下的内力和侧移计算

在框架—剪力墙铰接体系中连杆对墙肢没有约束作用，当考虑连杆对剪力墙的约束弯矩作用时，框架—剪力墙结构就应按刚接体系计算，如图7.8a所示。将框架—剪力墙结构沿连梁的反弯点切开，连梁中除了轴向力 P_{fi} 外，还有剪力 V_i（图7.8b），该剪力将在剪力墙内产生弯矩 M_i（图7.8c）。连梁的轴力体现了总框架与总剪力墙之间相互作用的水平力，剪力则体现了两者之间相互作用的竖向力。水平力前面已经讨论了，下面分析一下连梁的约束弯矩 M_i。

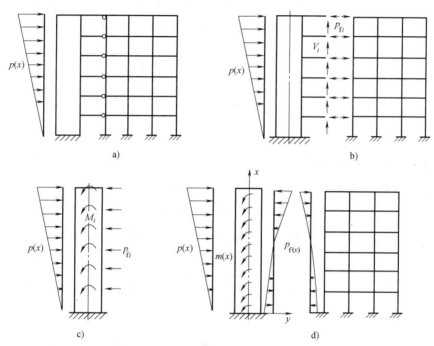

图7.8 刚接体系计算简图

7.4.1 刚接连梁的梁端约束弯矩

在框架—剪力墙结构体系中，形成刚接连杆的连梁有两种，一种是连接墙肢与框架的连梁，另一种是连接墙肢与墙肢的连梁，这两种连梁进入墙的部分刚度很大，因此应按带刚域的梁进行分析。剪力墙间的连梁是两端带刚域的梁（图7.9a），剪力墙与框架间的连梁是一端带刚域的梁（图7.9b）。

在水平荷载作用下，根据刚性楼板的假定，同层框架与剪力墙的水平位移相同，同时假定同层所有节点的转角 θ 也相同，我们把刚接连梁端产生单位转角时所施加的力矩称为梁端约束弯矩系数，用 m 表示。两端带刚域连梁的梁端约束弯矩系数表达式如下

$$\begin{cases} m_{12} = \dfrac{1+a-b}{(1+\beta)(1-a-b)^3}\dfrac{6EI}{l} \\[2ex] m_{21} = \dfrac{1-a+b}{(1+\beta)(1-a-b)^3}\dfrac{6EI}{l} \end{cases} \qquad (7.23)$$

$$\beta = \frac{12\mu EI}{GAl'^2}$$

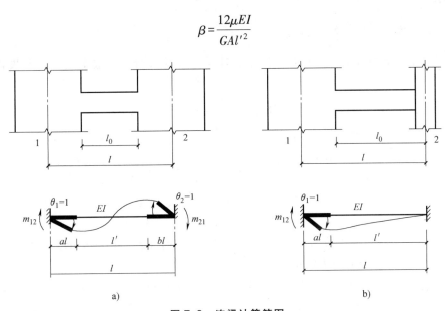

图 7.9　连梁计算简图

在上式中令 $b=0$，可得到一端带刚域连梁的梁端约束弯矩系数

$$\begin{cases} m_{12} = \dfrac{1+a}{(1+\beta)(1-a)^3} \dfrac{6EI}{l} \\ m_{21} = \dfrac{1}{(1+\beta)(1-a)^2} \dfrac{6EI}{l} \end{cases} \tag{7.24}$$

式中符号意义同 6.7 节。如果不考虑剪切变形的影响，可令 $\beta=0$。

由两端约束弯矩系数定义可知，当两端有转角 θ 时，两端约束弯矩为

$$\begin{cases} M_{12} = m_{12}\theta \\ M_{21} = m_{21}\theta \end{cases} \tag{7.25}$$

当采用连续化方法计算框架—剪力墙结构内力时，应将集中约束弯矩 M_{12} 和 M_{21} 简化为沿层高 h 均布的分布弯矩（线约束弯矩）

$$m_{i(x)} = \frac{M_{abi}}{h} = \frac{m_{abi}}{h}\theta(x) \tag{7.26}$$

当同一层内有 n 个刚节点与剪力墙相连时，总的线约束刚度为

$$m = \sum_{i=1}^{n} m_{i(x)} = \sum_{i=1}^{n} \frac{m_{abi}}{h}\theta_{(x)} \tag{7.27}$$

式中　n——同一层内连梁与剪力墙相连的刚节点数；

$\displaystyle\sum_{i=1}^{n} \frac{m_{abi}}{h}$——连梁总的约束刚度，$m_{ab}$ 中 a、b 分别代表图 7.9 中的 "1" 或 "2"。

如果框架部分的层高及杆件截面沿结构高度不变化，则连梁的约束刚度为常数，但实际结构各层的 m_{ab} 是不相同的，这时，可近似取各层按高度的加权平均值。

7.4.2 基本微分方程及其解

在图 7.8d 所示的刚接体系计算简图中，连梁的线约束弯矩使总剪力墙 x 高度截面产生的弯矩为

$$M_\mathrm{m} = -\int_x^H m(x)\,\mathrm{d}x \tag{7.28}$$

此弯矩对应的剪力和荷载分别为

$$V_\mathrm{m} = -\frac{\mathrm{d}M_\mathrm{m}}{\mathrm{d}x} = m(x) = -\sum_{i=1}^n \frac{m_{abi}}{h}\theta_{(x)} = -\sum_{i=1}^n \frac{m_{abi}}{h}\frac{\mathrm{d}y}{\mathrm{d}x}$$

$$p_{\mathrm{m}(x)} = -\frac{\mathrm{d}V_\mathrm{m}}{\mathrm{d}x} = -\frac{\mathrm{d}m(x)}{\mathrm{d}x} = \sum_{i=1}^n \frac{m_{abi}}{h}\frac{\mathrm{d}^2 y}{\mathrm{d}x^2} \tag{7.29}$$

式中　V_m、$p_{\mathrm{m}(x)}$——"等代剪力"及"等代荷载"，分别代表刚性连梁的约束弯矩作用所承受的剪力和荷载。

在连梁约束弯矩影响下，框架—剪力墙结构总剪力墙的内力、弯曲变形和荷载间的关系可表示为

$$EI_\mathrm{w}\frac{\mathrm{d}^2 y}{\mathrm{d}x^2} = M_\mathrm{w}$$

$$EI_\mathrm{w}\frac{\mathrm{d}^3 y}{\mathrm{d}x^3} = \frac{\mathrm{d}M_\mathrm{w}}{\mathrm{d}x} = -(V_\mathrm{w} - V_\mathrm{M}) = -V_\mathrm{w} + m_{(x)}$$

$$EI_\mathrm{w}\frac{\mathrm{d}^4 y}{\mathrm{d}x^4} = p_{(x)} - p_{\mathrm{f}(x)} + p_{\mathrm{m}(x)} \tag{7.30}$$

式中　$p_{(x)}$——外荷载；

$p_{\mathrm{f}(x)}$——总框架与总剪力墙之间的相互作用力，由式（7.10）确定。则有

$$EI_\mathrm{w}\frac{\mathrm{d}^4 y}{\mathrm{d}x^4} = p_{(x)} + C_\mathrm{f}\frac{\mathrm{d}^2 y}{\mathrm{d}x^2} + \sum_{i=1}^n \frac{m_{abi}}{h}\frac{\mathrm{d}^2 y}{\mathrm{d}x^2}$$

整理后得

$$\frac{\mathrm{d}^4 y}{\mathrm{d}x^4} - \frac{C_\mathrm{f} + \sum\limits_{i=1}^n m_{abi}/h}{EI_\mathrm{w}}\cdot\frac{\mathrm{d}^2 y}{\mathrm{d}x^2} = \frac{p_{(x)}}{EI_\mathrm{w}}$$

引入无量纲坐标 $\xi = x/H$、$\lambda = H\sqrt{\left(C_\mathrm{f} + \sum\limits_{i=1}^n \dfrac{m_{abi}}{h}\right)/EI_\mathrm{w}}$，上式整理后得

$$\frac{\mathrm{d}^4 y}{\mathrm{d}\xi^4} - \lambda^2\frac{\mathrm{d}^2 y}{\mathrm{d}\xi^2} = \frac{H^4}{EI_\mathrm{w}}p_{(\xi)} \tag{7.31}$$

式中，λ 为框架—剪力墙刚接体系的刚度特征值。

式（7.31）即刚接体系的微分方程，与铰接体系所对应的微分方程完全相同，因此铰接体系微分方程的解对刚接体系也适用。但应注意有两点不同：

1) λ 值计算不同。与铰接体系的刚度特征值相比，公式在根号内分子项多了一项连梁刚度 $\sum\limits_{i=1}^n \dfrac{m_{abi}}{h}$，$\sum\limits_{i=1}^n \dfrac{m_{abi}}{h}$ 反映了连梁对剪力墙的约束作用。在结构抗震计算中，连梁刚度可予

以折减，折减系数不宜小于 0.5。

2）内力计算不同。按照式（7.20）~ 式（7.22）不能直接算出总剪力墙分配到的剪力 V_w。要直接求出 V_w，需进行一些变换。

若令 $V'_w = V_w - m_{(x)}$，式（7.30）可写成 $EI_w \dfrac{d^3 y}{dx^3} = \dfrac{dM_w}{dx} = -V'_w$，$V'_w$ 可通过式（7.20）~ 式

（7.22）求出，若知道 $m_{(x)}$ 就可求出总剪力墙的剪力 V_w。

在刚接体系中，结构任意高度处水平方向力平衡条件为

$$V_p = V_w + V_f = V'_w + m + V_f \tag{7.32}$$

若令 $V'_f = V_f + m_{(x)}$，上式可变为 $V_p = V'_w + V'_f$，因此有 $V'_f = V_p - V'_w$，V'_f 称为总框架的名义剪力。求出 V'_f 后，可由下式按总框架的抗侧刚度与总连梁的约束刚度的比例分配 V'_f，求出总框架的剪力 V_f 和连梁梁端总约束弯矩 m

$$V_f = \frac{C_f}{C_f + \sum\limits_{i=1}^{m} \dfrac{m_{abi}}{h}} V'_f \tag{7.33}$$

$$m = \frac{C_f}{C_f + \sum\limits_{i=1}^{m} \dfrac{m_{abi}}{h}} V'_f \tag{7.34}$$

7.4.3　各剪力墙、框架和连梁的内力计算

求出总剪力墙内力 M_w、V_w，总框架剪力 V_f 和总连梁约束弯矩 m 后，还要计算各墙肢、各框架、各连梁的内力，以供设计中控制截面所用。

1. 剪力墙的内力计算

剪力墙的弯矩和剪力都是底部截面最大，越向上越小。一般取楼板标高处的作为设计内力，求出各楼板坐标 ξ_j 处的总弯矩 M_{wj}、剪力 V_{wj} 后，按各片墙的等效刚度 EI_{wj} 进行分配

$$M_{wji} = \frac{EI_{eqi}}{\sum\limits_{i=1}^{k} EI_{eqi}} M_{wj} \tag{7.35}$$

$$V_{wji} = \frac{EI_{eqi}}{\sum\limits_{i=1}^{k} EI_{eqi}} V_{wj} \tag{7.36}$$

式中　M_{wji}、V_{wji}——第 j 层 i 片墙肢分配的弯矩和剪力；

　　　　k——第 j 层墙肢总数。

2. 框架梁、柱内力计算

总框架所承担的总剪力 V_f 按各柱的抗侧刚度值的比例分配给各柱。这里的总剪力应当是柱反弯点标高处的剪力 V_f，但实际计算中为了简化，常近似地取各层柱的中点为反弯点的位置。在按各楼板坐标计算剪力后，可得到各楼板标高处的剪力。用各楼层上、下两层楼板标高处的 V_f，取二者平均值作为该层柱中点处剪力。第 j 层 i 柱中点处的剪力为

$$V_{cij} = \frac{D_{ji}}{\sum\limits_{i=1}^{m} D_{ji}} \frac{V_{fj} + V_{fj-1}}{2}$$ （7.37）

式中　V_{fj}、V_{fj-1}——第 j 层柱柱顶与柱底楼板标高处框架的总剪力；

　　　　m——第 j 层柱子总数。

求得各柱的剪力之后即可确定柱端弯矩，再根据节点平衡条件，由上、下柱端弯矩求梁端弯矩，再由梁端弯矩求梁端剪力；由各层框架梁的两端剪力可求各柱轴向力。

3. 刚接连梁内力计算

按照式（7.34）求得的总连梁线约束弯矩 m 是沿高度连续分布的，因此，首先应把各层高度范围内的线约束弯矩集中成弯矩 M 作用在连梁上，再按照刚接连梁的梁端刚度系数将 M 按比例分配给各连梁，若第 j 层有 n 个刚节点，即有 n 个梁端与墙肢相连，则第 i 个梁端在墙肢轴线处的弯矩为

$$M_{ijab} = \frac{m_{iab}}{\sum\limits_{i=1}^{n} m_{iab}} m_j \left(\frac{h_j + h_{j+1}}{2} \right)$$ （7.38）

式中　h_j、h_{j+1}——第 j 层和第 $j+1$ 层的层高；

　　　　m_{ab}——m_{12} 或 m_{21}，梁端约束弯矩系数。

按照式（7.38）求得的弯矩是连梁在剪力墙轴线处的弯矩，而连梁的设计内力应取剪力墙边界处的值。如图 7.10 所示，按照比例关系可以确定在墙边界处连梁的设计弯矩

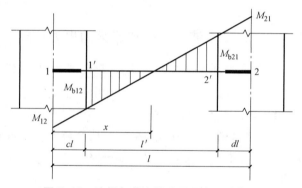

图 7.10　连梁与剪力墙边界处内力计算图

$$M_{b12} = \frac{x-cl}{x} M_{12}$$ （7.39）

$$M_{b21} = \frac{l-x-dl}{l-x} M_{21}$$

式中　x——连梁反弯点到左侧墙肢轴

线的距离，$x = \dfrac{m_{12}}{m_{12}+m_{21}} l$。

连梁的设计剪力值可以用连梁在墙边界处的弯矩表示为

$$V_{bj} = (M_{b12}+M_{b21})/l'$$ （7.40）

或用连梁在剪力墙轴线处的弯矩表示为

$$V_{bj} = (M_{12}+M_{21})/l$$ （7.41）

7.5　框架—剪力墙结构的受力和侧移特征

7.5.1　侧向位移特征

框架—剪力墙结构的侧移曲线随结构刚度特征值 λ 的变化而变化，如图 7.11 所示。当

λ 很小（如 $\lambda \leqslant 1$）时，总框架的剪切刚度与总剪力墙的等效抗弯刚度相比很小，结构表现出来的特性类似于纯剪力墙结构，侧移曲线像独立的悬臂柱一样，凸向原始位置，即弯曲型。当 λ 很大（如 $\lambda \geqslant 6$）时，总框架的剪切刚度比总剪力墙的等效抗弯刚度大很多，结构特性类似于纯框架结构，侧移曲线凹向原始位置，即剪切型。当 $\lambda = 1 \sim 6$ 时，结构侧向变形表现为下部以弯曲为主、上部以剪切为主的反 S 形变形，称为弯剪复合型，此时上下层间变形较为均匀。

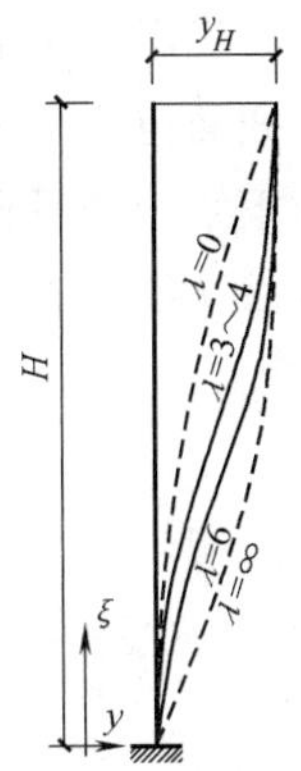

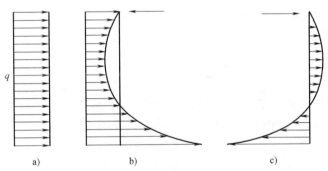

图 7.11 框剪结构
变形曲线与
λ 的关系

7.5.2 荷载分布特征

作用在整个框架—剪力墙结构上的荷载是由综合剪力墙和综合框架共同承担的，即 $p = p_w + p_f$，因为剪力墙与框架在侧向荷载作用下的变形特征，从而导致了 p_w 和 p_f 沿高度方向的分布形式与外部荷载形式不一致。框架—剪力墙共同工作的特点是刚性楼板的连接作用，要求两者变形必须协调，因此两者都有阻止对方发生自由变形的趋势，这就必然会在两者中发生力的重分布。在结构的顶部，框架在单独受力时侧移曲线的转角很小，而剪力墙在单独受力时侧移曲线的转角很大，因此顶部是框架向内拉剪力墙；在底部因为剪力墙的侧移曲线的转角为零，剪力墙提供了极大的刚度，使框架所受的剪力不断减小直至为零，这时剪力墙所承担的荷载 p_w 大于总水平荷载 p，而框架所承担的荷载 p_f 的作用方向与外荷载 p 的作用方向相反。

图 7.12 为均布荷载作用下，沿结构高度总框架与总剪力墙之间的荷载分配变化情况，p_f、p_w 和 p 的作用方向与外荷载方向一致时为正。可见，总框架承受的荷载在上部为正，下部为负；在 $\xi = 1$ 处，即在总框架和总剪力墙顶部，存在大小相等、方向相反的自平衡集中力。

图 7.12 均布荷载作用下框剪结构荷载分配图
a）荷载图　b）剪力墙承受的外荷载 p_w 图
c）框架承受的外荷载 p_f 图

7.5.3 剪力分布特征

图 7.13 为均布荷载作用下外荷载剪力 V、总框架剪力 V_f 与总剪力墙剪力 V_w 随刚度特征值的变化情况示意图。当 $\lambda = 0$ 时，总框架的剪力为零，总剪力墙承担全部剪力；当 λ 很大时，总框架几乎承担全部剪力；λ 为任意值时，总框架和总剪力墙按刚度比各承受一定的剪力。

在结构底部即 $\xi = 0$ 处，由于没有考虑剪力墙的剪切变形影响，因此求得框架基底处全部剪力为零，即底部剪力全由剪力墙承受。这一结论与实际受力情况不相符。为了弥补这一不足，现行规范规定各层总框架的总剪力 V_f 不小于 20% 的基底总剪力。

在结构顶部即 $\xi = 1$ 处，尽管外部荷载产生的总剪力为零，但总框架和总剪力墙的剪力都不等于零，但它们数值相等、大小相反，二者恰好平衡；框架最大剪力的截面不在结构底部，截面位置距底部随 λ 增大而降低，λ 通常在 $1.0 \sim 3.0$ 内变化，框架最大剪力的位置大致处于结构中部附近（即 $0.7H \sim 0.4H$）；与纯框架结构相比，在框架—剪力墙结构中框架剪力沿高度分布相对比较均匀，这对框架底部受力比较有利。

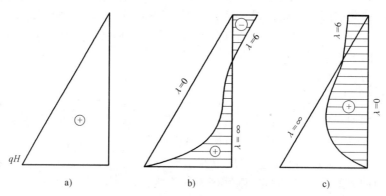

图 7.13　均布荷载作用下框剪结构剪力分配图

a）V 图　b）剪力墙承担的剪力 V_w 图　c）框架承担的剪力 V_f 图

7.5.4　连梁刚接对侧移和内力的影响

在外荷载不变的情况下，框架—剪力墙结构考虑连梁的约束作用时，结构的刚度特征值 λ 增大，侧向位移减小；由图 7.8c 可知，由于连梁对剪力墙的线约束弯矩为逆时针方向，故剪力墙上部截面的负弯矩将增大，下部截面的正弯矩将减小，反弯点下移；考虑连梁的约束弯矩时，剪力墙的剪力将增大，而框架的剪力减小。连梁的约束弯矩对剪力墙的弯矩、剪力及框架剪力的影响如图 7.14 所示。

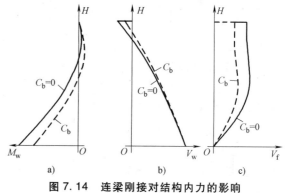

图 7.14　连梁刚接对结构内力的影响

（C_b 为连梁的线约束弯矩）

a）剪力墙弯矩　b）剪力墙剪力　c）总框架剪力

7.6　框架、剪力墙及框架—剪力墙结构考虑扭转效应的近似计算

在前面介绍框架、剪力墙及框架—剪力墙结构的计算时，假定在水平荷载作用下结构只产生平动不产生扭转，这只有当水平荷载的合力通过结构的刚度中心时才能保证。实际建筑结构尤其是高层建筑结构，在风荷载与水平地震作用下都可能产生扭转，即使在完全对称的结构中，也不可避免会受到扭转的作用，而在地震作用下扭转常常使结构遭受严重破坏。

考虑扭转的计算方法大致可以分为两类：一是相对比较精确的空间分析方法，将结构视作空间结构，按三个方向的变形协调条件分析内力和位移；另一种方法是简化近似分析，将结构看作若干榀平面结构的组合，考虑空间协调共同工作。

本节将简要介绍考虑结构扭转效应的近似计算方法，这种方法不能得到真正的扭转效应，只作为一种设计补充手段，概念清楚、计算简便、可以手算。对比较规则的结构，这种近似计算方法可以得到相对较好的效果，对不规则结构也在一定程度上估计出扭转效应。扭转近似计算仍然建立在平面结构及楼板在自身平面内刚度无限大这两个基本假定的基础上。

7.6.1 质量中心、刚度中心及扭转偏心距

在近似计算中，首先须根据结构的实际情况确定结构水平荷载作用下的扭转偏心距，因此应明确水平荷载合力作用点的位置和结构抗侧移刚度的中心。风荷载的合力作用点即整体风荷载合力作用点，与结构的体型有关（见第 3 章），按静力矩平衡条件可以确定。等效地震荷载合力作用点即结构在振动时惯性力的合力作用点，它与结构的质量分布有关，称为质量中心。

1. 质量中心

结构质量中心简称质心，即结构在 x、y 两个方向的等效质量作用点，可用重量代替质量进行计算。如图 7.15 所示，可将建筑平面划分为若干个平面规则且质量分布均匀的"单元"，各单元的质量中心在其几何形心，将各单元质心按式（7.42）计算出坐标系 xOy 中的 x_m、y_m 即结构的质心坐标。

$$\begin{cases} x_m = \dfrac{\sum x_i m_i}{\sum m_i} = \dfrac{\sum x_i w_i}{\sum w_i} \\[3mm] y_m = \dfrac{\sum y_i m_i}{\sum m_i} = \dfrac{\sum y_i w_i}{\sum w_i} \end{cases} \tag{7.42}$$

式中 m_i、w_i——第 i 个面积单元的质量和重量；

        x_i、y_i——第 i 个面积单元的重心坐标。

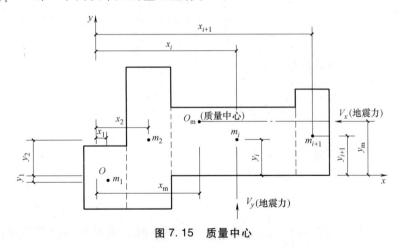

图 7.15 质量中心

2. 刚度中心

抗侧刚度是指抗侧力结构单元在单位层间位移下需要的剪力值，沿方向 $x(y)$，结构 $k(i)$ 的抗侧刚度可以表示为

$$D_{xk} = V_{xk}/\delta_x$$

$$D_{yi} = V_{yi} / \delta_y \tag{7.43}$$

式中　　D_{xk}——与 x 轴平行的第 k 片结构单元的抗侧刚度；

　　　　D_{yi}——与 y 轴平行的第 i 片结构单元的抗侧刚度；

　　　　V_{xk}——与 x 轴平行的第 k 片结构剪力；

　　　　V_{yi}——与 y 轴平行的第 i 片结构剪力；

　　　　δ_x、δ_y——该结构在 x 方向和 y 方向的层间位移。

　　刚度中心是指各抗侧移刚度的中心，简称刚心。计算方法与形心计算方法类似，把同一方向抗侧力结构单元的抗侧移刚度作为假想面积，计算假想面积的形心就是结构该方向抗侧移刚度中心。因此，刚度中心与各抗侧力结构的侧向刚度和布置有关。

　　现以图 7.16 的平面为例计算刚度中心。选参考坐标 xOy（为计算方便，可与计算质心的坐标系相同），若与 y 平行的抗侧力单元共有 m 个，从左至右依次以 1，2，$\cdots$，i，$\cdots$，m 系列编号，各单元相应的抗侧移刚度为 D_{y1}，D_{y2}，$\cdots$，D_{yi}，$\cdots$，D_{ym}，同理与 x 轴平行的抗侧力单元从下至上依次以 1，2，$\cdots$，k，$\cdots$，r 系列编号，抗侧移刚度为 D_{x1}，D_{x2}，$\cdots$，D_{xk}，$\cdots$，D_{xr}，各抗侧力单元的形心至坐标原点的距离分别为 y_1，y_2，$\cdots$，y_k，$\cdots$，y_r，则刚度中心在 x、y 两个方向的坐标分别是

$$\begin{cases} x_0 = \sum_{i=1}^{m} D_{yi} x_i \Big/ \sum_{i=1}^{m} D_{yi} \\ y_0 = \sum_{k=1}^{r} D_{xk} y_k \Big/ \sum_{k=1}^{r} D_{xk} \end{cases} \tag{7.44}$$

　　1）框架结构刚度中心计算。框架柱的 D 值就是其抗侧移刚度，所以分别求出每根柱在 y 方向和 x 方向的 D 值后，代入式（7.44）即可求框架结构的刚度中心坐标 x_0、y_0。式中求和符号表示对所有柱求和。

　　2）剪力墙结构的刚度中心计算。根据式（7.43）的定义可求剪力墙的抗侧刚度，式中 V_{yi} 及 V_{xk} 分别是剪力墙结构在层剪力 V_y、V_x 作用下平移变形时第 i 片及第 k 片墙分配到的剪力，是按各片剪力墙的等效抗弯刚度分配计算得到

$$\begin{cases} V_{xk} = \dfrac{EI_{eqxk}}{\sum\limits_{i=1}^{r} EI_{eqxk}} V_x \\ V_{yi} = \dfrac{EI_{eqyi}}{\sum\limits_{i=1}^{m} EI_{eqyi}} V_y \end{cases} \tag{7.45}$$

　　将式（7.43）及式（7.45）代入式（7.44），通常同一层中各片剪力墙弹性模量相同，故刚心坐标可由下式计算

$$\begin{cases} x_0 = \sum_{i=1}^{m} I_{eqyi} x_i \Big/ \sum_{i=1}^{m} E_{eqyi} \\ y_0 = \sum_{k=1}^{r} I_{eqxk} y_k \Big/ \sum_{k=1}^{r} E_{eqxk} \end{cases} \tag{7.46}$$

式（7.46）说明，在剪力墙结构中，可以直接由剪力墙的等效抗弯刚度计算刚心位置，计算时注意纵向及横向剪力墙要分别计算，式中求和符号表示对同一方向各片剪力墙求和。

3）框架—剪力墙结构的刚度中心。可以根据抗侧刚度的定义，把式（7.43）代入式（7.44）得到（注意把与 y 轴平行的框架与剪力墙按统一顺序排号，与 x 轴平行的框架与剪力墙也按统一顺序排号）

$$
\begin{aligned}
x_0 &= \frac{\sum_{i=1}^{m} [(V_{yi}/\delta_y)\, x_i]}{\sum_{i=1}^{m} (V_{yi}/\delta_y)} = \frac{\sum_{i=1}^{m} V_{yi} x_i}{\sum_{i=1}^{m} V_{yi}} \\
y_0 &= \frac{\sum_{k=1}^{r} [(V_{xk}/\delta_x)\, y_k]}{\sum_{k=1}^{r} (V_{xk}/\delta_x)} = \frac{\sum_{k=1}^{r} V_{xk} y_k}{\sum_{k=1}^{r} V_{xk}}
\end{aligned}
\tag{7.47}
$$

式中的 V_{yi} 及 V_{xk} 是框架—剪力墙结构 y 方向、x 方向平移变形下协同工作计算后，各片抗侧力单元分配到的剪力。因此，在框架—剪力墙结构中，一般先做不考虑扭转时的协同工作计算，然后按式（7.47）计算刚心位置。

式（7.47）也可给刚度中心一个新解释：刚度中心是在不考虑扭转情况下各抗侧力单元层剪力的合力中心。因此对于其他类型的结构，当已知各抗侧力单元抵抗的层剪力值后，也可利用层剪力近似计算刚度中心位置。

3. 扭转偏心距

确定了水平力合力作用线和刚度中心以后，二者的距离 e_{0x} 和 e_{0y} 就分别是 y 方向作用力（剪力）V_y 和 x 方向作用力（剪力）V_x 的计算偏心距，如图 7.16 所示

$$
\begin{cases}
e_{0x} = x_0 - x_m \\
e_{0y} = y_0 - y_m
\end{cases}
\tag{7.48}
$$

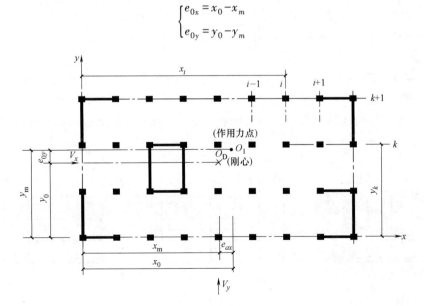

图 7.16　结构扭转偏心距

计算单向地震作用时应考虑偶然偏心的影响，每层质心沿垂直于地震作用方向的偏移值可按下式采用

$$e_i = \pm 0.05 L_i \tag{7.49}$$

式中　e_i——第 i 层质心偏移值，各楼层质心偏移方向相同；

　　　L_i——第 i 层垂直于地震作用方向建筑物的总长度。

因此 V_y 及 V_x 的偏心距（e_x 和 e_y）为

$$\begin{cases} e_x = e_{0x} \pm 0.05 L_x \\ e_y = e_{0y} \pm 0.05 L_y \end{cases} \tag{7.50}$$

式中　L_x、L_y——与力作用方向垂直的建筑物总长。

7.6.2　考虑扭转作用的剪力修正

1. 抗侧力结构单元侧移组成

水平荷载的合力不通过刚度中心时，计算内力时可做如下假定：

1）忽略层间与层间的相互影响。

2）楼板在自身平面内的刚度无穷大，可视为一个整体刚性板。

3）各抗侧力结构只在自身平面内产生抗力。

4）楼板因扭转而产生的相对转角比较小，可近似取 $\sin\theta \approx \theta$，$\cos\theta \approx 1$。

根据假定1），可把各层平面逐层加以分析，各层平面可单独考虑。图7.17a为任一层的平面示意图（虚线是表示结构在偏心的层剪力作用下发生的层间变形情况），设该层总层间剪力 V_y 距刚度中心 O_D 的距离为 e_x，有扭矩 $M_t = V_y e_x$。

根据假定2），同一楼面只产生平移和刚体转动。可把图7.17a所示的受力和位移状态分解为图7.17b和图7.17c。图7.17b表示通过刚度中心 O 作用层间剪力，此时楼盖沿 y 方向产生层间相对侧移 δ。图7.17c表示通过刚度中心作用有力矩，此时楼盖绕通过刚度中心的竖轴产生层间相对转角 θ。因此，楼层任意点的层间侧移均可用刚度中心处的层间相对侧移 δ_y 和绕通过刚度中心的转角 θ 描述，可以利用叠加原理得到各片抗侧力单元的侧移及内力。

根据假定3）和4），计算时只需知道各片抗侧力单元在其自身平面方向的侧移。如图7.17所示，将坐标原点设在刚心 O_D 处，并设坐标轴的正方向，规定与坐标轴正方向一致的位移为正，θ 角以逆时针旋转为正，则结构在 V_y 的作用下各片抗侧力结构单元的位移可分别按式（7.51）和式（7.52）计算。

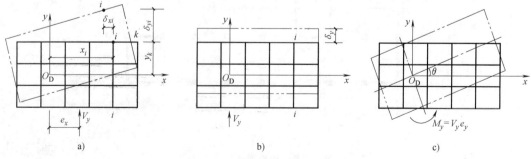

a)　　　　　　　　　　　　b)　　　　　　　　　　　　c)

图 7.17　结构平移及扭转变形

与 y 轴平行的第 i 片抗侧力结构单元沿 y 方向层间位移

$$\delta_{yi}=\delta_y+\theta x_i \tag{7.51}$$

与 x 轴平行的第 k 片抗侧力结构单元沿 x 方向层间位移

$$\delta_{xk}=-\theta y_k \tag{7.52}$$

式中，x_i 及 y_k 分别为 x 方向第 i 片及 y 方向第 k 片抗侧力结构单元在 yO_Dx 坐标系中的形心坐标值（为代数值）。

2. 抗侧力结构单元的剪力计算

根据抗侧移刚度的定义可知，在 V_y 单独作用下，考虑扭转作用后的 y 方向第 i 片和 x 方向第 k 片抗侧力结构单元的层剪力可按下式计算

$$V_{yi}=D_{yi}\delta_{yi}=D_{yi}\delta_y+D_{yi}\theta x_i \tag{7.53}$$

$$V_{xk}=D_{xk}\delta_{xk}=-D_{xk}\theta y_k \tag{7.54}$$

由力平衡条件 $\sum Y=0$ 及 $\sum M=0$，可得

$$V_y=\sum V_{yi}=\delta_y\sum_{i=1}^m D_{yi}+\theta\sum_{i=1}^m D_{yi}x_i \tag{7.55}$$

$$V_ye_x=\sum V_{yi}x_i-\sum V_{xk}y_k=\delta_y\sum_{i=1}^m D_{yi}x_i+\theta\sum_{i=1}^m D_{yi}x^2+\theta\sum_{k=1}^r D_{xk}y_x^2 \tag{7.56}$$

因为 O_D 是刚度中心，现取为原点，由刚心定义得

$$\sum D_{yi}x_i=0 \tag{7.57}$$

代入式（7.55）、式（7.56）可得

$$\delta_y=V_y\big/\sum D_{yi} \tag{7.58}$$

$$\theta=\frac{V_ye_x}{\sum D_{yi}x_i^2+\sum D_{xk}y_k^2} \tag{7.59}$$

式（7.58）反映了平移变形时力和位移关系，$\sum D_{yi}$ 为结构在 y 方向的总抗侧刚度；式（7.59）是扭转时扭矩与转角关系，分母中 $\sum D_{yi}x_i^2+\sum D_{xk}y_k^2$ 称为结构的抗扭刚度。

将 δ_y 和 θ 代入式（7.53）、式（7.54）并整理得

$$V_{yi}=\frac{D_{yi}}{\sum D_{yi}}V_y+\frac{D_{yi}x_i}{\sum D_{yi}x_i^2+\sum D_{xk}y_k^2}V_ye_x \tag{a}$$

$$V_{xk}=-\frac{D_{xk}y_k}{\sum D_{yi}x_i^2+\sum D_{xk}y_k^2}V_ye_x \tag{b}$$

同理，当 x 方向作用有偏心剪力 V_x 时，在 V_x 和扭矩 V_xe_y 作用下也可推得类似的公式

$$V_{xk}=\frac{D_{xk}}{\sum D_{xk}}V_x+\frac{D_{xk}y_k}{\sum D_{yi}x_i^2+\sum D_{xk}y_k^2}V_ye_x \tag{c}$$

$$V_{yi}=-\frac{D_{yi}x_k}{\sum D_{yi}x_i^2+\sum D_{xk}y_k^2}V_ye_x \tag{d}$$

式（a）、（b）和式（c）、（d）分别是在偏心 V_y 和偏心 V_x 单独作用下，y 方向第 i 片、x 方向第 k 片抗侧力结构单元的层剪力。

因此，无论在哪个方向水平荷载有偏心而引起结构扭转时，两个方向的抗侧力结构单元都会产生剪力，都能对结构的抗扭做出贡献，但是平移变形时，与力作用方向相垂直的抗侧力单元不起作用。

从抗侧力结构单元中构件设计的角度看，式（a）计算的 y 方向水平荷载作用下的 V_{yi}，比式（d）计算的 x 方向水平荷载作用下的 V_{yi} 值大，即式（a）中 V_{yi} 值包含了平移及扭转两部分，因此应当用式（a）所得内力值作为考虑扭转作用的剪力值。同理，应当用式（c）求出的 V_{xk} 作为 x 方向抗侧力结构单元考虑扭转作用时的剪力值。式（b）求出的 V_x 和式（d）求出的 V_{yi} 都不是设计构件的控制内力。

将式（a）和式（c）改写成

$$V_{yi} = \left(1 + \frac{e_x x_i \sum D_{yi}}{\sum D_{yi} x_i^2 + \sum D_{xk} y_k^2} \right) \frac{D_{yi}}{\sum D_{yi}} V_y \tag{7.60}$$

$$V_{xk} = \left(1 + \frac{e_y y_k \sum D_{xk}}{\sum D_{yi} x_i^2 + \sum D_{xk} y_k^2} \right) \frac{D_{xk}}{\sum D_{xk}} V_x \tag{7.61}$$

$$V_{yi} = a_{yi} \frac{D_{yi}}{\sum D_{yi}} V_y, \quad a_{yi} = 1 + \frac{e_x x_i \sum D_{yi}}{\sum D_{yi} x_i^2 + \sum D_{xk} y_k^2} \tag{7.62}$$

或简写为

$$V_{xk} = a_{xk} \frac{D_{xk}}{\sum D_{xk}} V_x, \quad a_{xk} = 1 + \frac{e_y y_k \sum D_{xk}}{\sum D_{yi} x_i^2 + \sum D_{xk} y_k^2} \tag{7.63}$$

显然，在考虑扭转以后，某个抗侧力单元的剪力，可以用平移分配到的剪力乘以修正系数得到。

由前面叙述得到如下结论：

1）结构扭转作用的大小与荷载作用线、抗侧移刚度中心密切相关，因此抗侧力结构的平面布置尤为重要。抗侧力结构应尽量均匀对称地布置于结构平面，集中布置于结构核心部位时应加强相应的构造措施。扭转破坏的调查表明，结构受扭侧移较大的抗侧力结构构件的配筋构造和连接构造十分重要，尤其应加强错层部位边、角处的抗侧力构件及其节点的构造措施。

2）在同一个结构中，各片抗侧力单元的剪力扭转修正系数大小不一，α 可能大于1，也可能小于1。当某片抗侧力结构的 $\alpha > 1$ 时，表示其剪力在考虑扭转以后将增大，$\alpha < 1$ 时表示考虑扭转后该单元的剪力将减小。此外，一般情况下，离刚心越远的抗侧力结构，剪力修正也越多。

3）抗扭刚度由 $\sum D_{yi} x_i^2$ 及 $\sum D_{xk} y_k^2$ 之和组成，也就是说结构中纵向和横向抗侧力单元共同抵抗扭矩。距离刚心越远的抗侧力单元对抗扭刚度贡献越大。因此，如果能把抗侧移刚度较大的剪力墙放在离刚心远一点的地方，抗扭效果较好。

4）在框架、剪力墙及框架—剪力墙结构中都可用式（7.62）和式（7.63）计算扭转修正系数、近似计算扭转作用下的剪力。但是，在剪力墙结构或框剪结构中，必须首先进行水平荷载作用下的平移变形计算，从式（7.44）算得剪力墙结构的抗侧移刚度后，才能计算扭转修正系数。

5）在上下各层刚度不均匀变化时，各层刚心并不一定在同一根竖轴上，有时各层结构刚度中心变化很大，因此各层结构偏心距和扭矩会改变，各层结构扭转修正系数也会改变。

为避免高层建筑结构因扭转作用导致破坏，除了进行必要的扭转计算外，还要重视相关的概念设计。

【例 7-1】　某结构的第 j 层平面图如图 7.18 所示。图中除标明各轴线间距离（单位为 m）外，还标出了各片结构沿 x 方向和 y 方向的抗侧移刚度 D 值（单位为 kN/m）。已知沿 y 向作用总剪力 $V_y = 1000\mathrm{kN}$，求考虑扭转作用后各片结构的剪力。

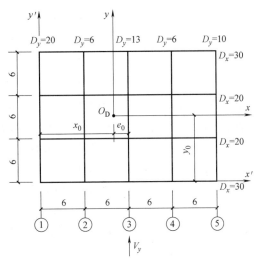

图 7.18　例 7-1 图

【解】　（1）计算刚度中心位置。

选 xOy' 为参考坐标，基本数据列表计算见表 7.4。

表 7.4　例 7-1 基本数据

序号	D_{yi}	x'	$D_{yi}x'$	x'^2	$D_{yi}x'^2$	D_{xk}	y'	$D_{xk}y'$	y'^2	$D_{xk}y'^2$
1	20	0	0	0	0	30	0	0	0	0
2	6	6	36	36	216	20	6	120	36	720
3	13	12	156	144	1872	20	12	240	144	2880
4	6	18	108	324	1944	30	18	540	324	9720
5	10	24	240	576	5760	—	—	—	—	—
Σ	55		540		9792	100		900		13320

$$
\text{刚度中心}\begin{cases} x_0 = \sum D_{yi}x' / \sum D_{yi} = \dfrac{540}{55}\mathrm{m} = 9.82\mathrm{m} \\[2mm] y_0 = \sum D_{xk}y' / \sum D_{xk} = \dfrac{900}{100}\mathrm{m} = 9.0\mathrm{m} \end{cases}
$$

（2）计算各片结构的 α_y 值。

以刚度中心为原点，建立坐标系统 xO_Dy。

因为 $y = y' - y_0$，$\sum D_{xk}y' = y_0 \sum D_{xk}$，所以

$$
\begin{aligned}
\sum D_{xk}y^2 &= \sum D_{xk}(y' - y_0)^2 = \sum D_{xk}y'^2 - 2y_0 \sum D_{xk}y' + \sum D_{xk}y_0^2 \\
&= \sum D_{xk}y'^2 - 2y_0^2 \sum D_{xk} + y_0^2 \sum D_{xk} = \sum D_{xk}y'^2 - y_0^2 \sum D_{xk} \\
&= (13320 - 9^2 \times 100)\mathrm{kN \cdot m} = 5220\mathrm{kN \cdot m}
\end{aligned}
$$

同理　　　　$\sum D_{yi}x^2 = \sum D_{yi}x'^2 - x_0^2 \sum D_{yi} = (9792 - 9.82^2 \times 55)\mathrm{kN \cdot m} = 4488\mathrm{kN \cdot m}$

由式（7.62）得

$$a_{yi} = 1 + \frac{(\sum D_{yi})e_x x_i}{\sum D_y x^2 + \sum D_x y^2} = 1 + \frac{55 \times 2.18}{4488 + 5220}x_i = 1 + 0.01235x_i$$

各片结构的 α_y 值如下

$x_1 = -9.82$, $a_{y1} = 1 - 0.01235 \times 9.82 = 0.879$

$x_2 = -3.82$, $a_{y2} = 1 - 0.01235 \times 3.82 = 0.953$

$x_3 = -2.18$, $a_{y3} = 1 + 0.01235 \times 2.18 = 1.026$

$x_4 = -8.18$, $a_{y4} = 1 + 0.01235 \times 8.18 = 1.101$

$x_5 = -14.18$, $a_{y5} = 1 + 0.01235 \times 14.18 = 1.175$

（3）计算各片结构的剪力值。

按照式（7.62），各片结构承担剪力为

$$V_{y1} = a_{y1}\frac{D_{y1}}{\sum D_y}V_y = 0.879 \times \frac{20}{55} \times 1000\text{kN} = 319.6\text{kN}$$

$$V_{y2} = 0.953 \times \frac{6}{55} \times 1000\text{kN} = 104.0\text{kN}$$

$$V_{y3} = 1.026 \times \frac{13}{55} \times 1000\text{kN} = 242.5\text{kN}$$

$$V_{y4} = 1.101 \times \frac{6}{55} \times 1000\text{kN} = 120.1\text{kN}$$

$$V_{y5} = 1.175 \times \frac{10}{55} \times 1000\text{kN} = 213.6\text{kN}$$

7.7 框架—剪力墙结构的截面设计和构造

框架—剪力墙结构中，框架梁、柱和剪力墙的截面设计及构造要求，除应满足框架结构（第5章）和剪力墙结构（第6章）的要求外，尚应符合下述有关规定。

7.7.1 地震作用下的内力调整

抗震设计的框架—剪力墙，应根据在规定的水平力作用下结构底层框架部分承受的地震倾覆力矩与结构总地震倾覆力矩的比值确定相应的设计方法，并应符合下列规定：

1）当框架部分承受的抗倾覆力矩不大于总倾覆力矩的10%时，按剪力墙结构进行设计，其中的框架部分应按框架—剪力墙结构的框架进行设计。

2）当框架部分承受的抗倾覆力矩大于总倾覆力矩的10%但不大于50%时，按框架—剪力墙结构进行设计。

3）当框架部分承受的抗倾覆力矩大于总倾覆力矩的50%但不大于80%时，按框架—剪力墙结构进行设计。其最大适用高度可比框架结构适当增加，框架部分的抗震等级和轴压比限值宜按纯框架结构的规定采用。

4）当框架部分承受的抗倾覆力矩大于总倾覆力矩的80%时，按框架—剪力墙结构进行设计。但最大适用高度宜按框架结构采用，框架部分的抗震等级和轴压比限值应按纯框架结构的规定采用。

对于竖向布置比较规则的框架—剪力墙结构，框架部分承担的地震倾覆力矩可按下式计算

$$M_c = \sum_{i=1}^{n} \sum_{j=1}^{m} V_{ij} h_i \qquad (7.64)$$

式中　M_c——在基本振型地震作用下框架部分承担的地震倾覆力矩；

n——房屋层数；

m——框架第 i 层的柱子根数；

V_{ij}——第 i 层第 j 根框架柱在地震作用下的剪力设计值；

h_i——第 i 层层高。

7.7.2　框架—剪力墙结构中框架总剪力的调整

框架—剪力墙结构在水平地震作用下，框架部分计算所得的剪力一般较小。在地震作用下，通常都是剪力墙先开裂，剪力墙刚度降低后，框架的内力会增加，为保证罕遇地震下作为第二道防线的框架具有一定的抗侧能力，需对框架承担的剪力予以适当的调整。

1）抗震设计时，框架—剪力墙结构由地震作用产生的各层框架总剪力标准值应符合下列规定：满足式（7.65）要求的楼层，其框架总剪力标准值不必调整；不满足式（7.65）要求的楼层，其框架总剪力标准值应按 $0.2V_0$ 和 $1.5V_{f,max}$ 二者的较小值采用

$$V_f \geqslant 0.2V_0 \qquad (7.65)$$

式中　V_0——对框架数量从下至上基本不变的规则建筑，取对应地震作用标准值的结构底层剪力，对框架柱数量从下至上分段有规律变化的结构，应取每段底层结构对应于地震作用标准值的总剪力；

V_f——对应于地震作用标准值且未经调整的各层（或某一段内各层）框架承担的地震总剪力；

$V_{f,max}$——对框架柱从下至上基本不变的规则建筑，应取对应于地震作用标准值且未经调整的各层框架承担的地震总剪力中的最大值，对框架柱数量从下至上分段有规律变化的结构，应取每段中对应于地震作用标准值且未经调整的各层框架承担的地震总剪力中的最大值。

2）各层框架承担的地震总剪力按第 1）条调整后，应按调整前、后总剪力标准值的比值调整各根框架柱和与之相连框架梁的剪力及端部弯矩标准值，框架柱的轴力标准值可不予调整。

3）按振型分解反应谱法计算地震作用时，第 1）条规定的调整可在振型组合之后，并且楼层剪力满足楼层最小剪力系数（剪重比）的前提下进行。

7.7.3　框架—剪力墙结构的主要构造要求

1. 剪力墙的竖向和水平分布钢筋

在框架—剪力墙结构和板柱—剪力墙结构中，剪力墙都是主要的抗侧力构件，承受较大的水平剪力。为使剪力墙具有足够的承载力和良好的延性，剪力墙竖向和水平分布钢筋的配筋率，抗震设计时均不应小于 0.25%；非抗震设计时均不应小于 0.2%，并应至少双排布

置。各排分布钢筋之间应设置拉筋，拉筋直径不应小于6mm，间距不应大于600mm。

2. 带边框剪力墙的构造要求

剪力墙周边一般与梁、柱连接在一起，形成带边框的剪力墙。为了使墙板与边框能整体工作，墙板自身应有一定的厚度以保证其稳定性。一般情况下，剪力墙的截面厚度不应小于160mm；抗震设计时，一、二级抗震等级剪力墙的底部加强部位均不应小于200mm。剪力墙的水平分布钢筋应全部锚入边框内，锚固长度不应小于l_a（非抗震设计）或l_{aE}（抗震设计）。

与剪力墙重合的框架梁可保留，也可做成宽度与墙厚相同的暗梁，暗梁截面高度可取墙厚的2倍或与该片框架梁截面等高。暗梁的配筋可按构造配置且应符合一般框架梁相应抗震等级的最小配筋要求。

带边框剪力墙宜按I形截面计算其正截面承载力，端部的纵向受力钢筋应配置在边框柱截面内。

边框柱宜与该榀框架其他柱的截面相同，且应符合一般框架柱的构造配筋规定。剪力墙底部加强部位边框柱的箍筋宜沿全高加密；当带边框剪力墙上的洞口紧邻边框柱时，边框柱的箍筋宜沿全高加密。

3. 板柱—剪力墙结构中板的构造要求

板柱—剪力墙结构中的剪力墙一般也为带边框的剪力墙，其构造要求与上述相同。板的构造应符合下列要求。

（1）防止无梁板脱落的措施　在地震作用下，无梁板与柱的连接是最薄弱的部位，板柱交接处容易出现裂缝，严重时发展为通缝，使板失去支承而脱落。为防止板完全脱落而下坠，沿两个主轴方向均应布置通过柱截面的板底连续钢筋，且钢筋的总面积应符合下式要求

$$A_s \geq N_G/f_y \tag{7.66}$$

式中　A_s——通过柱截面的板底连续钢筋的总截面面积；

　　　N_G——在该层楼面重力荷载代表值作用下的柱轴向压力设计值；

　　　f_y——钢筋的抗拉强度设计值。

（2）加强板与柱的连接构造　板柱—剪力墙结构中，地震作用虽由剪力墙全部承担，但结构在整体工作时，板柱部分仍会承担一定的水平力。由柱上板带和柱组成的板柱框架中的板，受力主要集中在柱的连线附近。加强板与柱的连接，较好地起到板柱框架的作用，抗震设计时，应沿纵横向柱轴线在柱上板带内设置构造暗梁，暗梁宽度取柱宽度及两侧1.5倍板厚之和。暗梁在支座上部钢筋截面面积不宜小于柱上板带钢筋截面面积的50%，并应全跨拉通，暗梁下部钢筋数量不宜小于上部钢筋的1/2。暗梁箍筋的布置，当计算不需要时，直径不应小于8mm，间距不应大于$3h_0/4$，肢距不宜大于$2h_0$；当计算需要时应按计算确定，且直径不应小于10mm，间距不应大于$h_0/2$，肢距不宜大于$1.5h_0$。

（3）设置托板时，应加强托板与平板的连接使之成为整体。非抗震设计时托板底部宜布置构造钢筋；抗震设计时，柱边处的弯矩可能发生变号，故托板底部的钢筋应按计算确定，并应满足抗震锚固要求。由于托板与平板形成整体，故计算柱上板带的支座钢筋时，可把托板的厚度考虑在内。

（4）无梁楼板允许开局部洞口，当洞口较大时，应对被洞口削弱的板带进行承载力和刚度验算。当未做专门分析时，在板的不同部位开单个洞的大小应符合图7.19的要求。若

在同一部位开多个洞时，则在同一截面上各个洞宽之和不应大于该部位单个洞的允许宽度。所有洞边均应设置补强钢筋。

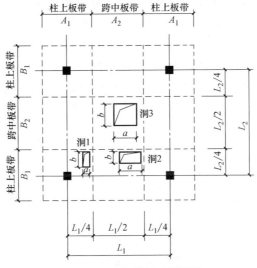

图 7.19　无梁楼板开洞要求

注：洞 1，$a \leqslant a_c/4$ 且 $a \leqslant t/2$，$b \leqslant b_c/4$ 且 $b \leqslant t/2$；洞 2，$a \leqslant A_2/4$ 且 $b \leqslant B_1/4$；洞 3，$a \leqslant A_2/4$ 且 $b \leqslant B_2/4$。其中，a 为洞口短边尺寸，b 为洞口长边尺寸，a_c 为相应于洞口短边方向的柱宽，b_c 为相应于洞口长边方向的柱宽，t 为板厚，A_1、A_2 为柱上板带、跨中板带（相应于洞口短边方向），B_1、B_2 柱上板带、跨中板带（相应于洞口长边方向）。

7.8　框架—剪力墙结构的内力侧移计算综合例题

某 10 层房屋的结构平面及剖面示意图如图 7.20、图 7.21 所示，各层纵向剪力墙上的门洞尺寸均为 2.0m×2.4m，门洞居中。抗震设防烈度 8 度（0.2g）。场地类别 II 类，设计地震

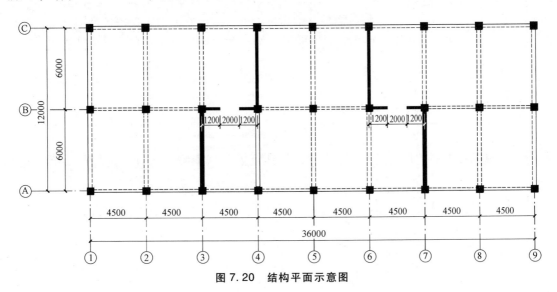

图 7.20　结构平面示意图

分组为第一组,阻尼比为 0.05。各层横梁截面尺寸 250mm×600mm,纵梁截面尺寸 200mm×450mm。板厚 100 mm。柱截面尺寸:1、2 层为 550mm×550mm,其余各层为 500mm×500mm。剪力墙厚度为 200mm。梁、柱、剪力墙及楼板均为现浇钢筋混凝土。混凝土强度等级:1~6 层为 C40,7~10 层为 C30。经计算,集中于各层楼面处的重力荷载代表值为 G_1 = 6351kN,$G_2 = G_3 = G_4 = \cdots = G_9 = 5925$kN,$G_{10} = 3773$kN,总重为 $\sum G_i = 57529.8$kN。试按协同工作分析方法计算横向水平地震作用下结构的内力及侧移。

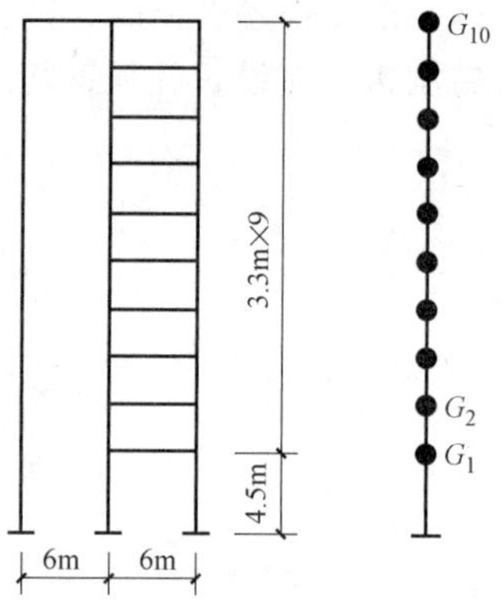

图 7.21 结构剖面示意图

1. 基本参数计算

(1)框架梁的线刚度 i_b。横梁截面 250mm×600mm,混凝土等级 1~6 层为 C40,7~10 层为 C30,$I_{b0} = \frac{1}{12}bh^3 = \frac{1}{12} \times 250 \times 600^3 \text{mm}^3 = 4.5 \times 10^9 \text{ mm}^3$,框架横梁线刚度 $i_b = E_c I_b / l$,计算结果见表 7.5。

表 7.5 梁线刚度 i_b

梁层次	$E_c \times 10^4$ /(N/mm²)	$b \times h$ /mm²	l /mm	$I_0 \times 10^9$ /mm⁴	边框架		中框架	
					$I_b = 1.5I_0$ /mm⁴	$i_b \times 10^{10}$ /N·mm	$I_b = 2I_0$ /mm⁴	$i_b \times 10^{10}$ /N·mm
7-10	3	250×600	6000	4.500	6.750×10⁹	3.375	9.0×10⁹	4.500
1-6	3.25					3.656		4.875

(2)柱的线刚度 i_c。柱截面尺寸 1、2 层为 550mm×550mm,其余各层为 500mm×500mm,混凝土等级:1~6 层为 C40,7~10 层为 C30,柱线刚度 $i_c = E_c I_c / h$,计算结果见表 7.6。

表 7.6 柱线刚度 i_c

层次	层高 /mm	$b \times h$ /mm²	$E_c \times 10^4$ /(N/mm²)	$I_c \times 10^9$ /mm⁴	$i_c \times 10^{10}$ /N·mm
7~10	3300	500×500	3	5.208	4.735
3~6	3300	500×500	3.25	5.208	5.129
2	3300	550×550	3.25	7.625	7.510
1	4500	550×550	3.25	7.625	5.507

(3)横向框架的剪切刚度 C_f。框架柱侧向刚度 D 按式 $D = \alpha \frac{12i_c}{h^2}$ 计算,其中

底层 $K = \frac{\sum i_b}{i_c}$,$\alpha = \frac{0.5 + K}{1 + K}$

标准层 $K = \frac{\sum i_b}{2i_c}$,$\alpha = \frac{K}{1 + K}$

D 值计算结果见表 7.7 和表 7.8。

表 7.7　中框架柱侧向刚度　　　　　　　　　　　　　　（单位：N/mm）

层次	层高 /mm	$i_c \times 10^{10}$ /N·mm	边柱(10 根)			中柱(3 根)			$\sum D = 10 \times D_{f1} + 3 \times D_{l2}$
			$\overline{K}$	α_c	D_{f1}	$\overline{K}$	α_c	D_{l2}	
8~10	3300	4.735	0.950	0.322	16807	1.901	0.487	25424	244343
7	3300	4.735	0.990	0.331	17275	1.980	0.497	25957	250624
3~6	3300	5.129	0.950	0.322	18207	1.901	0.487	27541	264693
2	3300	7.510	0.649	0.245	20272	1.298	0.393	32559	300396
1	4500	5.507	0.885	0.480	15668	1.770	0.602	19651	215634

表 7.8　边框架柱侧向刚度　　　　　　　　　　　　　　（单位：N/mm）

层次	层高 /mm	$i_c \times 10^{10}$ /N·mm	边柱(4 根)			中柱(2 根)			$\sum D = 4 \times D_{f1} + 2 \times D_{l2}$
			$\overline{K}$	α_c	D_{f1}	$\overline{K}$	α_c	D_{l2}	
8~10	3300	4.735	0.713	0.263	13709	1.426	0.416	21713	98264
7	3300	4.735	0.742	0.271	14125	1.485	0.426	22232	100966
3~6	3300	5.129	0.713	0.263	14850	1.426	0.416	23521	106443
2	3300	7.510	0.487	0.196	16196	0.975	0.328	27085	118955
1	4500	5.507	0.664	0.437	14258	1.328	0.549	17924	92881

将表 7.7、表 7.8 各对应层的 D 值相加，并乘以层高，即得 C_{fi}，见表 7.9。

表 7.9　各层框架剪切刚度 C_{fi}

层次	1	2	3~6	7	8~10
层高/mm	4500	3300	3300	3300	3300
$\sum D/(\text{N/mm})$	308515	419351	371137	351590	342606
$C_{fi} \times 10^8/\text{N}$	13.883	13.839	12.248	11.602	11.306

横向框架的剪切刚度 C_f，即由各层的 C_{fi} 值按高度加权取平均值得

$$C_f = \frac{(13.883 \times 4.5 + 13.839 \times 3.3 + 12.248 \times 4 \times 3.3 + 11.602 \times 3.3 + 11.306 \times 3 \times 3.3) \times 10^6}{4.5 + 3.3 \times 9} \text{N} = 12.282 \times 10^8 \text{N}$$

（4）横向剪力墙截面等效刚度。本例的 4 片剪力墙截面形式相同，但各层混凝土强度等级有所不同。这里以第一层剪力墙为例进行计算，其他各层剪力墙刚度的计算结果见表 7.10。

表 7.10　各层剪力墙刚度参数（一片墙）

层次	t/mm	E_c /(10^4N/mm^2)	$b \times h$(端柱) /mm^2	b_f /mm	y /mm	μ	A_w /mm^2	$I_w \times 10^{12}$ /mm^4	$E_c I_w \times 10^{17}$ /N·mm^2
7~10	200	3	500×500	1250	2667	1.366	1800000	8.88850204	2.6652936
3~6	200	3.25	500×500	1250	2667	1.366	1800000	8.88850204	2.8874014
1~2	200	3.25	550×550	1250	2690	1.352	1890000	9.73280670	3.8473047

第一层墙厚 200mm，端柱截面为 550mm×550mm，墙截面及尺寸如图 7.22 所示。有效翼缘宽度应取翼缘厚度的 6 倍+b、墙间距的一半和总高度的 1/20 中的最小值，且不大于至

洞口边缘的距离。经计算，$b_f = 1250$mm。

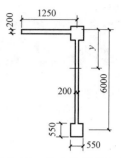

$$A_w = 550^2 \times 2\text{mm}^2 + (6000-550) \times 200\text{mm}^2 +$$
$$(1250-550/2) \times 200\text{mm}^2 = 1890000\text{mm}^2$$

$$y = \frac{550^2 \times 6000 + (6000-550) \times 200 \times 3000}{1890000}\text{mm} = 2690\text{mm}$$

$$I_w = \frac{1}{12} \times 550^4 \times 2\text{mm}^4 + 550^2 \times (2690^2 + 3310^2)\ \text{mm}^4 + \frac{1}{12} \times 200 \times$$

$5450^3 \text{mm}^4 + 200 \times 5450 \times$

图 7.22　剪力墙截面尺寸

$$(3000-2690)^2 \text{mm}^4 + \frac{1}{12} \times 975 \times 200^3 \text{mm}^4 + 200 \times 975 \times 2690^2 \text{mm}^4 =$$

$9.7328066964^{12} \text{mm}^4$

由 $b_f/t = (1250+200/2)/200 = 6.75$ 和 $h_w/t = 6550/200 = 32.75$，查表得 $\mu = 1.368$。

将表 7.9 中各层的 A_w、I_w、E_c、μ 沿高度加权取平均值得

$$A_w = \frac{1890000 \times 4.5 + 1890000 \times 3.3 + 1800000 \times 3.3 \times 8}{4.5 + 3.3 \times 9}\text{mm}^2 = 1820526\text{mm}^2$$

$$I_w = \frac{(9.73281 \times 4.5 + 9.73281 \times 3.3 + 8.88431 \times 8 \times 3.3) \times 10^{12}}{4.5 + 3.3 \times 9}\text{mm}^4 = 9.07783 \times 10^{12}\text{mm}^4$$

$$E_c = \frac{3.25 \times 4.5 + 3.25 \times 3.3 \times 5 + 3 \times 4 \times 3.3}{4.5 + 3.3 \times 9} \times 10^4 \text{N/mm}^2 = 3.1535 \times 10^4 \text{N/mm}^2$$

$$\mu = \frac{1.368 \times (4.5 + 3.3) + 1.366 \times 8 \times 3.3}{4.5 + 3.3 \times 9} = 1.3665$$

将上述数据代入下式得

$$E_c I_{eq} = \frac{E_c I_w}{1 + \frac{9\mu I_w}{A_w H^2}} = \frac{3.15135 \times 10^4 \times 9.07783 \times 10^{12}}{1 + \frac{9 \times 1.3665 \times 9.07783 \times 10^{12}}{1820526 \times 34200^2}} \text{N} \cdot \text{mm}^2 = 2.71822 \times 10^{17} \text{N} \cdot \text{mm}^2$$

总剪力墙的等效刚度

$$E_c I_{eq} = 2.71822 \times 10^{17} \times 4 \text{N} \cdot \text{mm}^2 = 10.872895 \times 10^{17} \text{N} \cdot \text{mm}^2$$

（5）连梁的等效刚度。为了简化计算，计算连梁刚度时不考虑剪力墙翼缘的影响，取墙形心轴为 1/2 墙截面高度处，如图 7.23 所示。另外，由于梁截面高度较小，梁净跨长与截面高度之比大于 4，故可不考虑剪切变形的影响。下面以第一层连梁为例，说明连梁刚度计算方法，其他层连梁刚度计算结果见表 7.11。

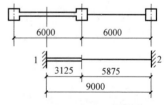

图 7.23　连梁计算简图

连梁的刚域长度为

$$al = \frac{1}{2} \times (6000+550)\text{mm} - \frac{1}{4} \times 600\text{mm} = 3125\text{mm}$$

$$l = (3000+6000)\text{mm} = 9000\text{mm}$$

$$a = 3125/9000 = 0.3472$$

另由表 7.5 得 $E_c I_b = 3.25 \times 10^4 \times 9 \times 10^9 \text{N} \cdot \text{mm}^2 = 2.925 \times 10^{14} \text{N} \cdot \text{mm}^2$。

约束弯矩系数 $m_{12} = \dfrac{6EI\ (1+a)}{l\ (1-a)^3} = \dfrac{6\times 2.925\times 10^{14}}{9000} \cdot \dfrac{(1+0.3472)}{(1-0.3472)^3}\mathrm{N\cdot mm} = 1.06068824\times$

$10^{12}\mathrm{N\cdot mm}$

表 7.11　连梁剪切刚度

层次	层高 /mm	$b\times h$（端柱） /mm²	l /mm	a	$E_c I_b\times 10^{14}$ /N·mm²	$m_{12}\times 10^{12}$ /N·mm	$\sum m_{12}/h_i\times 10^8$ /N
7~10	3300	500×500		0.344	2.7	0.85695942	10.38739
3~6	3300	500×500	9000	0.344	2.925	0.92837270	11.25300
2	3300	550×550		0.347	2.925	1.06068824	12.85683
1	4500	550×550		0.347	2.925	1.06068824	9.42834

将表 7.11 中各层连梁的剪切刚度按高度加权取平均值

$$\frac{\sum m_{ij}/h_i h_i}{\sum h_i} = \frac{(9.42834\times 4.5 + 12.85683\times 3.3 + 11.25300\times 4\times 3.3 + 10.38739\times 4\times 3.3)\times 10^8}{34.2}\mathrm{N}$$

$$= 10.8335736\times 10^8\mathrm{N}$$

（6）结构刚度特征值 λ。为了考察连梁的约束作用对结构内力和侧移的影响，下面分别按连梁刚接和铰接两种情况计算。

$$\lambda = H\sqrt{\frac{C_f + \sum\dfrac{m_{ij}}{h}}{EI_w}} = 34200\times\sqrt{\frac{(1.2282+1.083335736)\times 10^9}{10.872895\times 10^{17}}} = 1.58$$

不考虑连梁约束作用时，结构刚度特征值 λ 为

$$\lambda = H\sqrt{\frac{C_f}{EI_w}} = 34200\times\sqrt{\frac{1.2282\times 10^9}{10.872895\times 10^{17}}} = 1.15$$

2. 水平地震作用计算

（1）结构自振周期。该结构的质量和刚度沿高度分布比较均匀，基本自振周期可按下式计算

$$T_j = \varphi_j H^2\sqrt{\frac{w}{gEI_w}}$$

式中，w 为建筑高度单位长度的平均重量（kN/m）；g 为重力加速度（9.8m/s²）；φ_j 为与刚度特征值相关的系数。本例中

$$w = \frac{\sum G_i}{H} = \frac{57529.8}{34.2}\mathrm{kN/m} = 1682.16\mathrm{kN/m}$$

由 $\lambda = 1.15$（铰接体系），查得 $\varphi_i = 1.57$，$T_1 = 1.57\times 34.2^2\times\sqrt{\dfrac{1682.16}{9.8\times 108.72895\times 10^7}}\mathrm{s} =$

$0.73\mathrm{s}$

修正周期 $T_1 = 0.8\times 0.73\mathrm{s} = 0.58\mathrm{s}$

由 $\lambda = 1.58$（刚接体系），查得 $\varphi_i = 1.28$，$T_1 = 1.28\times 34.2^2\times\sqrt{\dfrac{1682.16}{9.8\times 108.72895\times 10^7}}\mathrm{s} =$

0.595s

修正周期 $T_1 = 0.8 \times 0.595 = 0.48(\text{s})$

注：也可按顶点位移法即公式（3.29）确定结构的自振周期。

（2）水平地震作用计算。该房屋主体结构高度不超过 40m，且质量和刚度沿高度分布比较均匀，故可用底部剪力法计算水平地震作用。结构等效总重力荷载代表值 G_{eq} 为

$$G_{eq} = 0.85G_E = 0.85 \times 57529.8\text{kN} = 48900\text{kN}$$

结构阻尼比为 0.05，特征周期 $T_g = 0.35\text{s}$（根据设计地震分组为第一组，场地类别为 II 类查得），$\alpha_{max} = 0.16\text{s}$，$\alpha_1 = (T_g/T)^{0.9}\alpha_{max}$。

结构总水平地震作用标准值 F_{Ek} 为

$$F_{Ek} = \alpha_1 G_{eq} = \left(\frac{T_g}{T_1}\right)^{0.9}\alpha_{max} G_{eq} = \left(\frac{0.35}{0.58}\right)^{0.9} \times 0.16 \times 48900\text{kN} = 4965.98\text{kN}（连梁铰接）$$

$$F_{Ek} = \alpha_1 G_{eq} = \left(\frac{T_g}{T_1}\right)^{0.9}\alpha_{max} G_{eq} = \left(\frac{0.35}{0.48}\right)^{0.9} \times 0.16 \times 48900\text{kN} = 5888.07\text{kN}（连梁刚接）$$

顶部附加水平地震作用标准值 ΔF_n

$$\Delta F_n = \delta_n F_{Ek} = (0.08T_1 + 0.01)F_{Ek} = 280.08\text{kN}（连梁铰接时）$$

$$\Delta F_n = 0（因为 T < 1.4T_g，连梁刚接时）$$

质点 i 的水平地震作用标准值 F_i 为

$$F_i = \frac{G_i H_i}{\sum_{j=1}^{n} G_j H_j}(1 - \delta_n)F_{Ek} = \begin{cases} 4685.9 G_i H_i / \sum_{j=1}^{n} G_j H_j（连梁铰接时） \\ 5888.07 G_i H_i / \sum_{j=1}^{n} G_j H_j（连梁刚接时） \end{cases}$$

F_i、V_i 和 $F_i H_i$ 的具体计算过程见表 7.12，其中铰接体系顶层的剪力值为 $F_i + \Delta F_n$。

表 7.12　水平地震作用计算

层次	H_i /m	G_i /kN	$G_i H_i$ /kN·m	$\dfrac{G_i H_i}{\sum G_i H_i}$	连梁铰接			连梁刚接		
					F_i /kN	V_i /kN	$F_i H_i$ /kN·m	F_i /kN	V_i /kN	$F_i H_i$ /kN·m
10	34.2	3773.2	129043.4	0.1200491	(280.08) 562.5	842.6	28817.55	706.9	706.86	24174.55
9	30.9	5925.7	183104.1	0.1703418	798.2	1640.8	24664.54	1003.0	1709.84	30992.24
8	27.6	5925.7	163549.3	0.1521500	713.0	2353.8	19677.69	895.9	2605.71	24726.01
7	24.3	5925.7	143994.5	0.1339581	627.7	2981.5	15253.47	788.8	3394.47	19166.75
6	21.0	5925.7	124439.7	0.1157663	542.5	3524.0	11391.86	681.6	4076.11	14314.45
5	17.7	5925.7	104884.9	0.0975744	457.2	3981.2	8092.87	574.5	4650.63	10169.10
4	14.4	5925.7	85330.1	0.0793826	372.0	4353.2	5356.50	467.4	5118.04	6730.71
3	11.1	5925.7	65775.3	0.0611907	286.7	4639.9	3182.75	360.3	5478.34	3999.28
2	7.8	5925.7	46220.5	0.0429989	201.5	4841.4	1571.61	253.2	5731.52	1974.81
1	4.5	6351.0	28579.5	0.0265875	124.6	4966.0	560.64	156.5	5888.07	704.47
Σ		57529.8	1074921.3		4685.90		118569.47	5888.07		136952.4

按上述方法所得的水平地震作用为作用在各层楼面处的水平集中力。当采用连续化方法计算框架—剪力墙结构的内力和侧移时，应将实际的地震作用分布转化为均布水平力或倒三角形分布的连续水平力或顶点集中力。根据实际地震作用基本为倒三角形分布的特点，按基底倾覆力矩相等的条件，将实际地震作用分布（图7.24a）转换为倒三角形连续地震作用（图7.24b），即

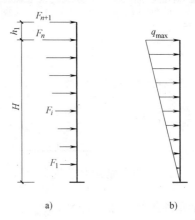

图 7.24　水平地震作用的转换

$$q_{max}H^2/3 = M_0$$

基底倾覆力矩 $M_0 = \sum_{i=1}^{n} F_i H_i$

由上式可得

$$q_{max} = \frac{3M_0}{H^2},$$

$$V_0 = \frac{q_{max}H}{2}$$

由表 7.12 中的有关数据及上式，可得

连梁铰接时

$$q_{max} = \frac{3 \times 118569.47}{34.2^2} kN/m = 304.12 kN/m, V_0 = \frac{304.12 \times 34.2}{2} kN = 5200.5 kN$$

连梁刚接时

$$q_{max} = \frac{3 \times 136952.4}{34.2^2} kN/m = 351.27 kN/m, V_0 = \frac{351.27 \times 34.2}{2} kN = 6006.72 kN$$

3. 水平地震作用下总剪力墙、总框架和总连梁的内力计算

（1）连梁铰接时总框架、总剪力墙内力。按倒三角形分布荷载相关公式计算，结果见表 7.13。

总剪力墙弯矩

$$M_w = \frac{qH^2}{\lambda^2}\left[\left(1 + \frac{\lambda \sinh\lambda}{2} - \frac{\sinh\lambda}{\lambda}\right)\frac{\cosh\lambda\xi}{\cosh\lambda} - \left(\frac{\lambda}{2} - \frac{1}{\lambda}\right)\sinh\lambda\xi - \xi\right]$$

总剪力墙剪力

$$V_w = \frac{qH}{\lambda^2}\left[\left(1 + \frac{\lambda \sinh\lambda}{2} - \frac{\sinh\lambda}{\lambda}\right)\frac{\lambda \sinh\lambda\xi}{\cosh\lambda} - \left(\frac{\lambda}{2} - \frac{1}{\lambda}\right)\lambda\cosh\lambda\xi - 1\right]$$

总框架剪力

$$V_f = V_p - V_w = \frac{qH}{2}(1 - \xi^2) - V_w$$

表 7.13　总框架及总剪力墙内力（连梁铰接）

层次	H_i/m	ξ	V_p/kN	$M_w/kN \cdot m$	V_w/kN	V_f/kN
10	34.2	1.0	0.02	0.0	−1064.8	1064.8
9	30.9	0.907	955.2	−1916.7	−114.2	1069.3
8	27.6	0.814	1813.52	−861.6	738.1	1075.4
7	24.3	0.722	2575.0	2858.3	1502.6	1072.5

（续）

层次	H_i/m	ξ	V_p/kN	M_w/kN·m	V_w/kN	V_f/kN
6	21.0	0.629	3239.7	8969.0	2188.6	1051.1
5	17.7	0.536	3807.5	17226.0	2804.6	1002.9
4	14.4	0.443	4278.5	27411.1	3358.3	920.2
3	11.1	0.351	4652.6	39330.0	3856.5	796.2
2	7.8	0.258	4929.9	52809.6	4305.2	624.7
1	4.5	0.142	5110.4	67696.3	4710.1	400.3
0	0	0	5200.5	90020.0	5200.5	0

（2）连梁刚接时总框架、总剪力墙及总连梁内力。刚接体系考虑连梁约束作用时，连梁刚度折减系数取 0.55，$\sum \dfrac{m_{ij}}{h} = 0.55 \times 1.083335736 \times 10^9\,\text{N} = 5.9583466 \times 10^8\,\text{N}$，结构刚度特征值 λ 为

$$\lambda = H\sqrt{\dfrac{C_f + \sum \dfrac{m_{ij}}{h}}{EI_w}} = 34200 \times \sqrt{\dfrac{(1.2282 + 0.55 \times 0.59583466) \times 10^9}{10.872895 \times 10^{17}}} = 1.40$$

总剪力墙弯矩 M_w、总剪力墙名义剪力 V_w' 的计算公式同铰接体系，总框架的名义 $V_f' = V_p - V_w'$，总框架的剪力为 $V_f = \dfrac{C_f}{C_f + \sum\limits_{i=1}^{10} \dfrac{m_{ij}}{h}} V_f'$，总连梁内力为 $m(x) = \dfrac{C_f}{C_f + \sum\limits_{i=1}^{10} \dfrac{m_{ij}}{h}} V_f'$，总剪力墙剪力 $V_w = V_p - V_f'$，计算结果见表 7.14。

表 7.14 框架、总剪力墙及总连梁内力（连梁刚接）

层次	H_i/m	M_w/kN·m	$V_p(\xi)$	V_w'/kN·m	m/kN	V_w/kN	V_f/kN
10	34.2	0.0	0.00	−1524.9	498.1	−1026.8	1026.8
9	30.9	−3193.5	1103.3	−432.1	501.6	69.4	1033.8
8	27.6	−2984.0	2094.7	540.7	507.6	1048.3	1046.3
7	24.3	262.9	2974.2	1411.4	510.5	1921.9	1052.3
6	21.0	6236.7	3741.9	2195.9	505.0	2700.9	1041.0
5	17.7	14676.9	4397.8	2908.5	486.5	3395.0	1002.8
4	14.4	25368.2	4941.8	3562.3	450.6	4012.9	928.9
3	11.1	38136.2	5374.0	4169.1	393.6	4562.7	811.3
2	7.8	52844.7	5694.3	4740.1	311.7	5051.7	642.5
1	4.5	69392.7	5902.7	5285.7	201.6	5487.2	415.5
	0	94806.7	6006.7	6006.7	0.00	6006.7	0.00

注：V_w'、V_f' 分别表示总剪力墙和总框架的名义剪力。

上述计算结果可见，考虑连梁的约束作用时，总水平地震作用增大；在结构上部，剪力墙弯矩增大，下部弯矩减小；剪力墙承担的剪力增大，框架承担的剪力减小。

4. 水平位移验算

按倒三角形水平荷载作用下的位移公式（如下）计算，结果见表 7.15。

$$y = \frac{qH^4}{EI_W \lambda^2}\left[\left(1+\frac{\lambda\sinh\lambda}{2}-\frac{\sinh\lambda}{\lambda}\right)\frac{\cosh\lambda\xi-1}{\lambda^2\cosh\lambda}+\left(\frac{1}{2}-\frac{1}{\lambda^2}\right)\left(\xi-\frac{\sinh\lambda\xi}{\lambda}\right)-\frac{\xi^3}{6}\right]$$

表 7.15　水平位移计算表

层次	H_i /m	h_i /m	连梁铰接		连梁刚接	
			f_i/m	$\Delta u/h$	f_i/m	$\Delta u/h$
10	34.2	3.3	0.023223222	1/1152	0.023131945	1/1191
9	30.9	3.3	0.020360527	1/1146	0.020363189	1/1179
8	27.6	3.3	0.017481115	1/1143	0.017565286	1/1168
7	24.3	3.3	0.014595295	1/1155	0.014740028	1/1170
6	21.0	3.3	0.011740098	1/1194	0.011919678	1/1197
5	17.7	3.3	0.008976522	1/1274	0.009163849	1/1265
4	14.4	3.3	0.006387085	1/1426	0.006556898	1/1403
3	11.1	3.3	0.004073637	1/1720	0.004205759	1/1677
2	7.8	3.3	0.002155409	1/2377	0.002238200	1/2296
1	4.5	4.5	0.000767282	1/5864	0.000801453	1/5614

可见，无论连梁刚接还是铰接，各层层间位移角均小于 1/800，满足弹性层间位移角限值的要求。当考虑连梁的约束作用时，结构侧移减小。

思考题

7-1　试从变形和内力两方面分析框架和剪力墙是如何协同工作的？协同工作计算的基本假定是什么？框架-剪力墙结构的计算简图有何物理意义？

7-2　图 7-25 所示结构，分别画出当计算横向水平荷载作用时和纵向水平荷载作用时的计算简图，并指出在框架—剪力墙结构计算简图中的总剪力墙、总框架和总连梁各代表实际结构中的哪些具体构件？

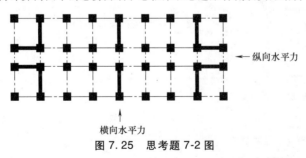

←纵向水平力

↑横向水平力

图 7.25　思考题 7-2 图

7-3　如何确定框架—剪力墙结构中剪力墙的合理数量？试分析剪力墙数量变化对结构侧移及内力的影响？

7-4　框架—剪力墙结构的平衡微分方程是如何建立的？边界条件如何确定？

7-5　什么是结构刚度特征值？它对结构的侧移及内力分配有何影响？

7-6　总剪力墙、总框架和总连梁的内力各应如何计算？各片墙、各榀框架及各根连梁的内力如何计算?

7-7　在框架结构、剪力墙结构及框架—剪力墙结构的扭转分析中，怎样确定各榀抗侧力结构的侧向刚度? 如何确定结构的刚度中心坐标? 扭转对结构内力有何影响?

7-8　框架—剪力墙结构应满足哪些构造措施?

7-9　在求出总剪力墙在各楼层处的内力后，如何求各片剪力墙在各楼层处的内力?

7-10　为什么要调整框架承担的剪力 V_f? 怎样调整?

 习　题

某 12 层房屋的结构平面图如图 7.26 所示，层高 3m，总高度 36m。在横向水平地震作用下各楼层处的水平地震力见表 7.16。

表 7.16　各楼层处的水平地震作用

层数	1	2	3	4	5	6	7	8	9	10	11	12
F_i /kN	70	84	112	140	168	197	225	254	281	310	353	572

已知沿横向，边柱的抗侧刚度 D 为 $1.2 \times 10^4 \text{kN/m}$，中柱的抗侧刚度 D 为 $1.8 \times 10^4 \text{kN/m}$，每片剪力墙抗弯刚度 $EI_w = 6.02 \times 10^7 \text{kN} \cdot \text{m}^2$。试按协同工作分析方法计算横向水平地震作用下结构的内力及位移（不计扭转效应）（注：过道处连梁刚度较小，可忽略其对剪力墙的约束作用，故按铰接体系进行设计）。

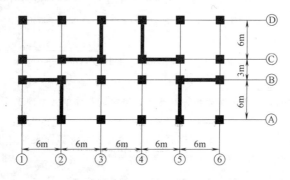

图 7.26　某 12 层房屋的结构平面图

钢筋混凝土筒体结构设计 第8章

本章提要
（1）筒体结构的类型及其结构布置
（2）筒体结构在水平荷载作用下的受力特点
（3）筒体结构在水平荷载作用下的简化计算
（4）筒体结构设计和构造要求

筒体结构由于具有造型美观、受力合理以及整体性强等优点，适用于较高的高层建筑。目前世界上最高的 100 幢高层建筑约 2/3 采用筒体结构，国内百米以上的高层建筑有一半以上采用钢筋混凝土筒体结构。筒体结构包括框筒、筒中筒、束筒结构以及框架—核心筒结构等，其中框架—核心筒结构虽然有筒体，但是这种结构与框筒、筒中筒、束筒结构的组成和传力体系有很大区别。框筒、筒中筒、束筒结构都是空间结构，需要用三维空间结构分析方法分析内力。但在初步设计阶段和选择结构的截面尺寸时，需要进行简单的结构估算，本章主要介绍筒体结构的简化近似计算方法以及筒体结构设计和构造要求。

8.1 筒体结构的布置及受力特点

8.1.1 框筒、筒中筒和束筒结构的布置

框筒、筒中筒、束筒都是高层建筑高效的抗侧力结构体系，框筒、筒中筒、束筒结构的布置应符合高层建筑的一般布置原则，结构布置应能充分发挥其空间整体作用，同时要考虑如何合理布置，减小剪力滞后，以便高效而充分发挥所有柱子的作用。结构布置的要点归纳如下：

1）筒体结构宜采用双轴对称平面，其性能以正多边形为最佳，且边数越多性能越好，剪力滞后现象越不明显，结构的空间作用越大。因此，平面形状以采用圆形和正多边形最为有利。当采用矩形平面时，其平面尺寸应尽量接近正方形，长宽比不宜大于 2。若长宽比过大时，可以在平面内另设剪力墙或柱距较小的框架，将筒体划分为若干个小筒，各个小筒体的刚度不要相差太大，形成束筒结构。三角形平面宜切角，外筒的切角长度不宜小于相应边长的 1/8，其角部可设置刚度较大的角柱或角筒，以避免角部应力过分集中；内筒的切角长度不宜小于相应边长的 1/10，切角处的筒壁宜适当加厚。

2）筒中筒结构的高度不宜低于 80m，高宽比不宜小于 3，以充分发挥筒体结构的作用。高宽比小的结构，不宜采用框筒、筒中筒或束筒结构。

3）筒中筒结构中的外框筒宜做成密柱深梁，一般情况下，柱距为 1~3m，不宜大于

4m；框筒梁的截面高度可取柱净距的 1/4 左右。开孔率是框筒结构的重要参数之一，框筒的开孔率不宜大于 60%，且洞口高宽比宜尽量和层高与柱距之比相近。当矩形框筒的长宽比不大于 2 和墙面开洞率不大于 50%时，外框筒的柱距可适当放宽。若密柱深梁的效果不足，可以沿结构高度，选择适当的楼层，设置整层高的环向桁架，以减小剪力滞后。

4）筒中筒结构的内筒宜居中，面积不宜太小，其边长可为高度的 1/12～1/15，也可为外筒边长的 1/2～1/3，其高宽比一般约为 12，不宜大于 15；如有另外的角筒或剪力墙时，内筒平面尺寸还可适当减小。内筒贯通建筑物的全高，竖向刚度宜均匀变化；内筒与外筒或外框架的中距，通常为 10～12m，非抗震设计时大于 15m、抗震设计时大于 12m 时宜采取增设内柱等措施。

5）框筒结构的柱截面宜做成正方形、矩形或 T 形，若为矩形截面，由于梁、柱的弯矩主要在框架平面内，框架平面外的柱弯矩较小，则矩形的长边应与筒壁方向一致。筒体的角部是联系两个方向的结构协同工作的重要部位，受力很大，通常要采取措施予以加强；内筒角部通常可以采用局部加厚等措施加强；外筒可以加大角柱截面尺寸，采用 L 形、槽形角墙等予以加强，以承受较大的轴力，并减小压缩变形，通常角柱面积宜取中柱面积的 1～2 倍，角柱面积过大，会加大剪力滞后现象，使角柱产生过大的轴力，特别当重力荷载不足以抵消拉力时，角柱将承受拉力。

6）由于框筒结构柱距较小，在底层往往因设置出入通道而要求加大柱距，必须布置转换结构。转换结构的主要功能是将上部柱荷载传至下部大柱距的柱子上。一般内筒应一直贯通到基础底板。

7）框筒结构中的楼盖构件的高度不宜太大，要尽量减小楼盖构件与柱子之间的弯矩传递，可将楼盖做成平板或密肋楼盖，采用钢楼盖时可将楼板梁与柱的连接处理成铰接；框筒或束筒结构可设置内柱，以减小楼盖梁的跨度，内柱只承受竖向荷载而不参与抵抗水平荷载，筒中筒结构的内外筒间距通常为 10～12m，宜采用预应力楼盖。

8）采用普通梁板体系时，楼面梁的布置方式一般沿内、外筒单向布置。外端与框筒柱一一对应；内端支承在内筒墙上，最好在平面外有墙相接，以增强内筒在支承处的平面抵抗力；角区楼板的布置，宜使角柱承受较大竖向荷载，以平衡角柱中的拉力双向受力。框筒或筒中筒结构梁板体系楼盖典型的布置方式如图 8.1 所示。

除普通梁板体系外，常用的楼板体系还有扁梁梁板体系、密肋楼盖、平板体系等，均可降低梁板高度，从而使楼层高度也可以降低。

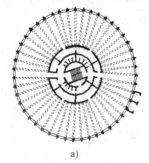 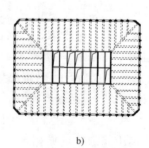 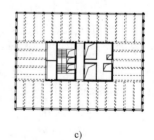

a)　　　　　　　　　　b)　　　　　　　　　　c)

图 8.1　筒体结构梁板式楼面布置示意图

9）在水平力作用下，筒中筒结构外框筒底柱承受较大轴力、抵抗较大倾覆弯矩，有显著的空间结构作用，因此内外筒之间不设伸臂构件，即筒中筒结构不设加强层，加强层对增大结构刚度的效果并不明显，反而使柱内力发生突变。

8.1.2　框架—核心筒结构的布置

框架—核心筒结构是目前高层建筑中应用最为广泛的一种结构体系，可以做成钢筋混凝土结构、钢结构或混合结构。可在一般高层建筑中应用，也可在超高层建筑中应用。在钢筋混凝土框架—核心筒结构中，外框架由钢筋混凝土梁和柱组成，核心筒采用钢筋混凝土实腹筒；在钢结构中，外框架由钢梁、钢柱组成，内部采用有支撑的钢框架筒。由于框架—核心筒结构的柱数量少，内力大，通常柱的截面都很大，为减小柱截面，常采用钢或钢骨混凝土、钢管混凝土等构件做成框架的柱和梁，与钢筋混凝土或钢骨混凝土实腹筒结合，就形成了混合结构。

框架—核心筒结构常在某些层设置水平伸臂构件，连接内筒和外柱，以增大结构抗侧刚度，称为框架—核心筒—伸臂结构。框架—核心筒结构的布置除须符合高层建筑的一般布置原则外，还应遵循以下原则。

1）平面形状没有限制，可以是方形、长方形、圆形或其他形状。结构平面布置刚度对称均匀，减少扭转。

2）核心筒是框架—核心筒结构中的主要抗侧力部分，承载力和延性要求都应更高，抗震时要采取提高延性的各种构造措施。核心筒宜贯通建筑物全高。核心筒的宽度不宜小于筒体总高的 1/12，当筒体结构设置角筒、剪力墙或增强结构整体刚度的构件时，核心筒的宽度可适当减小。

3）核心筒应具有良好的整体性，墙肢宜均匀、对称布置；筒体角部附近不宜开洞，当不可避免时，筒角内壁至洞口的距离不应小于 500mm 和开洞墙的截面厚度的较大值；抗震设计时，核心筒的连梁，宜通过配置交叉暗撑、设水平缝或减小梁截面的高宽比等措施来提高连梁的延性。在核心筒延性要求较高的情况下，可采用钢骨混凝土核心筒，即在纵横墙相交的地方设置竖向钢骨，在楼板标高设置钢骨暗梁，钢骨形成的钢框架可以提高核心筒的承载力和抗震性能。

4）框架—核心筒结构的周边柱间必须设置框架梁。框架可以布置成方形、长方形、圆形或其他多种形状，框架—核心筒结构对形状没有限制，框架柱距大，布置灵活，有利于建筑立面多样化。结构平面布置尽可能规则、对称，以减小扭转影响，质量分布宜均匀，内筒尽可能居中；核心筒与外柱之间距离一般为 10~12m，如果距离很大，则需要另设内柱，或采用预应力混凝土楼盖，否则楼层梁太大，不利于减小层高。沿竖向结构刚度应连续，避免刚度突变。

5）框架—核心筒结构内力分配的特点是框架承受的剪力和倾覆力矩都较小。抗震设计时，为实现双重抗侧力结构体系，对钢筋混凝土框架—核心筒结构，要求外框架构件的截面不宜过小，框架承担的剪力和弯矩需进行调整增大；对钢—混凝土混合结构，要求外框架承受的层剪力应达到总层剪力的 20%~25%。由于外钢框架柱截面小，钢框架—钢筋混凝土核心筒结构要达到这个比例比较困难，因此，这种结构的总高度不宜太大，如果采用钢骨混凝土、钢管混凝土柱，则较容易达到双重抗侧力体系的要求。

6）非地震区的抗风结构采用伸臂加强结构抗侧刚度是有利的，抗震结构则应进行仔细的方案比较，不设伸臂就能满足侧移要求时就不必设置伸臂，必须设置伸臂时，必须处理好框架柱与核心筒的内力突变，要避免柱出现塑性铰或剪力墙破坏等形成薄弱层的潜在危险。

7）框架—核心筒结构的楼盖类型和布置与筒中筒结构相似，但框架—核心筒结构柱的数量少，水平拉力大，为抵消柱的拉力楼盖布置更要注意使竖向荷载传递到拉力大的柱子上，避免在水平力作用下出现受拉柱。当内筒与外框架的中距大于 8m 时，应优先采用无粘结预应力混凝土楼盖。

8）在平面上外伸臂布置要对称，伸臂要与内筒的剪力墙对齐，伸臂的钢筋、钢构件伸进剪力墙。伸臂可以采用实腹梁、桁架、空腹桁架等。

9）当内筒偏置、长宽比大于 2 时，宜采用框架—双筒结构。当框架—双筒结构的双筒间楼板开洞时，其有效楼板宽度不宜小于楼板典型宽度的 50%，洞口附近楼板加厚，并应采取双层双向配筋，双筒间楼板宜按弹性楼板进行细化分析。

8.1.3 筒体结构的受力特点

框架—核心筒结构与筒中筒结构在平面形式上可能相似（图 8.2），但受力性能却有很大区别。对由密柱深梁形成的框筒结构，由于空间作用，在水平荷载作用下其翼缘框架柱承受很大的轴力；当柱距加大，裙梁的跨高比加大时，剪力滞后加重，柱轴力将随着框架柱距的加大而减小，即对柱距较大的"稀柱筒体"，翼缘框架柱仍然会产生一些轴力，存在一定的空间作用。但当柱距增大到与普通框架相似时，除角柱外，其他柱的轴力将很小，由量变到质变，通常就可忽略沿翼缘框架传递轴力的作用，按平面结构进行分析。框架—核心筒结构，因为有实腹筒存在，《高规》将其归入筒体结构，但就其受力性能来说，框架—核心筒结构更接近于框架—剪力墙结构，与筒中筒结构有很大的区别。

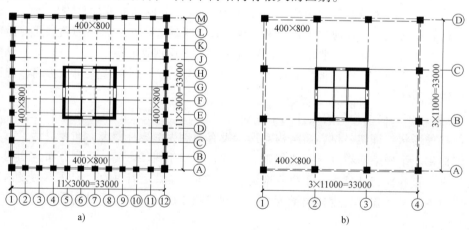

图 8.2　筒中筒结构和框架—核心筒结构

如图 8.2 所示的筒中筒结构和框架—核心筒结构，两个结构平面尺寸、结构高度、所受水平荷载均相同，两个结构楼板均采用平板。图 8.3 为筒中筒结构与框架—核心筒结构翼缘框架柱轴力的比较，由图可知，框架—核心筒的翼缘框架柱轴力小，柱数量较少，翼缘框架承受的总轴力要比框筒小得多，轴力形成的抗倾覆力矩也小得多；框架—核心筒结构主要是由①、④轴两片框架（腹板框架）和实腹筒协同工作抵抗侧力，角柱作为①、④轴两片框架的边柱而轴力较大；从①、④轴框架抗侧刚度和抗弯、抗剪能力看，也比框筒的腹板框架小得多。因此框架—核心筒结构抗侧刚度小得多。

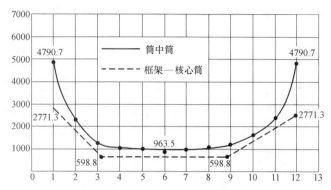

图 8.3　筒中筒结构和框架—核心筒结构翼缘框架轴力的比较

表 8.1 给出了两个结构的顶点位移和结构基本自振周期的比较。可以看出，框架—核心筒结构的自振周期长，顶点位移及层间位移都大，说明框架—核心筒结构的抗侧刚度远小于筒中筒结构。

表 8.1　筒中筒结构与框架—核心筒结构抗侧刚度比较

结构体系	周期/s	顶点位移		最大层间位移
		u_t/mm	u_t/H	$\Delta u/h$
筒中筒	3.87	70.78	1/2642	1/2106
框架—核心筒	6.65	219.49	1/852	1/647

表 8.2 给出了筒中筒结构与框架—核心筒结构的内力分配。由表可知，框架—核心筒结构的实腹筒承受的剪力占总剪力的 80.6%、倾覆力矩占 73.6%，比筒中筒的实腹筒承受的剪力和倾覆力矩所占比例都大；筒中筒结构的外框筒承受的倾覆力矩占 66%，而框架—核心筒结构中，外框架承受的倾覆力矩仅占 26.4%。说明框架—核心筒结构中实腹筒成为主要抗侧力部分，而筒中筒结构中抵抗剪力以实腹筒为主，抵抗倾覆力矩则以外框筒为主。

表 8.2　筒中筒结构与框架—核心筒结构内力分配比较　　　　　　　（单位：%）

结构体系	基底剪力		倾覆弯矩	
	实腹筒	周边框架	实腹筒	周边框架
筒中筒	72.6	27.4	34.0	66.0
框架—核心筒	80.6	19.4	73.6	26.4

如图 8.2 所示的框架—核心筒结构的楼板是平板，抗弯刚度有限，基本不传递弯矩和剪力，翼缘框架中间两根柱子的轴力是通过角柱传过来的，轴力不大。提高中间柱子的轴力，从而提高其抗倾覆力矩能力的方法之一，是设置连接外柱与内筒的楼面梁，如图 8.4 a 所示，与楼面梁连接的外框架柱与中部的剪力墙形成框架—剪力墙。二者共同抵抗侧向力，其抗侧刚度的贡献大于边框架对整体结构抗侧刚度的贡献。

图 8.4 b 给出的平板楼盖与梁板楼盖框架—核心筒翼缘框架所受轴力的比较表明，采用平板楼盖的框架—核心筒结构中，翼缘框架中间柱的轴力很小；而采用梁板楼盖的框架—核

心筒结构中，翼缘框架②、③轴柱的轴力反而比角柱更大，与荷载方向平行的主要抗侧力单元中，②、③轴框架—剪力墙的抗侧刚度大大超过①、④轴框架。

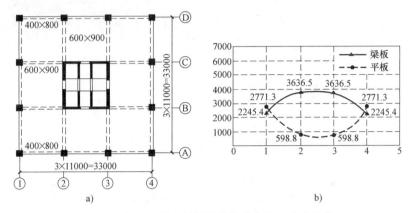

图 8.4　框架—核心筒结构翼缘框架轴力分布比较

表 8.3 给出了平板楼盖和梁板楼盖框架—核心筒结构自振周期、顶点位移和楼层最大层间位移角，梁板结构使结构抗侧刚度增大，周期缩短，虽然底部剪力增加，但顶点位移减少。

表 8.3　平板楼盖与梁板楼盖的框架—核心筒结构周期和位移比较

| 楼盖类型 | 周期/s | 顶点位移 | | 最大层间位移 |
		u_t/mm	u_t/H	$\Delta u/h$
平板楼盖	6.65	219.49	1/852	1/647
梁板楼盖	5.14	132.17	1/1415	1/1114

表 8.4 给出了平板楼盖和梁板楼盖的框架—核心筒结构内力分配比较，可见，采用梁板结构的由于翼缘框架柱承受了较大的轴力，周边框架承受的倾覆力矩加大，而核心筒承受的倾覆力矩减少，承受的剪力略有增加。

表 8.4　平板楼盖与梁板楼盖的框架—核心筒结构内力分配比较

| 楼盖类型 | 基底剪力/% | | 倾覆弯矩/% | |
	实腹筒	周边框架	实腹筒	周边框架
平板楼盖	80.6	19.4	73.6	26.4
梁板楼盖	85.8	14.2	54.4	45.6

在采用平板楼盖的框架—核心筒结构，框架虽然也具有空间作用而使翼缘框架柱产生轴力，但是柱数量少，轴力也小，远远不能达到周边框筒所起的作用。采用梁板结构，可使翼缘框架中间柱的轴力提高，从而充分发挥周边柱的作用。但是当周边柱与内筒相距较远时，楼板大梁的跨度大，梁高较大，为了保持楼层的净空，层高要加大，对于高层建筑而言，这是不经济的，为此另外一种可选择的、充分发挥周边柱作用的方案是采用框架—核心筒—伸臂结构。

8.2　筒体结构计算方法

筒体结构是空间整体受力，而且由于薄壁筒和框筒都有剪力滞后现象，受力情况非常复杂。为了保证计算精度和结构安全，筒体结构整体计算宜采用能反映空间受力的结构计算模型以及相应的计算方法。一般可假定楼盖在自身平面内具有绝对刚性，采用三维空间分析方法通过计算机进行内力和位移分析。本节主要介绍几个简化的手算方法，适用于方案阶段估算截面尺寸。

8.2.1　等效槽形截面近似估算方法

在水平荷载作用下，框筒结构出现明显的剪力滞后现象，翼缘框架只在靠近腹板框架的地方轴力较大，柱子发挥其受力作用；靠中间的柱子受力较小，不能充分发挥其作用。因此可将翼缘框架的一部分作为腹板框架的有效翼缘，不考虑中部框筒柱的作用，从而框筒结构可化为两个等效槽形截面（图 8.5）。

等效槽形截面的翼缘有效宽度取下列三者的最小值：框筒腹板框架宽度的 1/2；框筒翼缘框架宽度的 1/3，框筒总高度的 1/10。按照材料力学组合截面惯性矩的计算方法，计算等效槽形截面的弯曲刚度 EI_e

$$I_e = \sum_{j=1}^{m} I_{cj} + \sum_{j=1}^{m} A_{cj}y_j^2 \qquad (8.1)$$

式中　I_{cj}、A_{cj}——槽形截面各柱的惯性矩和截面面积；

　　　　y_j——柱中心至槽形截面形心的距离。

对筒中筒结构，将总的水平力按框筒刚度 EI_e 与内筒刚度 EI_w 的比例进行分配，可求得外框筒承担的水平力，从而计算水平力在框筒各楼层产生的剪力 V 和倾覆力矩 M。如果只有外框筒，则水平力全部由外框筒承受。

把框筒作为整体弯曲的双槽形截面悬臂梁，可得槽形截面范围内柱和裙梁的内力计算公式

$$N_{cj} = \frac{My_{cj}A_{cj}}{I_e} \qquad (8.2)$$

$$V_{bj} = \frac{VSh}{I_e} \qquad (8.3)$$

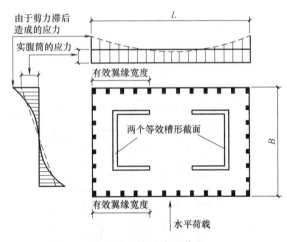

图 8.5　等效槽形截面

式中　M、V——水平力产生的整体弯矩和楼层剪力；

　　　　S——所求剪力的梁到双槽形截面边缘间各柱截面面积对框筒中性轴的静矩；

　　　　h——所求剪力的梁所在高度处框筒的层高（若梁上、下的层高不同，取平均值）。

根据梁的剪力，并假定反弯点在梁净跨度的中点，可求得柱边缘处梁端截面的弯矩。

8.2.2　等效平面框架法——翼缘展开法

该法适用于矩形平面的框筒结构在水平荷载和扭转荷载作用下的计算，将空间问题转化为平面问题，可利用平面框架的有限元程序进行分析。

根据框筒结构的受力特点，可采用如下两点基本假定：

1）对筒体结构的各榀平面单元，可只考虑单元平面内的刚度，略去其出平面外的刚度。因此，可忽略外筒的梁柱构件各自的扭转作用。

2）楼盖在其自身平面内的刚度为无穷大，因此，当筒体结构受力变形时，各层楼板在水平面内做平面运动（产生水平移动或绕竖轴转动）。在使框筒产生整体弯曲的水平力作用下，对于有两个水平对称轴的矩形框筒结构，可取其 1/4 进行计算，如图 8.6a、b 所示为 1/4 框筒的平面图和 1/4 空间框筒，其中水平荷载也按 1/4 作用于半个腹板框架上。按计算假定，不考虑框架的平面外刚度，当框筒发生弯曲变形时，翼缘框架平面外的水平位移不引起内力。在对称荷载下，翼缘框架在自身平面内没有水平位移。因此，可把翼缘框架绕角柱转 90°，使与腹板框架处于同一平面内，以形成等效平面框架体系，进行内力和位移的计算（图 8.6a、c）。

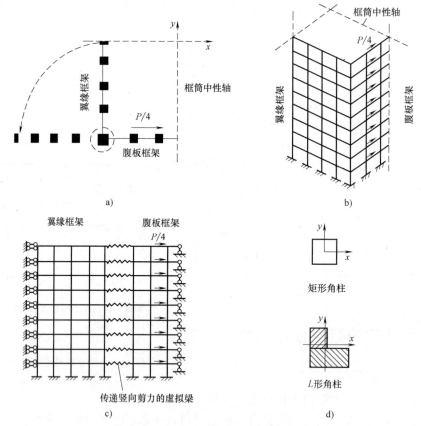

图 8.6 翼缘展开法计算简图

由于翼缘和腹板框架间的公用角柱为双向弯曲，故在等效平面框架中，须将角柱分为两个，一个在翼缘框架中，另一个在腹板框架中。为保证翼缘框架和腹板框架间竖向力的传递及竖向位移的协调，在每层梁处各设置一个只传递竖向剪力的虚拟梁，虚拟梁的抗剪刚度系数取一个非常大的数值，其弯曲和轴向拉压刚度系数取为零。在翼缘框架的对称线上沿框架高度各节点无转角，但有竖向位移，故在翼缘框架位于对称轴上的节点处，应附加定向支座；而在腹板框架的对称线上沿框架高度各节点有水平位移和转角，无竖向位移，故应设置竖向支承链杆（图 8.6c）。

将角柱分为两个后，进行弯曲刚度计算时，惯性矩可取各自方向上的值（图 8.6d）。若角柱为圆形或矩形截面，截面的两个形心主惯性轴分别位于翼缘框架和腹板框架内，两个角柱各采用相应的主惯性轴的惯性矩；若角柱截面的两个形心轴不在翼缘和腹板框架平面内，则在翼缘框架和腹板框架中角柱都不是平面弯曲，而是斜弯曲，两个角柱惯性矩的取值需再做适当的简化假定，如 L 形截面角柱，可分别取 L 形截面的一个肢作为矩形截面来计算。计算角柱的轴向刚度时，角柱的截面面积可按任选比例分给两个角柱，如翼缘框架和腹板框架的角柱截面面积可各取原角柱面积的 1/2，计算后，将翼缘框架和腹板框架角柱的轴力叠加，作为原角柱的轴力。建立起 1/4 框筒的等效平面框架，可按平面框架适用的方法求解。如用矩阵位移法计算时，对图 8.6c 所示的平面框架，因框筒由深梁和宽柱组成，梁和柱应按两端带刚域的杆件，建立单元刚度矩阵 $[K_e]$；再建立总刚度矩阵 $[K]$，然后用聚缩自由度的方法，求出只对应于腹板框架节点水平位移的侧向刚度矩阵 $[K_x]$，得

$$[K_x]\{\Delta_x\} = \{P_x\} \tag{8.4}$$

式中　$\{\Delta_x\}$——水平位移列向量；

$\{P_x\}$——作用在腹板框架上的水平力列向量。

按上式可求得 $\{\Delta_x\}$，进而可求得框架全部节点位移以及梁柱的内力。

8.2.3　空间杆系—薄壁柱矩阵位移法

筒体结构的计算分析应当采用较精确的三维空间分析方法。空间杆系—薄壁柱矩阵位移法是将框筒的梁、柱简化为带刚域杆件，按空间杆系方法求解，每个结点有 6 个自由度，单元刚度矩阵为 12 阶；将内筒视为薄壁杆件，考虑其截面翘曲变形，每个杆端有 7 个自由度，比普通空间杆件单元增加了双力矩所产生的扭转角，单元刚度矩阵为 14 阶；外筒与内筒通过楼板连接协同工作，通常假定楼板为平面内无限刚性板，忽略其平面外刚度。楼板的作用只是保证内外筒具有相同的水平位移，而楼板与筒之间无弯矩传递关系。该法的优点是可以分析梁柱为任意布置的一般的空间结构，可以分析平面为非对称的结构和荷载，并可获得薄壁柱（内筒）受约束扭转引起的翘曲应力。

8.3　筒体结构的截面设计及构造要求

筒体结构是由梁、柱（框筒）和剪力墙（实腹筒）组成，其截面设计和构造措施的有关要求可参考框架和剪力墙的相应要求。根据筒体结构特点和《高规》补充介绍如下：

抗震设计时，框架—核心筒结构和筒中筒结构，如果各层框架按侧向刚度承担的地震剪力不小于结构底部总地震剪力的 20%，则框架的地震剪力可以不进行调整，否则应按《高规》相应规定进行调整。

由于剪力滞后，框筒结构中各柱的竖向压缩量不同，角柱压缩变形最大，因而楼板四角下沉较多，出现翘曲现象。设计楼板时，外角板宜设置双层双向附加构造钢筋（图 8.7），对防止楼板角部开裂具有明显效果，其单层单向配筋率不宜小于 0.3%，钢筋的直径不应小于 8mm，间距不应大于 150mm，配筋范围不宜小于外框架（或外筒）至内筒外墙中距的1/3和 3m。

核心筒由若干剪力墙和连梁组成，其截面设计和构造措施应符合剪力墙结构的有关规定。各剪力墙的截面形状应尽量简单；截面形状复杂的墙体应按应力分布配置受力钢筋。此外，考虑到核心筒是筒体结构的主要承重和抗侧力结构，筒角又是保证核心筒整体作用关键部位，其边缘构件应适当加强，底部加强部位约束边缘构件沿墙肢的长度不应小于墙肢截面高度的 1/4，约束边缘构件范围内应全部采用箍筋。

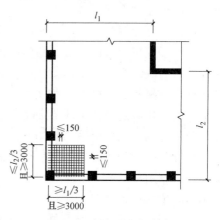

图 8.7　板角附加钢筋图

框筒梁的截面承载力设计方法、截面尺寸限制条件及配筋形式可参照一般框架梁进行。外框筒梁和内筒连梁的构造配筋：

1）非抗震设计时，箍筋直径不应小于 8mm，间距不应大于 150mm；抗震设计时，箍筋直径不应小于 10mm，箍筋间距沿梁长不变，且不应大于 100mm；当梁内设置交叉暗撑时，箍筋间距不应大于 150mm。框筒梁上、下纵向钢筋的直径均不应小于 16mm；腰筋的直径不应小于 10mm，间距不应大于 200mm。

2）跨高比不大于 2 的框筒梁和内筒连梁宜配对角斜向钢筋。跨高比不大于 1 的框筒梁和内筒连梁应采用交叉暗撑。要求梁的截面宽度不宜小于 400mm，全部剪力应由暗撑承担（图 8.8）。每根暗撑应由 4 根纵向钢筋组成，纵筋直径不应小于 14mm，其总面积 A_s 应按下列公式计算

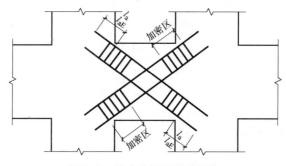

图 8.8　梁内交叉暗撑的配筋

持久、短暂设计状况时

$$A_s \geq \frac{V_b}{2f_y \sin\alpha} \tag{8.5}$$

地震设计状况时

$$A_s \geq \frac{\gamma_{RE} V_b}{2f_y \sin\alpha} \tag{8.6}$$

式中　V_b——外框筒或内筒连梁的剪力设计值；

　　　　A_s——钢筋的截面面积；

　　　　f_y——钢筋抗拉强度设计值；

　　　　α——暗撑与水平线的夹角；

γ_{RE}——承载力抗震调整系数。

3）两个方向暗撑（图8.8）的纵向钢筋均应采用矩形箍筋或螺旋箍筋绑成一体，箍筋直径不应小于8mm，间距不应大于150mm；端部加密区的箍筋间距不应大于100mm，加密区长度不应小于600mm及梁截面宽度的2倍；纵筋伸入竖向构件的长度，非抗震设计时为l_a，抗震设计时宜取$1.15l_a$，其中l_a为钢筋的锚固长度。

4）抗震设计时，核心筒墙体应满足以下要求：底部加强部位主要墙体的水平、竖向配筋不宜少于0.3%；底部加强部位角部墙体约束边缘构件沿墙肢的长度宜取墙肢截面高度的1/4，约束边缘构件范围内应主要采用箍筋；底部加强部位以上角部墙体约束边缘构件按剪力墙结构相关规定设置。核心筒的连梁，宜通过配置交叉暗撑、设水平缝或减小梁截面的高宽比等措施来提高连梁的延性。

思 考 题

8-1 什么是剪力滞后效应？为什么会出现这些现象？

8-2 从结构布置上，如何减小框筒和筒中筒结构的剪力滞后？

8-3 不同楼盖结构对框架—筒体结构有何影响？

8-4 筒体结构窗裙梁的设计与普通框架梁的设计相比有何特点？

8-5 说明框架—核心筒结构布置应遵循的主要原则有哪些？

8-6 水平荷载下，框架—核心筒结构与筒中筒结构受力性能的最大区别有哪些？

8-7 框筒结构的角柱截面为何要适当加大？

复杂高层建筑结构设计 | 第9章

本章提要

(1) 复杂高层建筑结构的概念及主要类型

(2) 复杂高层建筑结构的受力特点

(3) 复杂高层建筑结构的结构布置及设计要求

现代高层建筑向着体型复杂、功能多样的综合性发展，为人们提供了良好的生活环境和工作条件，体现了建筑设计的人性化理念；但同时也使建筑结构受力复杂、抗震性能变差、结构分析和设计方法复杂化。从结构受力和抗震性能方面来说，工程设计中不宜采用复杂高层建筑结构。

《高规》列出了常用的复杂高层建筑结构，如带转换层的结构、带加强层的结构、错层结构、连体结构以及竖向体型收进、悬挑结构，并规定：

1）9度抗震设计时不应采用带转换层的结构、带加强层的结构、错层结构和连体结构；7度和8度抗震设计的高层建筑不宜同时采用超过两种上述的复杂结构。

2）7度和8度抗震设计时，剪力墙结构错层高层建筑的房屋高度分别不宜大于80m和60m；框架—剪力墙结构错层高层建筑的房屋高度分别不应大于80m和60m。主要是因为错层结构竖向布置不规则，错层附近竖向抗侧力结构易形成薄弱部位，楼盖系统也因错层受到较大的削弱。

3）抗震设计时，B级高度高层建筑不宜采用连体结构，震害表明，连体位置越高越容易塌落；房屋越高，连体结构的地震反应越大。

4）底部带转换层的筒中筒结构B级高度高层建筑，当外筒框支层以上采用由剪力墙构成的壁式框架时，其最大适用高度应比表2.2规定的数值适当降低。

对于复杂高层建筑的结构，目前尚没有完善的设计计算方法，要根据具体的结构体系和布置特点合理选择、灵活处理。基于已建建筑的成功经验，本章着重强调与复杂高层建筑结构相关的基本概念。

9.1 带转换层的高层建筑结构

在高层建筑中，沿房屋高度方向建筑功能有时会发生变化，如下部楼层作为商店、餐馆、文化娱乐设施用，需要尽可能大的室内空间，要求柱网大、墙体少；中部楼层作为办公用房，需要中等的室内空间，可以在柱网中布置一定数量的墙体；上部楼层作为住宅、旅馆用房，需要采用小柱网或布置较多的墙体。为了满足上述使用功能要求，结构设计时，上部楼层可采用室内空间较小的剪力墙结构，中部楼层可采用框架—剪力墙结构，下部楼层则可布置为框架结构。为此，必须在两种结构体系转换的楼层设置水平转换结构构件，如图 9.1 所示。

多数情况下转换层设置在底部，但也有高位转换的情况，通过转换层，可以实现上下部结构体系的转换、上下部柱网和轴线的改变。

转换层结构受力复杂，增加了结构的复杂程度，主要表现在：转换层的上部、下部结构布置或体系有变化，容易形成下部刚度小、上部刚度大的不利结构，易出现下部变形过大的软弱层，或承载力不足的薄弱层，而软弱层本身又十分容易发展成为承载力不足的薄弱层而在大震时倒塌。因此，传力通畅，克服和改善结构沿高度方向的刚度和质量不均匀是带转换层结构设计的关键。

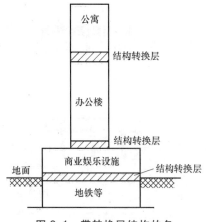

图 9.1 带转换层结构的多功能综合性高层建筑

9.1.1 转换层的主要结构形式

1. 内部结构采用的转换层结构形式

目前工程中应用的转换层结构形式有转换梁、桁架、空腹桁架、箱形结构、斜撑等。非抗震设计和 6 度抗震设计时转换构件可采用厚板，7、8 度抗震设计的地下室的转换结构构件可采用厚板。

（1）梁式转换层（图 9.2a） 梁式转换层具有传力直接、明确，受力性能好，构造简单和施工方便等优点，一般应用于底部大空间剪力墙结构体系中，是目前应用最多的一种转换层结构形式。转换梁可沿纵向或横向平行布置，当需要纵、横向同时转换时，可采用双向梁的布置方案（图 9.2b）。

（2）板式转换层（图 9.2c） 当上下柱网、轴线有较大的错位，难以用梁直接承托时，可做成厚板，形成板式转换层。板的厚度一般很大，以形成厚板式承台转换层。其优点是下层柱网可以灵活布置，不必严格与上层结构对齐，施工简单。但由于板很厚，自重就增大，材料消耗很多。捷克布拉迪斯拉发市基辅饭店就是典型的采用厚板式转换层的实例。

（3）箱式转换层（图 9.2d） 单向托梁或双向托梁与其上、下层较厚的楼板共同工作，可以形成整体刚度很大的箱形转换层。箱形转换层是利用原有的上、下层楼板和剪力墙经过加强后组成的，其平面内刚度较单层梁板结构大得多，改善了带转换层高层建筑结构的整体受力性能。箱形转换层结构受力合理，建筑空间利用充分，实际工程中也有一定应用。

（4）斜杆桁架式和空腹桁架式转换层（图 9.2e、f） 在梁式转换层结构中，当转换梁跨度很大且承托层数较多时，转换梁的截面尺寸将很大，造成结构经济指标上升，结构方案不合理。另外，采用转换梁也不利于大型管道等设备系统的布置和转换层建筑空间的充分利用。因此，采用桁架结构代替转换梁作为转换层结构是一种较为合理可行的方案。桁架式转换层具有受力性能好、结构自重较轻、经济指标好以及充分利用建筑空间等优点，但其构造和施工复杂。空腹桁架式转换层在室内空间利用上比桁架式转换层和箱式转换层均好。

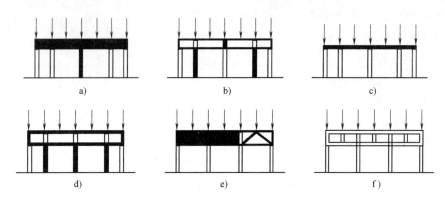

图9.2　内部结构采用的转换层结构形式

a）单向梁式　b）双向梁式　c）板式　d）箱式　e）斜杆桁架式　f）空腹桁架式

2. 外部结构采用的转换层结构形式

由于建筑使用功能的需要，外围结构往往要在底部扩大柱距。目前结构形式有梁式转换、桁架式转换、墙式转换、间接式转换、合柱式转换、拱式转换等，如图9.3所示。梁式转换，底层用几根大柱支撑，给人以稳定、强壮的感觉，如在香港康乐中心大厦等建筑中采用；合柱式转换，三柱合一柱的方式，结构合理，造型美观，曾在纽约世界贸易中心等建筑中采用；拱式转换，曾用在日本岗山住友生命保险大楼等建筑中，将拱与桁架结合获得大跨度的转换效果。

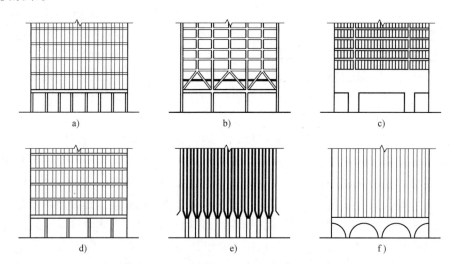

图9.3　外部结构采用的转换层结构形式

a）梁式转换　b）桁架式转换　c）墙式转换

d）间接式转换　e）合柱式转换　f）拱式转换

转换层采用深梁、实心厚板或箱形厚板，当楼层面积较小时，转换层刚度很大，可视为刚性转换层；当采用斜腹杆桁架或空腹杆桁架，且楼层面积较大时，可视为弹性转换层。

9.1.2　结构布置及设计要求

由于转换层刚度较其他楼层刚度大很多，质量也相对较大，加剧了结构沿高度方向刚度和质量的不均匀性；同时，转换层上、下部的竖向承重构件不连续，墙、柱截面突变，导致传力路线曲折、变形和应力集中。因此，带转换层高层建筑结构的抗震性能较差，设计时应采取措施，尽量减少转换，调整布置，使水平转换结构传力直接，应尽量强化转换层下部主体结构刚度，弱化转换层上部主体结构刚度，使转换层上下部主体结构的刚度、质量及变形特征尽量接近，通过合理的结构布置改善其受力和抗震性能。

1. 底部转换层的设置高度

研究结果表明，对于带转换层的底层大空间剪力墙结构，底部转换层位置越高，转换层上、下刚度突变越大，转换层上、下构件内力的突变越剧烈；转换层上部附近的墙体容易破坏，落地剪力墙或筒体易出现受弯裂缝，从而使框支柱的内力增大，对结构抗震不利。

因此，底部大空间部分框支剪力墙高层建筑结构在地面以上的大空间层数，设防烈度为7 度和 8 度时分别不宜超过 5 层和 3 层，6 度时可适当增加。对于底部带转换层的框架—核心筒结构和外筒为密柱框架的筒中筒结构，由于其转换层上、下刚度突变不明显，上、下构件内力的突变程度也小于部分框支剪力墙结构，转换层设置高度对这两种结构的影响较部分框支剪力墙结构小，所以对这两种结构，其转换层位置可适当提高。当底部带转换层的筒中筒结构的外筒为由剪力墙组成的壁式框架时，其转换层上、下部的刚度和内力突变程度与部分框支剪力墙结构较接近，所以其转换层设置高度的限值宜与部分框支剪力墙结构相同。

2. 转换层上部结构与下部结构的侧向刚度控制

转换层下部结构的侧向刚度一般小于其上部结构的侧向刚度，但如果二者相差悬殊，则会使转换层下部形成柔软层，对结构抗震不利。为保证下部大空间整体结构有适宜的刚度、强度、延性和抗震能力，应尽量强化转换层下部主体结构刚度，弱化转换层上部主体结构刚度，使转换层上下部主体结构的刚度及变形特征尽量接近。常见的措施有：加大筒体尺寸，加厚下部筒壁厚度，提高混凝土强度等级，上部剪力墙开洞、开口、短肢、薄墙等。

1）当转换层设置在 1、2 层时，可近似采用转换层与其相邻上层结构的等效剪切刚度比 γ_{e1} 表示转换层上、下层结构刚度的变化，γ_{e1} 宜接近 1，非抗震设计时 γ_{e1} 不应小于 0.4，抗震设计时 γ_{e1} 不应小于 0.5。

$$\gamma_{e1} = \frac{G_1 A_1 h_2}{G_2 A_2 h_1} \tag{9.1}$$

$$A_i = A_{wi} + \sum_j C_{i,j} A_{ci,j} \, (i = 1,2) \tag{9.2}$$

$$C_{i,j} = 2.5 \left(\frac{h_{ci,j}}{h_i} \right)^2 (i = 1,2) \tag{9.3}$$

式中 G_1、G_2——转换层和转换层上层的混凝土剪切模量；

A_1、A_2——转换层和转换层上层的折算抗剪截面面积；

A_{wi}——第 i 层全部剪力墙在计算方向的有效截面面积（不包括翼缘面积）；

$A_{ci,j}$——第 i 层第 j 根柱的截面面积；

h_i——第 i 层的层高；

$h_{ci,j}$——第 i 层第 j 根柱沿计算方向的截面高度；

$C_{i,j}$——第 i 层第 j 根柱截面面积折算系数，当值大于 1 时取 1。

2）当转换层设置在第 2 层以上时，按式（2.1）计算，计算转换层与其相邻上层的侧向刚度比不应小于0.6。

3）当转换层设置在第2层以上时，尚应按图9.4计算模型按式（9.4）计算其转换层下部与上部结构的等效侧向刚度比 γ_{e2}。γ_{e2} 宜接近1，非抗震设计时 γ_{e2} 不应小于0.5，抗震设计时 γ_{e2} 不应小于0.8。

$$\gamma_{e2} = \frac{\Delta_2 H_1}{\Delta_1 H_2} \tag{9.4}$$

式中　γ_{e2}——转换层下、上部结构的等效侧向刚度比；

H_1——转换层及其下部结构（图9.4a）的高度；

Δ_1——转换层及其下部结构（图9.4a）顶部在单位水平力作用下的侧向位移；

H_2——转换层上部若干层结构（图9.4b）的高度，其值应等于或接近于高度 H_1，且不大于 H_1；

Δ_2——转换层上部若干层结构（图9.4b）的顶部在单位水平力作用下的侧向位移。

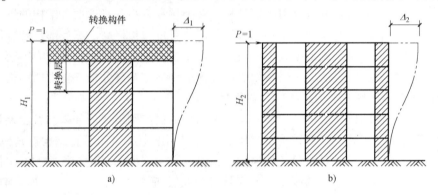

图9.4　转换层上下等效侧向刚度计算模型

3. 转换构件的布置

由于厚板转换层的板厚很大，质量相对集中，引起结构沿竖向质量和刚度严重不均匀，对结构抗震不利，一般非抗震设计或6度抗震设计时可采用。

采用空腹桁架转换层时，空腹桁架宜满层设置，空腹桁架的上下弦杆宜考虑楼板作用，并应加强与框架柱的锚固连接。

转换层上部的竖向抗侧力构件（墙、柱）宜直接落在转换层的主构件上。但实际工程中会遇到转换层上部剪力墙平面布置复杂的情况，这时一般采用由转换主梁承托剪力墙并承托转换次梁及次梁上的剪力墙，其传力途径多次转换，受力复杂。试验结果表明，转换主梁除承受其上部剪力墙的作用外，还承受次梁传来的剪力、扭矩等作用，使转换主梁容易产生剪切破坏，因此，设计中应对转换主梁进行应力分析，按应力校核配筋，并加强配筋构造措施。工程设计中，如条件许可，也可考虑采用箱形转换层。

4. 部分框支剪力墙和筒体结构的布置

为防止转换层下部结构在地震中严重破坏甚至倒塌，应按下述原则布置落地剪力墙（筒体）。

1）落地框支剪力墙结构要有足够数量的剪力墙上、下贯通落地，并按刚度比要求底部增加墙厚；带转换层的筒体结构的内筒应全部上、下贯通落地，并按刚度比要求底部增加筒壁厚度。

2）框支柱周围楼板不应错层布置，防止框支柱产生剪切破坏。

3）落地剪力墙和筒体的洞口宜布置在墙体的中部，使落地剪力墙各墙肢受力（剪力、弯矩、轴力）比较均匀。

4）框支梁上一层墙体内不宜设边门洞，也不宜在框支中柱上方设门洞。试验研究和计算分析结果表明，这些门洞使框支梁的剪力大幅度增加，边门洞小墙肢应力集中，很容易破坏。

5）落地剪力墙的间距 L 宜符合以下规定：非抗震设计，L 不宜大于 $3B$ 和 36m；抗震设计，底部框支层为 $1\sim2$ 层时，L 不宜大于 $2B$ 和 24m；底部为 3 层及 3 层以上框支层时，L 不宜大于 $1.5B$ 和 20m。此处，B 为落地墙之间楼盖的平均宽度。

6）框支柱与落地剪力墙的距离，$1\sim2$ 层框支层时不宜大于 12m，3 层及 3 层以上框支层时不宜大于 10m。

7）框支框架承担的地震倾覆力矩不应大于结构总倾覆力矩的 50%。

转换层结构的计算要全面，必须将转换结构作为整体结构中的一个重要组成部分，采用符合实际受力变形状态的正确计算模型进行三维空间整体结构计算分析。采用有限元方法对转换结构进行局部补充计算时，转换结构以上至少取两层结构进入局部计算模型，同时应考虑转换层及所有楼层楼盖平面内刚度，考虑实际结构三维空间盒子效应，采用比较符合实际边界条件的正确计算模型。整体结构宜进行弹性时程分析补充计算和弹塑性时程分析校核，还应注意对整体结构进行重力荷载下准确施工模拟计算。

转换层结构应满足《高规》中 10.2 节有关计算和构造要求。

9.2　带加强层的高层建筑结构

9.2.1　加强层的主要结构形式

当框架—核心筒结构的高度较大、高宽比较大或侧向刚度不足时，可沿竖向利用建筑避难层、设备层设置适宜刚度的水平伸臂构件，形成带加强层的高层建筑结构。必要时，加强层也可同时设置周边水平环带构件。水平伸臂构件、周边环带构件可采用斜腹杆桁架、实体梁、箱形梁（整层或跨若干层）、空腹桁架等形式。

环向构件是指沿结构周边布置一层楼或两层楼高的桁架，其作用是：

1）加强结构周边竖向构件的联系，提高结构的整体性。

2）协同周边竖向构件的变形，减小竖向变形差，使竖向构件受力均匀。

在框筒结构中，刚度很大的环向构件加强了深梁作用，可减小剪力滞后；在框架—筒体结构中，环向构件加强了周边框架柱的协同工作，并可将与伸臂相连接的柱轴力分散到其他柱子上，使相邻柱子受力均匀。由于采光通风等要求，实际工程中多采用斜杆桁架或空腹桁架。伸臂和环向构件如同时设置，宜设置在同一层。

伸臂与环向构件可采用相同的结构形式，但二者的作用不同。在较高的高层建筑结构中，如果将减小侧移的伸臂结构与减少竖向变形差的环向构件结合使用，则可在顶部及 $(0.5\sim0.6)H$（H 为结构总高度）处设置两道伸臂，综合效果较好。图 9.5 为伸臂在平面中布置示意图。

9.2.2 伸臂加强层的结构设计要求

1. 伸臂加强层的作用

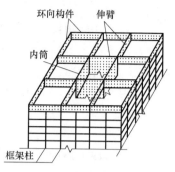

图 9.5 伸臂在平面中布置示意图

在框架—核心筒结构中通过刚度很大的斜腹杆桁架、实体梁、整层或跨若干层高的箱形梁、空腹桁架等水平伸臂构件，在平面内将内筒和外柱连接，沿建筑高度可根据控制结构整体侧移的需要设置一道、二道或几道水平伸臂构件。由于水平伸臂构件的刚度很大，在结构产生侧移时，它将使外柱拉伸或压缩，从而承受较大的轴力，增大了外柱抵抗的倾覆力矩，同时使内筒反弯，减小侧移。

由于伸臂加强层的刚度比其他楼层的刚度大很多，所以带加强层高层建筑结构属竖向不规则结构。在水平地震作用下，结构的变形和破坏容易集中在加强层附近，即形成薄弱层；伸臂加强层的上、下相邻层的柱弯矩和剪力均发生突变，使这些柱子容易出现塑性铰或产生脆性剪切破坏。加强层的上、下相邻层柱子内力突变的大小与伸臂刚度有关，伸臂刚度越大，内力突变越大；加强层与其相邻上、下层的侧向刚度相差越大，则柱子越容易出现塑性铰或剪切破坏，形成薄弱层。因此，设计时宜采用"有限刚度"的加强层，应尽可能采用桁架、空腹桁架等整体刚度大而杆件刚度不大的伸臂构件，桁架上、下弦杆（截面小、刚度也小）与柱相连，可以减小不利影响。

2. 伸臂加强层的结构布置及要求

1）加强层的数量、刚度和位置要合理，效率要高。设置伸臂加强层的主要目的在于增大整体结构刚度、减小侧移。因此，有关加强层的合理位置和数量的研究，一般都是以减小侧移为目标函数进行分析和优化。研究分析表明：当设置一个加强层时，其最佳位置为底部固定端以上（$0.60\sim0.67$）H（H 为结构总高度）处，即大约在结构的 2/3 高度处；当设置两个加强层时，如果其中一个设在 $0.7H$ 以上（也可在顶层），则另一个设置在 $0.5H$ 处，可以获得较好的效果；设置多个加强层时结构侧移会进一步减小，但侧移减小量并不与加强层数量成正比；当设置的加强层数量多于 4 个时，进一步减小侧移的效果就不明显。因此，加强层不宜多于 4 个。设置多个加强层时，一般可沿高度均匀布置。《高规》规定：当布置 1 个加强层时，可在 0.6 倍房屋高度附近；当布置 2 个加强层时，位置可在顶层和 0.5 倍房屋高度附近；当布置多个加强层时，宜沿竖向从顶层向下均匀布置。

2）优化方案、传力直接、锚固可靠。水平伸臂构件宜贯通核心筒，其平面布置宜位于核心筒的转角（图 9.5）或 T 字形节点处，避免核心筒墙体因承受很大的平面外弯矩和局部应力集中而破坏。水平伸臂构件与周边框架的连接宜采用铰接或半刚接，以保证其与核心筒的可靠连接；结构内力和位移计算中，设置水平伸臂桁架的楼层宜考虑楼板平面内的变形。

3）应避免加强层及相邻框架柱内力增大而引起的不安全，加强层及上、下邻层框架柱和核心筒应加强配筋构造，加强层及相邻楼盖的刚度和配筋应加强。

① 为避免在加强层附近形成薄弱层，使结构在罕遇地震作用下能呈现强柱弱梁、强剪弱弯的延性机制，加强层及其相邻层的框架柱和核心筒剪力墙的抗震等级应提高一级采用，一级提高至特一级，若原抗震等级为特一级则不再提高；加强层及其上、下相邻层的框架

柱，箍筋应全柱段加密，轴压比限值应按其他楼层框架柱的数值减少 0.05 采用。

　　② 加强层及其相邻层核心筒剪力墙应设置约束边缘构件。

9.3　错层结构

9.3.1　错层结构的应用

　　当建筑物使用功能对层高要求不同、立面与造型效果需要又不能分开的平面组合在一起时即形成了竖向错层结构（图 9.6）。常见的如高层商品住宅楼，将同一套单元内的几个房间设在不同高度的几个层面上，形成错层结构，如图 9.7 所示为错层剪力墙房屋的剖面图。

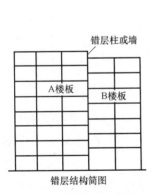

错层结构简图

图 9.6　错层结构示意图

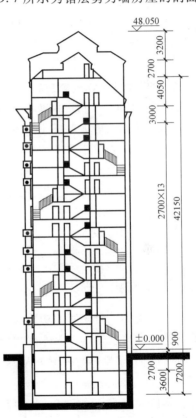

图 9.7　错层剪力墙结构房屋

　　从结构受力和抗震性能来看，错层结构属竖向不规则结构，对结构抗震不利。由于楼板分成数块，且相互错置，削弱了楼板协同结构整体受力的能力；由于楼板错层，在一些部位形成短柱，使应力集中。剪力墙结构错层后，会使部分剪力墙的洞口布置不规则，形成错洞剪力墙或叠合错洞剪力墙；框架结构错层可能形成许多短柱与长柱混合的不规则体系。因此，高层建筑特别是位于地震区的高层建筑应尽量不采用错层结构。

9.3.2　错层结构的结构布置及要求

　　国内有关单位做过错层剪力墙结构住宅房屋模型振动台试验对比，结果表明，平面布置不规则、扭转效应显著的错层剪力墙结构破坏严重；而平面布置规则的错层剪力墙结构，其破坏程度相对较轻。

研究发现，错层框架结构或错层框架—剪力墙结构，其抗震性能比错层剪力墙结构更差。因此，抗震设计时，高层建筑沿竖向宜避免错层布置。当房屋不同部位因功能不同而使楼层错层时，宜采用防震缝划分为独立的结构单元。另外，错层结构房屋其平面布置宜简单、规则，避免扭转；错层两侧宜采用结构布置和侧向刚度相近的结构体系，以减小错层处墙、柱的内力，避免错层处形成薄弱部位。当采用错层结构时，为了保证结构分析的可靠性，相邻错开的楼层不应归并为一个刚性楼板层计算。

在错层结构的错层处，其墙、柱等构件易产生应力集中，受力较为不利，应采取以下加强措施：

1）抗震设计时，错层处框架柱的截面高度不应小于 600mm，混凝土强度等级不应低于 C30，箍筋应全柱段加密。抗震等级应提高一级采用，一级应提高至特一级，若原抗震等级为特一级时应允许不再提高。

2）错层处平面外受力的剪力墙的截面厚度，非抗震设计时不应小于 200mm，抗震设计时不应小于 250mm，并均应设置与之垂直的墙肢或扶壁柱；抗震设计时，其抗震等级应提高一级采用。错层处剪力墙的混凝土强度等级不应低于 C30，水平和竖向分布钢筋的配筋率，非抗震设计时不应小于 0.3%，抗震设计时不应小于 0.5%。

如果错层处混凝土构件不能满足设计要求时，则需采取有效措施改善其抗震性能，如框架柱可采用型钢混凝土柱或钢管混凝土柱，剪力墙内可设置型钢等。

9.4　连体结构

9.4.1　连体结构的形式

在高层建筑中，由于使用功能和立面造型效果的需要，常在两塔楼上部用连廊或天桥相连，形成连体高层建筑。目前连体高层建筑结构主要有底部相连、中部相连和顶部相连等形式（图 9.8）。上海凯旋门大厦就是两个主体结构在高度 79.46~97.46m 的几层连成整体楼层（图 9.9）。

经验和研究表明，地震区的连体高层建筑破坏严重，主要表现为连廊塌落，主体结构与连接体的连接部位破坏严重。两个主体结构之间设多个连廊的，高处的连廊首先破坏并塌落，底部的连廊也有部分塌落；两个主体结构高度不相等或体型、面积和刚度不同时，连体破坏尤为严重。因此，连体高层建筑是一种抗震性能较差的复杂结构形式。7 度、8 度抗震设计时，层数和刚度相差悬殊的建筑不宜采用连体结构。

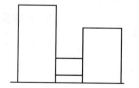 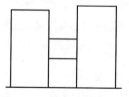 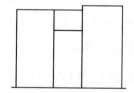

图 9.8　连体结构示意图

9.4.2 连体结构的构造措施及设计要求

连体结构各独立部分宜有相同或相近的体型、平面布置和刚度；宜采用双轴对称的平面形式。7度（0.15g）和8度抗震设计时，连体结构的连接体应考虑竖向地震作用的影响；6度和7度（0.10g）抗震设计时，高位连体结构的连接体宜考虑竖向地震作用的影响。

（1）连接体与主体结构的连接

1）连体结构中连接体与主体结构的连接宜采用刚性连接。刚性连接时，连接体结构的主要结构构件应至少延伸至主体结构一跨，并有可靠连接；必要时可延伸至主体部分的内筒，并与内筒可靠连接。

2）当连接体结构与主体结构采用滑动连接时，其支座滑移量应能满足两个方向在罕遇地震作用下的位移要求，并应采取防坠落、撞击措施。

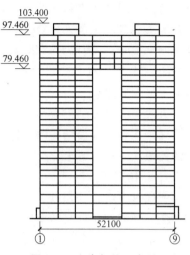

图9.9 上海凯旋门大厦

（2）连接体结构及相邻结构构件的抗震设计要求

1）为防止地震时连接体结构以及主体结构与连接体结构的连接部位严重破坏，保证整体结构安全可靠，抗震设计时，连接体及与连接体相连的结构构件在连接体高度范围及其上、下层，抗震等级应提高一级采用，一级提高至特一级，若原抗震等级为特一级应允许不再提高。

2）与连接体相连的框架柱在连接体高度范围及其上、下层，箍筋应全柱段加密配置，轴压比限值应按其他楼层框架柱的数值减少0.05采用。

3）与连接体相连的剪力墙在连接体高度范围及其上、下层，应设置约束边缘构件。

（3）连接体结构的加强措施

1）连接体结构应加强构造措施。刚性连接的连接体可设置钢梁、钢桁架、型钢混凝土梁，型钢应伸入主体结构并加强锚固。连接体结构的边梁截面宜加大；楼板厚度不宜小于150mm，宜采用双层双向钢筋网，每层每方向钢筋的配筋率不宜小于0.25%。

2）刚性连接的连接体楼板应进行受剪界面和承载力验算。

3）连接体结构包括多个楼层时应特别加强最下面一个楼层和顶层的构造设计。

9.5 多塔楼结构、竖向收进及悬挑结构

多塔楼结构、竖向收进及悬挑结构，竖向体型突变属于竖向不规则结构，竖向突变部位楼板宜加强，楼板厚度不小于150mm，宜双向双层配筋，每层每方向钢筋网的配筋率不宜小于0.25%。体型突变部位上、下层结构的楼板也应加强构造措施。

9.5.1 多塔楼结构

高层建筑上部主体建筑要满足自然通风与采光、消防等要求，平面体型不能过于巨大，而地下室及裙楼从提供大空间使用、防水、立面一致性及经济性等方面考虑要求大平面体

型，这样出现了越来越多的大底盘多塔楼结构，即底部几层布置为大底盘，上部采用两个或两个以上的塔楼作为主体结构，图 9.10 为一大底盘多塔楼结构示意图。这种多塔楼结构的主要特点是在多个塔楼的底部有一个连成整体的大裙房，形成大底盘。

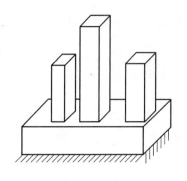

图 9.10 大底盘多塔楼
结构示意图

大底盘多塔楼结构应采用整体和分塔楼计算模型分别验算整体结构和各塔楼结构的扭转为第一周期与平动为第一周期的比值，并符合要求。

1. 结构布置

大底盘多塔楼高层建筑结构在大底盘上一层突然收进，使其侧向刚度和质量突然变化。由于大底盘上有两个或多个塔楼，结构振型复杂，并会产生复杂的扭转振动，引起结构局部应力集中，对结构抗震不利。如果结构布置不当，则竖向刚度突变、扭转振动反应及高振型的影响将会加剧。因此，结构布置应满足下列要求：

1）多塔楼建筑结构各塔楼的层数、平面和刚度宜接近。多塔楼结构模型振动台试验研究和数值计算分析结果表明，当各塔楼的质量和侧向刚度不同、分布不均匀时，结构的扭转振动反应大，高振型对内力的影响更为突出。所以，为了减轻扭转振动反应和高振型反应对结构的不利影响，位于同一裙房上各塔楼的层数、平面形状和侧向刚度宜接近；如果各多塔楼的层数、刚度相差较大时，宜用防震缝将裙房分开。

2）塔楼底盘结构宜对称布置，塔楼结构的综合质心与底盘结构质心距离不宜大于底盘相应边长的20%（塔楼结构的综合质心是指将各塔楼平面看作一组合平面而求得的质量中心）。试验研究和计算分析结果表明，当塔楼结构与底盘结构质心偏心较大时，会加剧结构的扭转振动反应。因此，结构布置时应注意尽量减小塔楼与底盘的偏心。

3）抗震设计时，转换层不宜设置在底盘屋面的上层塔楼内；否则，应采取有效的抗震措施。多塔楼结构中同时带转换层结构，是在同一工程中采用两种复杂结构，结构的侧向刚度沿竖向突变与结构内力传递途径改变同时出现，已经使结构受力更加复杂，不利于结构抗震。如再把转换层设置在大底盘屋面的上层塔楼内，则转换层与大底盘屋面之间的楼层更容易形成薄弱部位，加剧了结构破坏。因此，设计中应尽量避免将

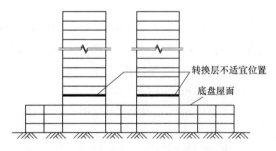

图 9.11 转换层不适宜位置示意图

转换层设置在大底盘屋面的上层塔楼内；否则，应采取有效的抗震措施，包括提高该楼层的抗震等级、增大构件内力等。震害及计算分析表明，转换层宜设置在底盘楼层范围内，不宜设置在底盘以上的塔楼内（图 9.11）。

2. 加强措施

大底盘多塔楼结构是通过下部裙房将上部各塔楼连接在一起的，与无裙房的单塔楼结构相比，其受力最不利部位是各塔楼之间的裙房连接体。这些部位除应满足一般结构的有关规

定外，尚应采取下列加强措施：

1）为保证多塔楼高层建筑结构底盘与塔楼的整体作用，底盘屋面楼板，底盘屋面上、下层结构的楼板应加强构造措施。当底盘屋面为结构转换层时，其底盘屋面楼板的加强措施应符合转换层楼板的规定。

2）为保证多塔楼高层建筑中塔楼与底盘的整体工作，抗震设计时，对其底部薄弱部位应予以特别加强，多塔楼之间裙房连接体的屋面梁应加强；塔楼中与裙房连接体相连的外围柱、剪力墙，从固定端至裙房屋面上一层的高度范围内，柱纵向钢筋的最小配筋率宜适当提高，柱箍筋宜在裙房屋面上、下层的范围内全高加密，剪力墙宜按抗震规范规定设置约束边缘构件。图 9.12 为多塔楼结构加强部位示意图。

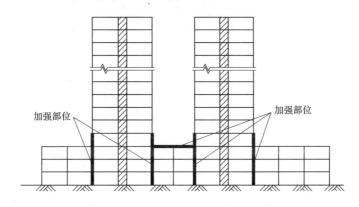

图 9.12 多塔楼结构加强部位示意图

9.5.2 悬挑结构

悬挑部分的结构一般竖向刚度较差、结构冗余度不高，因此需采取措施降低结构自重、增加结构冗余度，进行竖向地震作用验算，提高悬挑关键构件的承载力和抗震措施，防止相关部位在竖向地震作用下发生结构坍塌。结构设计应满足下列要求：

1）抗震设计时，悬挑结构的关键构件以及与之相邻的主体结构的关键构件的抗震等级宜提高一级采用，一级提高至特一级，若原抗震等级为特一级，允许不再提高。

2）7 度（0.15g）和 8、9 度抗震设计时，悬挑结构应考虑竖向地震影响。6、7 度抗震设计时，悬挑结构宜考虑竖向地震影响。

3）结构分析计算中，悬挑部位的楼层宜考虑楼板平面内的变形，结构分析模型应能反映水平地震作用对悬挑部位可能产生的竖向振动影响。

4）在预估罕遇地震作用下，悬挑结构关键构件的截面承载力计算满足要求。

9.5.3 竖向收进结构

地震震害和试验研究分析表明，结构体型收进过多或收进位置过高时，因上部结构刚度突然降低，其收进部位形成薄弱部位，因此，在收进的相邻部位应采取更高的抗震措施：

1）当结构偏心收进时，受结构整体扭转效应的影响，下部结构的周边竖向构件内力增大较多，应予以加强（图 9.13）。

2）上部收进结构的底部楼层层间位移角不宜大于相邻下部区段最大层间位移角的

1.15 倍，

3）抗震设计时，体型收进部位上、下各两层塔楼周边竖向结构构件的抗震等级宜提高一级采用，若原抗震等级为特一级，允许不再提高。

4）结构偏心收进时，应加强收进部位以下两层结构周边竖向构件的配筋构造措施。

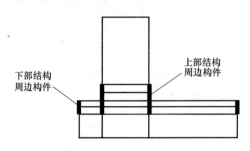

图 9.13　体型收进结构加强部位示意图

思 考 题

9-1　分析常见的复杂高层建筑结构的受力特点及主要类型。

9-2　转换层有几种主要结构形式？带转换层高层建筑的结构布置应考虑哪些问题？

9-3　加强层主要结构形式有哪几种？试述其设置原则。

9-4　伸臂加强层的设置部位和数量如何确定？伸臂在结构平面上如何布置？

9-5　结构错层后会带来哪些不利影响？结构布置时应注意哪些问题？

9-6　连接体结构的形式有哪些？应采取哪些加强措施？

9-7　对多塔楼结构，结构布置时主要考虑哪些问题？应采取哪些加强措施？

高层混合结构设计 第10章

```
本章提要
（1）高层混合结构的类型及主要受力特点
（2）高层混合结构构件类型及结构布置
（3）高层混合结构的计算分析
（4）高层混合结构型钢混凝土构件设计及构造要求
（5）高层混合结构钢管混凝土构件设计及构造要求
```

10.1 概述

钢和混凝土混合结构体系是近年来我国迅速发展的一种新型结构体系。由于其有降低自重、减少结构断面尺寸、延性好、施工速度快的特点，已经引起人们关注。目前已建成的有高度在150～200m的北京京广中心、深圳发展中心、世界金融大厦等，还有一些超过300m的高层建筑也采用或部分采用了混合结构。这里所讲的高层混合结构是指由外围钢框架或型钢混凝土、钢管混凝土框架与钢筋混凝土核心筒组成的框架—核心筒结构，以及由外围钢框筒或型钢混凝土、钢管混凝土框筒与钢筋混凝土核心筒组成的筒中筒结构。

应注意：为减少柱子尺寸或增加延性而在混凝土柱中设置构造型钢，而框架梁仍为钢筋混凝土梁时，该体系不宜视为混合结构；此外对于体系中局部构件（如框支梁柱）采用型钢梁柱（型钢混凝土梁柱）也不应视为混合结构。

混合结构是由两种性能有较大差异的结构组合而成的，其主要受力特点有：

1）在钢框架—混凝土筒体混合结构体系中，混凝土筒体承担了绝大部分的水平剪力，而钢框架承受的剪力约为楼层总剪力的5%，但由于钢筋混凝土筒体的弹性极限变形很小，约为1/3000，在达到规程限定的变形时，钢筋混凝土抗震墙已经开裂，而此时钢框架尚处于弹性阶段，地震作用在抗震墙和钢框架之间会进行再分配，钢框架承受的地震力会增加，而且钢框架是重要的承重构件，它的破坏和竖向承载力的降低，将危及房屋的安全。

2）混合结构高层建筑随地震强度的加大，损伤加剧，阻尼增大，结构破坏主要集中于混凝土筒体，表现为底层混凝土筒体的混凝土受压破坏、暗柱和角柱纵向钢筋压屈，而钢框架没有明显的破坏现象，结构整体破坏属于弯曲型。混合结构体系建筑的抗震性能在很大程度上取决于混凝土筒体，为此必须采取有效措施保证混凝土筒体的延性。

3）钢框架梁和混凝土筒体连接区受力复杂，预埋件与混凝土之间的粘结容易遭到破坏，当采用楼面无限刚性假定进行分析时，梁只承受剪力和弯矩，但试验表明，这些梁实际上还存在轴力，而且由于轴力的存在，往往在节点处引起早期破坏，因此节点设计必须考虑水平力的有效传递。

4）混凝土筒体浇筑后会产生收缩、徐变，总的收缩、徐变量比荷载作用下的轴向变形大，而且要很长时间以后才趋于稳定，而钢框架无此性能。因此，在混合结构中，即使无外荷载作用，混凝土筒体的收缩、徐变也有可能使钢框架产生很大的内力。

10.2　高层建筑混合结构布置

10.2.1　混合结构构件类型

1. 型钢混凝土构件

型钢混凝土构件是指在型钢周围配置钢筋并浇筑混凝土的结构构件，又称钢骨混凝土构件，简称 SRC（steel reinforced concrete）。

（1）型钢混凝土梁　型钢混凝土梁截面如图 10.1a 所示，其中型钢骨架一般采用实腹轧制工字钢或由钢板拼焊成工字形截面。对于大跨度梁，其型钢骨架多采用华伦式钢桁架（图 10.2b）。

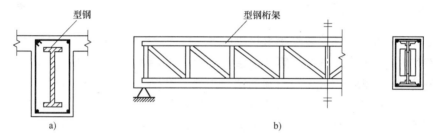

图 10.1　型钢混凝土梁

（2）型钢混凝土柱　工程中常用的型钢混凝土柱截面如图 10.2 所示，柱内埋设的型钢芯柱，有以下几种类型：轧制 H 型钢或由钢板拼焊成的 H 形截面（图 10.2a）；由一个 H 形钢和两个剖分 T 形钢拼焊成的带翼缘十字形截面（图 10.2b）；方钢管（图 10.2c）；圆钢管（图 10.2d）；由一个工字形钢或窄翼缘 H 形钢及一个剖分 T 形钢拼焊成的带翼缘 T 形截面（图 10.2e）。

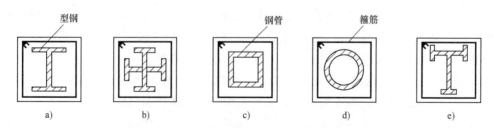

图 10.2　型钢混凝土柱截面形式

对于特大截面型钢混凝土柱，为了防止柱在剪压状态下的脆性破坏，可在柱内埋设多根较小直径的圆形钢管（图 10.3），取代常用的 H 形、十字形型钢芯柱，以增强型钢对混凝土的约束作用，提高混凝土的抗压强度和构件延性，使柱的力学性能接近于钢管混凝土柱。

（3）型钢混凝土剪力墙和筒体 型钢混凝土剪力墙截面如图 10.4 所示，通常在墙的两端、纵横墙交接处、洞口两侧以及沿实体墙长度方向每隔不大于 6m 处设置型钢暗柱（图 10.4a），或在端柱内设置型钢芯柱（图 10.4b）。在钢框架—混凝土核心筒结构中，为了提高钢筋混凝土核心筒的承载力和变形能力以及便于与钢梁连接，通常在核心筒的转角和洞边设置型钢芯柱，形成型钢混凝土筒体。

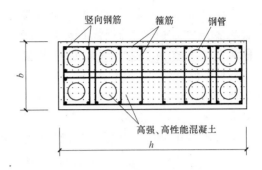

图 10.3 特大截面型钢混凝土柱的截面形式

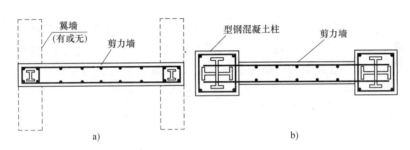

图 10.4 型钢混凝土剪力墙

2. 钢管混凝土构件

钢管混凝土构件是在钢管内部充填浇筑混凝土的结构构件，钢管内部一般不再配置钢筋，简称 CFST（concrete filled steel tube）。早期的钢管混凝土构件多采用圆钢管（图 10.5a），钢管内的混凝土受到钢管的有效约束，可显著提高其抗压强度和极限压应变，而混凝土可增强钢管的稳定性，使钢材的强度得以充分发挥。因此，钢管混凝土柱是一种比较理想的受压构件形式，具有良好的抗震性能。

对于承受特大荷载的大截面圆钢管混凝土柱，为了避免钢管壁过厚，可在柱截面内增设一个较小直径钢管，即二重钢管柱（图 10.5d），内钢管的直径一般取外钢管直径的 1/2。

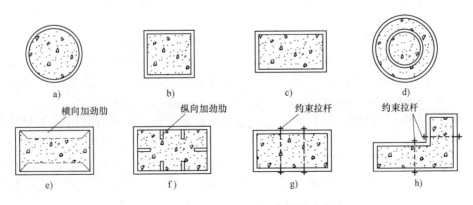

图 10.5 钢管混凝土柱的截面形式

由于高层建筑的平面、体形和使用功能日趋多样化，单一的圆钢管混凝土柱已不能满足要求，所以方形、矩形以及 T 形、L 形截面（图 10.5b、c、h）等异形钢管混凝土柱已在高层建筑中应用。对于大截面方形、矩形、T 形和 L 形等钢管混凝土柱，为强化钢管对内部混凝土的约束作用，并延缓管壁钢板的局部屈曲，宜加焊横向或纵向加劲肋（图 10.5e、f），或按一定间距设置约束拉杆（图 10.5g、h）。

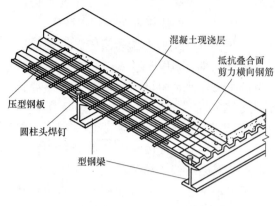

图 10.6　钢—混凝土组合梁板示意图

3. 钢—混凝土组合梁板

钢—混凝土组合梁板（steel-concrete composite beamand slab）是利用钢材（钢梁和压型钢板）承受构件截面上的拉力、混凝土承受压力，使钢材的抗拉强度和混凝土的抗压强度均得到充分利用。组合梁板中的钢梁可以承担施工荷载，而压型钢板可直接作为楼板混凝土的模板，加快施工进度，减轻楼板自重，因而在高层建筑楼盖结构中应用较多。图 10.6 为钢—混凝土组合梁板构造示意图。

10.2.2　混合结构的结构布置

混合结构的结构布置除了要满足以下所述之外，还应满足第 2 章有关规定。

1）混合结构的平面布置应符合下列规定：

① 平面宜简单、规则、对称，具有足够的整体抗扭刚度，宜采用方形、矩形、多边形、圆形等规则、对称平面，建筑的开间、进深宜统一。

② 筒中筒结构体系中，当外围钢框架柱采用 H 形截面柱时，宜将柱截面强轴方向布置在外围筒体平面内；角柱宜采用十字形、方形或圆形截面。

③ 楼盖主梁不宜搁置在核心筒或内筒的连梁上。

2）混合结构的竖向布置宜符合下列要求：

① 结构的侧向刚度和承载力沿竖向宜均匀变化、无突变，构件截面宜由下至上逐渐减小。

② 混合结构的外围框架柱沿高度宜采用同类结构构件。当采用不同类型结构构件时，连接处应设置过渡层，且单柱的抗弯刚度变化不宜超过 30%，避免刚度和承载力的突变。

③ 对于刚度变化较大的楼层，如转换层、加强层、空旷的顶层、顶部突出的部分、型钢混凝土框架与钢框架的交接层及邻近楼层，应采取可靠的过渡加强措施。

④ 钢框架部分采用支撑时，宜采用偏心支撑和耗能支撑，支撑宜双向连续布置；框架支撑宜延伸至基础。

3）7 度抗震设计时，宜在楼面钢梁或型钢混凝土梁与混凝土筒体交接处及混凝土筒体四角墙内设置型钢柱；8、9 度抗震设计时，应在楼面钢梁或型钢混凝土梁与混凝土筒体交接处及混凝土筒体四角墙内设置型钢柱。

4）混合结构中，外围框架平面内梁与柱应采用刚性连接；楼面梁与钢筋混凝土筒体及外围框架柱的连接可采用刚接或铰接。

5）楼盖体系应具有良好的水平刚度和整体性，其布置应符合下列规定：

① 楼面宜采用压型钢板现浇混凝土组合楼板、现浇混凝土楼板或预应力混凝土叠合楼板，楼板与钢梁应可靠连接。

② 机房设备层、避难层及外伸臂桁架上下弦杆所在楼层的楼板宜采用钢筋混凝土楼板，并应采取加强措施。

③ 对于建筑物楼面有较大开洞或为转换楼层时，应采用现浇混凝土楼板；对楼板大开洞部位宜采取设置刚性水平支撑等加强措施。

6）当侧向刚度不足时，混合结构可设置刚度适宜的加强层。加强层宜采用伸臂桁架，必要时可配合布置周边带状桁架。加强层设计应符合下列规定：

① 伸臂桁架和周边带状桁架宜采用钢桁架。

② 伸臂桁架应与核心筒墙体刚接，上、下弦杆均应延伸至墙体内且贯通，墙体内宜设置斜腹杆或暗撑；外伸臂桁架与外围框架柱宜采用铰接或半刚接，周边带状桁架与外框架柱的连接宜采用刚性连接。

③ 核心筒墙体与伸臂桁架连接处宜设置构造型钢柱，型钢柱宜至少延伸至伸臂桁架高度范围以外上、下各一层。

④ 当布置有外伸桁架加强层时，应采取有效措施减少由于外框柱与混凝土筒体竖向变形差异引起的桁架杆件内力。

10.3 混合结构的计算分析

在弹性阶段，混合结构的内力与侧移分析方法与混凝土结构相同，但在计算模型、结构参数的选取等方面有不同之处。

1）弹性分析时，宜考虑钢梁与现浇混凝土楼板的共同作用，梁刚度可取钢梁刚度的 1.5~2.0 倍，但应保证钢梁与楼板的可靠连接。弹塑性分析时可不考虑钢梁与楼板的共同作用。

2）结构弹性阶段的内力和分析时，构件刚度取值应符合：

① 型钢混凝土构件、钢管混凝土柱的刚度按下式计算

$$EI = E_c I_c + E_a I_a \tag{10.1}$$

$$EA = E_c A_c + E_a A_a \tag{10.2}$$

$$GA = G_c A_c + G_a A_a \tag{10.3}$$

式中　$E_c I_c$、$E_c A_c$、$G_c A_c$——钢筋混凝土部分的截面抗弯刚度、轴向刚度及抗剪刚度；

$E_a I_a$、$E_a A_a$、$G_a A_a$——型钢和钢管部分的截面抗弯刚度、轴向刚度及抗剪刚度。

② 无端柱型钢混凝土剪力墙可近似按照相同截面的混凝土剪力墙计算其轴向、抗弯、抗剪刚度，不计端部型钢对截面刚度的提高作用。

③ 有端柱型钢混凝土剪力墙可按照 H 形混凝土截面计算其轴向和抗弯刚度，端柱内型钢可折算为等效混凝土面积，计入 H 形截面的翼缘面积，墙的抗剪刚度不计端部型钢的作用。

④ 钢板混凝土剪力墙可将钢板折算为等效混凝土面积计算其轴向、抗弯和抗剪刚度。

3）竖向荷载作用时，宜考虑钢柱、型钢混凝土（钢管混凝土）柱与钢筋混凝土核心筒竖向变形差异引起的结构附加内力，计算竖向变形差异时宜考虑混凝土收缩、徐变、沉降及施工调整等因素的影响。

4）当混凝土筒先于外围框架结构施工时，应考虑施工阶段筒体在风力及其他荷载作用下的不利受力状态；应验算在浇筑混凝土前外围型钢结构在施工荷载作用下及可能的风荷载作用下的承载力、稳定及变形，并据此确定钢结构安装于现浇楼层混凝土的间隔层数。

5）混合结构在多遇地震作用下的阻尼比可取 0.04，风荷载作用下楼层位移验算和构件设计时，阻尼比可取 0.02～0.04。

6）结构内力和位移验算时，设置伸臂桁架的楼层以及楼板开大洞的楼层应考虑楼板变形的不利影响。

10.4　型钢混凝土结构设计

10.4.1　型钢混凝土构件的受力性能

研究表明，当型钢翼缘位于截面受压区，且配置一定数量的纵向钢筋和箍筋时，型钢与外包混凝土能较好地协调变形，共同承受荷载作用，截面应变分布基本上符合平截面假定，其破坏形态与钢筋混凝土梁、柱构件类似。构件达到最大承载力后，受压区混凝土保护层的剥落范围和程度比钢筋混凝土构件要大一些，但混凝土剥落深度仅发展到型钢受压翼缘。由于型钢骨架本身的作用以及型钢内侧混凝土受到型钢的约束，这种构件的 $P\text{-}\Delta$ 曲线上荷载峰值之后的负斜率较小，荷载峰值后的持荷能力较强，并且表现出相当大的变形能力，是钢筋混凝土构件所不能及的。

研究表明，型钢混凝土构件的剪切破坏形态，主要有剪切斜压破坏、剪切粘结破坏和剪压破坏。由于型钢与混凝土的粘结性能比钢筋与混凝土粘结性能差得多，因此在剪跨比不很小的情况下，就会产生沿型钢翼缘的剪切粘结破坏。在型钢混凝土构件中配置一定数量的箍筋，增加对型钢外围混凝土的约束，或在型钢翼缘外侧设置栓钉，提高二者之间的粘结强度，可以避免出现剪切粘结破坏。

与钢筋混凝土构件中箍筋的配置方式不同，实腹式型钢混凝土构件中的型钢腹板在构件中是连续配置的，其受剪承载力和抗剪刚度比仅配箍筋构件要大得多，因此，这种构件的剪力主要由型钢腹板承担。随着荷载的增加，型钢腹板首先发生剪切屈服，构件最后因剪压区混凝土达到剪压复合受力强度而破坏，型钢混凝土构件受剪承载力和变形能力比一般钢筋混凝土构件要大得多。

10.4.2　型钢混凝土梁承载力计算

1. 正截面承载力计算

型钢混凝土框架梁，其正截面受弯承载力应按下列基本假定进行计算：

1）截面应变保持平面。

2）不考虑混凝土的抗拉强度。

3）受压边缘混凝土极限压应变 ε_{cu} 取 0.003，相应的最大压应力取混凝土轴心抗压强度

设计值 f_c，受压区应力图形简化为等效的矩形应力图，其高度取按平截面假定确定的中和轴高度乘以系数 0.8，矩形应力图的应力取为混凝土轴心抗压强度设计值。

4) 型钢腹板的应力图形为拉、压梯形应力图形。设计计算时，简化为等效矩形应力图形。

5) 钢筋应力取等于钢筋应变与其弹性模量的乘积，但不大于其强度设计值。受拉钢筋和型钢受拉翼缘的极限拉应变 ε_{su} 取 0.01。

对采用充满型、实腹型的型钢混凝土框架梁，把型钢翼缘作为纵向受力钢筋的一部分，并在平衡方程中考虑型钢腹板的轴向承载力 N_{aw} 和受弯承载力 M_{aw}，则平衡方程为（图 10.7）

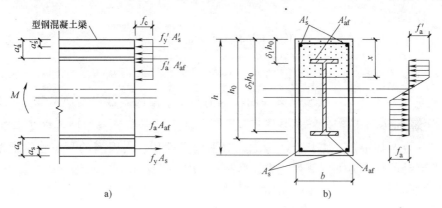

图 10.7　型钢混凝土梁正截面应力图形

$$M \leqslant \frac{1}{\gamma_{RE}}\left[f_c bx\left(h_0 - \frac{x}{2} \right) + f'_y A'_s (h_0 - a'_s) + f'_a A'_{af}(h_0 - a'_a) + M_{aw} \right] \tag{10.4}$$

$$f_c bx + f'_y A'_s + f'_a A'_{af} - f_y A_s - f_a A_{af} + N_{aw} = 0 \tag{10.5}$$

持久、短暂设计状况时，γ_{RE} 取为 1.0。

N_{aw} 和 M_{aw} 计算如下：

当 $\delta_1 h_0 < 1.25x$，$\delta_2 h_0 > 1.25x$ 时

$$N_{aw} = \left[2.5\xi - (\delta_1 + \delta_2) \right] t_w h_0 f_a \tag{10.6}$$

$$M_{aw} = \left[\frac{1}{2}(\delta_1^2 + \delta_2^2) - (\delta_1 + \delta_2) + 2.5\xi - (1.25\xi)^2 \right] t_w h_0^2 f_a \tag{10.7}$$

$$\xi = x/h_0 \tag{10.8}$$

$$\xi_b = \frac{0.8}{1 + \dfrac{f_y + f_a}{2 \times 0.003 E_s}} \tag{10.9}$$

混凝土受压区高度 x 尚应符合下列公式要求

$$x \leqslant \xi_b h_0 \tag{10.10}$$

$$x \geqslant a'_a + t_f \tag{10.11}$$

式中　t_f、t_w、h_w——型钢翼缘厚度、型钢腹板厚度和截面高度；

　　　　f_a、f'_a——型钢的抗拉、抗压强度设计值；

　　　　A_{sf}、A'_{af}——型钢受拉翼缘和受压翼缘的截面面积；

其余符号意义如图 10.7 所示。

2. 斜截面承载力计算

（1）截面尺寸限制条件 研究表明，型钢混凝土梁的受剪承载力上限值为 $0.45f_cbh_0$，比钢筋混凝土梁高得多，这主要是因为型钢对梁的受剪承载力贡献很大。因此，对型钢混凝土梁，为防止其发生斜压破坏，除应限制其剪压比外，还应限制其型钢比，即型钢混凝土梁的受剪截面应符合下列条件：

型钢比应满足

$$f_a t_w h_w \geq 0.1\beta_c f_c bh_0 \tag{10.12}$$

剪压比应满足：

持久、短暂设计状况

$$V_b \leq 0.45\beta_c f_c bh_0 \tag{10.13}$$

地震设计状况

$$V_b \leq (0.36\beta_c f_c bh_0)/\gamma_{RE} \tag{10.14}$$

式中 V_b——型钢混凝土梁的剪力设计值；

其余符号意义同前。

（2）受剪承载力计算 试验结果表明，型钢混凝土梁的斜截面受剪承载力，大致等于型钢腹板和外包混凝土两部分的受剪承载力之和，并可近似地认为型钢腹板处于纯剪状态，即 $\tau_{xy} = (1/\sqrt{3})f_a = 0.58f_a$。基于上述考虑，对采用充满型、实腹型的无洞型钢混凝土框架梁，其斜截面受剪承载力可按下列公式计算：

均布荷载作用下，持久、短暂设计状况时

$$V_b \leq 0.08f_c bh_0 + f_{yv}\frac{A_{sv}}{s}h_0 + 0.58f_a t_w h_w \tag{10.15}$$

地震设计状况

$$V_b \leq (0.06f_c bh_0 + 0.8f_{yv}\frac{A_{sv}}{s}h_0 + 0.58f_a t_w h_w)/\gamma_{RE} \tag{10.16}$$

集中荷载作用下，持久、短暂设计状况时

$$V_b \leq \frac{0.2}{\lambda+1.5}f_c bh_0 + f_{yv}\frac{A_{sv}}{s}h_0 + \frac{0.58}{\lambda}f_a t_w h_w \tag{10.17}$$

地震设计状况时

$$V_b \leq \left(\frac{0.16}{\lambda+1.5}f_c bh_0 + 0.8f_{yv}\frac{A_{sv}}{s}h_0 + \frac{0.58}{\lambda}f_a t_w h_w\right)/\gamma_{RE} \tag{10.18}$$

式中 A_{sv}——配置在同一截面内的箍筋各肢总截面面积；

s——箍筋间距；

λ——梁验算截面的剪跨比，$\lambda = a/h_0$，其中 a 为验算截面（取集中荷载作用点）至支座截面或节点边缘的距离；

f_{yv}——箍筋的抗拉强度设计值；

其余符号意义同前。

10.4.3 型钢混凝土柱承载力计算

1. 正截面承载力计算

对于配置充满型、实腹型的型钢混凝土框架柱（图 10.8），其正截面受压承载力计算与

型钢混凝土梁类似，可按下列公式计算

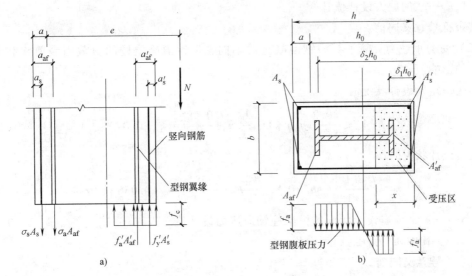

图 10.8　型钢混凝土偏心受压柱正截面应力图形

$$N \leqslant \frac{1}{\gamma_{RE}}(f_c bx + f_y' A_s' + f_a' A_{af}' - \sigma_s A_s - \sigma_a A_{af} + N_{aw}) \tag{10.19}$$

$$Ne \leqslant \frac{1}{\gamma_{RE}}[f_c bx(h_0 - x/2) + f_y' A_s'(h_0 - a_s') + f_a' A_{af}'(h_0 - a_a') + M_{aw}] \tag{10.20}$$

$$\sigma_s = \frac{\xi - 0.8}{\xi_b - 0.8} f_y, \quad \sigma_a = \frac{\xi - 0.8}{\xi_b - 0.8} f_a \tag{10.21}$$

持久、短暂设计状况时，γ_{RE} 取为 1.0。

框架柱内型钢腹板的轴向承载力 N_{aw} 和受弯承载力 M_{aw} 可按下列公式计算：

1）大偏心受压柱，当 $\delta_1 h_0 < 1.25x$，$\delta_2 h_0 > 1.25x$ 时，分别采用式（10.6）和式（10.7）计算。

2）小偏心受压柱，当 $\delta_1 h_0 < 1.25x$，$\delta_2 h_0 < 1.25x$ 时

$$N_{aw} = (\delta_2 - \delta_1) t_w h_0 f_a \tag{10.22}$$

$$M_{aw} = \left[\frac{1}{2}(\delta_1^2 - \delta_2^2) + (\delta_2 - \delta_1)\right] t_w h_0^2 f_a \tag{10.23}$$

上述各式中的符号意义与式（10.4）~（10.11）相同，未说明的符号意义如图 10.8 所示。

2. 斜截面承载力计算

（1）截面尺寸限制条件　与型钢混凝土梁类似，型钢混凝土柱的受剪截面应符合下列条件：

1）型钢比应满足式（10.12）的要求。

2）剪压比应满足：

持久、短暂设计状况时 $\qquad V_c \leqslant 0.45 f_c b h_0 \tag{10.24}$

地震设计状况时

$$V_c = (0.36 f_c b h_0)/\gamma_{RE} \tag{10.25}$$

式中　V_c——柱的剪力设计值；

其余符号意义同前。

（2）受剪承载力计算　与型钢混凝土梁不同，型钢混凝土柱的斜截面受剪承载力应考虑轴力的影响。

持久、短暂设计状况时

$$V_c \leqslant \frac{0.2}{\lambda+1.5} f_c b h_0 + f_{yv}\frac{A_{sv}}{s}h_0 + \frac{0.58}{\lambda}f_a t_w h_w + 0.07N \tag{10.26}$$

地震设计状况时

$$V_c \leqslant \left(\frac{0.16}{\lambda+1.5}f_c b h_0 + 0.8f_{yv}\frac{A_{sv}}{s}h_0 + \frac{0.58}{\lambda}f_a t_w h_w + 0.056N\right)/\gamma_{RE} \tag{10.27}$$

式中　N——考虑地震设计状况的框架柱轴向压力设计值，当 $N>0.3f_c A_c$ 时，取 $N=0.3f_c A_c$，

其中 A_c 为柱的截面面积；

其余符号意义同前。

10.4.4　型钢混凝土梁柱节点设计

型钢混凝土框架梁柱节点考虑抗震等级的剪力设计值 V_j，应按下述公式计算。

1. 型钢混凝土柱与型钢混凝土梁或钢筋混凝土梁连接的梁柱节点

1）一级抗震等级

顶层中间节点

$$V_j = 1.05\frac{(M_{buE}^l + M_{buE}^r)}{Z} \tag{10.28}$$

其他层的中间节点和端节点

$$V_j = 1.05\frac{(M_{buE}^l + M_{buE}^r)}{Z}\left(1 - \frac{Z}{H_c - h_b}\right) \tag{10.29}$$

2）二级抗震等级

顶层中间节点

$$V_j = 1.05\frac{(M_b^l + M_b^r)}{Z} \tag{10.30}$$

其他层的中间节点和端节点　$V_j = 1.05\frac{(M_b^l + M_b^r)}{Z}\left(1 - \frac{Z}{H_c - h_b}\right) \tag{10.31}$

式中　M_{buE}^l、M_{buE}^r——框架节点左、右两侧型钢混凝土梁或钢筋混凝土梁的梁端考虑承载力抗震调整系数的正截面受弯承载力对应的弯矩值；

　　　M_b^l、M_b^r——考虑地震设计状况的框架节点左、右两侧为型钢混凝土梁或钢筋混凝土梁的梁端弯矩设计值；

　　　H_c——节点上柱和下柱反弯点之间的距离；

　　　Z——梁端上部和下部钢筋合力点或梁上部钢筋加型钢上翼缘和梁下部钢筋加型钢下翼缘合力点或型钢上下翼缘合力点之间的距离；

　　　h_b——梁截面高度，当节点两侧梁高不相同时，梁截面高度 h_b 应取其平

均值。

2. 型钢混凝土柱与钢梁连接的梁柱节点

1）一级抗震等级

顶层中间节点

$$V_j = 1.05 \frac{(M_{au}^l + M_{bu}^r)}{Z} \qquad (10.32)$$

其他层的中间节点和端节点

$$V_j = 1.05 \frac{(M_{au}^l + M_{au}^r)}{Z} \left(1 - \frac{Z}{H_c - h_a}\right) \qquad (10.33)$$

2）二级抗震等级

顶层中间节点

$$V_j = 1.05 \frac{(M_a^l + M_a^r)}{Z} \qquad (10.34)$$

其他层的中间节点和端节点

$$V_j = 1.05 \frac{(M_a^l + M_a^r)}{Z} \left(1 - \frac{Z}{H_c - h_a}\right) \qquad (10.35)$$

式中　M_{au}^l、M_{au}^r——框架节点左、右两侧钢梁的正截面受弯承载力对应的弯矩值，其值应按实际型钢面积和材料标准值计算；

　　　M_a^l、M_a^r——框架节点左、右两侧钢梁的梁端弯矩设计值；

　　　h_a——型钢截面高度，当节点两侧梁高不相同时，梁截面高度 h_a 应取其平均值。

3. 考虑地震设计状况的框架节点

框架节点受剪的水平截面应符合下列条件：

$$V \leqslant \frac{1}{\gamma_{RE}} (0.4 \eta_j f_c b_j h_j) \qquad (10.36)$$

式中　h_j——框架节点水平截面的高度，可取 $h_j = h_c$，h_c 为框架柱的截面高度；

　　　b_j——框架节点水平截面的宽度，当 b_b 不小于 $b_c/2$ 时，可取 b_c，当 b_b 小于 $b_c/2$ 时，可取 $b_b + 0.5h_c$ 和 b_c 二者的较小值，此处 b_b 为梁的截面宽度，b_c 为柱的截面宽度；

　　　η_j——梁对节点的约束影响系数，对两个正交方向有梁约束的中间节点，当梁的截面宽度均大于柱截面宽度的 $1/2$，且框架次梁的截面高度不小于主梁截面高度的 $3/4$ 时，可取 $\eta_j = 1.5$，

其他情况的节点，可取 $\eta_j = 1.0$。

4. 一、二级抗震等级的框架节点的受剪承载力计算：

1）型钢混凝土柱与型钢混凝土梁连接的梁柱节点

一级抗震等级

$$V_j \leqslant \frac{1}{\gamma_{RE}} \left[0.3 \phi_j \eta_j f_c b_j h_j + f_{yv} \frac{A_{sv}}{s} (h_0 - a_s') + 0.58 f_a t_w h_w \right] \qquad (10.37)$$

二级抗震等级

$$V_j \leq \frac{1}{\gamma_{RE}}\left[\phi_j\eta_j\left(0.3+0.05\frac{N}{f_cb_ch_c}\right)f_cb_jh_j+f_{yv}\frac{A_{sv}}{s}(h_0-a'_s)+0.58f_at_wh_w\right] \tag{10.38}$$

2）型钢混凝土柱与钢筋混凝土梁连接的梁柱节点

一级抗震等级

$$V_j \leq \frac{1}{\gamma_{RE}}\left[0.14\phi_j\eta_j f_cb_jh_j+f_{yv}\frac{A_{sv}}{s}(h_0-a'_s)+0.2f_at_wh_w\right] \tag{10.39}$$

二级抗震等级

$$V_j \leq \frac{1}{\gamma_{RE}}\left[\phi_j\eta_j\left(0.14+0.05\frac{N}{f_cb_ch_c}\right)f_cb_jh_j+f_{yv}\frac{A_{sv}}{s}(h_0-a'_s)+0.2f_at_wh_w\right] \tag{10.40}$$

3）型钢混凝土柱与钢梁连接的梁柱节点

一级抗震等级

$$V_j \leq \frac{1}{\gamma_{RE}}\left[0.25\phi_j\eta_j f_cb_jh_j+f_{yv}\frac{A_{sv}}{s}(h_0-a'_s)+0.58f_at_wh_w\right] \tag{10.41}$$

二级抗震等级

$$V_j \leq \frac{1}{\gamma_{RE}}\left[\phi_j\eta_j\left(0.25+0.05\frac{N}{f_cb_ch_c}\right)f_cb_jh_j+f_{yv}\frac{A_{sv}}{s}(h_0-a'_s)+0.58f_at_wh_w\right] \tag{10.42}$$

式中　ϕ_j——节点位置影响系数，对中柱中间节点取 $\phi_j=1.0$，边柱节点及顶层中间节点取 $\phi_j=0.7$，顶层边节点取 $\phi_j=0.4$；

　　N——考虑地震设计状况的节点上柱底部的轴向压力设计值，当 $N>0.5f_cb_ch_c$ 时，取 $N=0.5f_cb_ch_c$；

　　t_w——柱型钢腹板厚度；

　　h_w——柱型钢腹板高度；

　　A_{sv}——配置在框架节点宽度 b_j 范围内同一截面内箍筋各肢的全部截面面积。

10.4.5　型钢混凝土剪力墙、钢板混凝土剪力墙设计

当核心筒墙体承受的弯矩、剪力和轴力较大时，核心筒墙体可采用型钢混凝土剪力墙或钢板混凝土剪力墙，就是在剪力墙两端设置型钢暗柱、上下有型钢暗梁、中间设置钢板，形成钢—混凝土组合剪力墙。

1. 正截面承载力计算

考虑端部钢骨作用后，无端柱和有端柱的钢骨混凝土剪力墙在压弯作用下，在已知轴力设计值时，其正截面受压承载力计算与普通钢筋混凝土剪力墙、型钢混凝土柱类似，应满足下式要求

$$M \leq M_{wu}/\gamma_{RE} \tag{10.43}$$

式中，M_{wu} 为正截面受弯承载力，其计算方法与普通钢筋混凝土矩形和 I 形截面剪力墙相同，计算公式中用 $A_sf_{sy}+A_af_{ay}$ 代替 A_sf_y，$A'_sf'_{sy}+A'_af'_{ay}$ 代替 $A'_sf'_y$；在剪力墙墙肢中部的钢骨是否参加受力，可由平截面假定分析确定，也可近似考虑中和轴两边各 x 距离内的钢骨不参加剪力墙受弯承载力计算，x 为压弯截面的受压区高度。非抗震设计时，γ_{RE} 取为 1.0。

2. 斜截面承载力计算

（1）截面尺寸限制条件

持久、短暂设计状况时

$$V_{cw} \leqslant 0.25 f_c b_w h_{w0} \qquad (10.44)$$

$$V_{cw} = V - \left(\frac{0.3}{\lambda} f_a A_{a1} + \frac{0.6}{\lambda - 0.5} f_{sp} A_{sp} \right) \qquad (10.45)$$

地震设计状况时

剪跨比 λ 大于 2.5 时

$$V_{cw} \leqslant (0.20 f_c b_w h_{w0}) / \gamma_{RE} \qquad (10.46)$$

剪跨比 λ 不大于 2.5 时

$$V_{cw} \leqslant (0.15 f_c b_w h_{w0}) / \gamma_{RE} \qquad (10.47)$$

$$V_{cw} = V - \left(\frac{0.25}{\lambda} f_a A_{a1} + \frac{0.5}{\lambda - 0.5} f_{sp} A_{sp} \right) / \gamma_{RE} \qquad (10.48)$$

式中 V——剪力墙截面承受的剪力设计值;

$\quad V_{cw}$——仅考虑钢筋混凝土截面承担的剪力设计值;

$\quad \lambda$——计算截面的剪跨比,当 $\lambda < 1.5$ 时取 $\lambda = 1.5$,当 $\lambda > 2.2$ 时取 $\lambda = 2.2$,当计算截面与墙底之间的距离小于 $0.5 h_{w0}$ 时,λ 应按距离墙底 $0.5 h_{w0}$ 处的弯矩值和剪力值计算;

$\quad A_{a1}$——剪力墙一端配置的型钢的截面面积,当两端配置型钢截面面积不同时,取较小一端的面积;

A_{sp}、f_{sp}——剪力墙墙身所配钢板的横截面面积和抗压强度设计值;

$\quad$ 其余符号意义同前。

(2) 受剪承载力计算

持久、短暂设计状况

$$V \leqslant \frac{1}{\lambda - 0.5} \left(0.5 f_t b_w h_{w0} + 0.13 N \frac{A_w}{A} \right) + f_{yv} \frac{A_{sh}}{s} h_{w0} + \frac{0.3}{\lambda} f_a A_{a1} + \frac{0.6}{\lambda - 0.5} f_{sp} A_{sp} \qquad (10.49)$$

有地震设计状况时

$$V \leqslant \left[\frac{1}{\lambda - 0.5} \left(0.4 f_t b_w h_{w0} + 0.1 N \frac{A_w}{A} \right) + 0.8 f_{yv} \frac{A_{sh}}{s} h_{w0} + \frac{0.25}{\lambda} f_a A_{a1} + \frac{0.5}{\lambda - 0.5} f_{sp} A_{sp} \right] / \gamma_{RE}$$

$$(10.50)$$

式中 N——考虑地震设计状况的剪力墙所受的轴向压力设计值,当 $N > 0.2 f_c b_w h_w$ 时,取 $N = 0.2 f_c b_w h_w$;

$\quad$ 其余符号意义同前。

10.4.6 型钢混凝土结构的构造要求

1. 型钢混凝土构件中型钢板件的高厚比

型钢混凝土构件中型钢板件的高厚比不宜超过表 10.1 规定。

2. 型钢混凝土梁的构造要求

1) 为了保证外包混凝土与型钢的粘结性能以及构件的耐久性,同时为了便于浇筑混凝土,梁的混凝土强度等级不宜低于 C30,混凝土粗骨料最大直径不宜大于 25mm;梁中型钢的保护层厚度不宜小于 100mm，梁纵筋骨架的最小净距不应小于 30mm，且不小于梁纵筋直径的 1.5 倍；型钢采用 Q235 和 Q345 级钢材。

表 10.1　型钢板件的高厚比限值

钢号	梁		柱		
			H 形、十字形、T 形截面		箱形截面
	b/t_f	h_w/t_w	b/t_f	h_w/t_w	h_w/t_w
Q235	23	107	23	96	72
Q345	19	91	19	81	61
Q390	18	83	18	75	56

2）梁纵向钢筋配筋率不宜小于 0.30%。纵向受力钢筋不宜超过二排，且第二排只宜在最外侧设置，以便于钢筋绑扎及混凝土浇筑。

3）梁中纵向受力钢筋宜采用机械连接。如纵向钢筋须贯穿型钢柱腹板并以 90°弯折固定在柱截面内，抗震设计的弯折前直段长度不应小于 0.4 倍钢筋抗震锚固长度 l_{abE}，弯折直段长度不应小于 15 倍纵向钢筋直径；非抗震设计的弯折前直段长度不应小于 0.4 倍钢筋锚固长度 l_{ab}，弯折直段长度不应小于 12 倍纵向钢筋直径。

4）型钢混凝土梁上开洞高度不宜大于梁截面高度的 0.4 倍，且不宜大于内含型钢高度的 0.7 倍，并应位于梁高及型钢高度的中间区域。

5）型钢混凝土悬臂梁自由端无约束，而且挠度也较大，为保证混凝土与型钢的共同变形，悬臂梁自由端的纵向受力钢筋应设置专门的锚固件，型钢梁的自由端上宜设置栓钉以抵抗混凝土与型钢间的纵向剪力。

6）为增强型钢混凝土梁中钢筋混凝土部分的抗剪能力，以及加强对箍筋内部混凝土的约束，防止型钢的局部失稳和主筋压曲，型钢混凝土梁沿梁全长箍筋的配置应满足下列要求：

① 箍筋的最小面积。配筋率 ρ_{sv}：一、二级抗震等级应分别大于 $0.30f_t/f_{yv}$ 和 $0.28f_t/f_{yv}$，三、四抗震等级应大于 $0.26f_t/f_{yv}$；非抗震设计，当梁的剪力设计值大于 $0.7f_tbh_0$ 时，应大于 $0.24f_t/f_{yv}$；抗震与非抗震设计均不应小于 0.15%。其中，f_t 表示混凝土抗拉强度设计值，f_{yv} 表示箍筋抗拉强度设计值。

② 梁箍筋的直径和间距应符合表 10.2 的要求，且箍筋间距不应大于梁截面高度的 1/2。抗震设计时，梁端箍筋应加密，箍筋加密区范围，一级时取梁截面高度的 2.0 倍，二、三级时取梁截面高度的 1.5 倍；当梁净跨小于梁截面高度的 4 倍时，梁全跨箍筋应加密设置。

表 10.2　型钢混凝土梁箍筋直径和间距　　　　　　　　　　（单位：mm）

抗震等级	箍筋直径	非加密区箍筋间距	加密区箍筋间距
一	≥12	≤180	≤120
二	≥10	≤200	≤150
三	≥10	≤250	≤180
四	≥8	250	200

注：非抗震设计时，箍筋直径不应小于 8mm，箍筋间距不应大于 250mm。

3. 型钢混凝土柱的构造要求

（1）轴压比要求　型钢混凝土柱的轴压比 μ_N 可按下式计算

$$\mu_N = N/(f_c A_c + f_a A_a) \tag{10.51}$$

式中　N——考虑地震设计状况的柱轴向压力设计值;

A_a、A_c——型钢的截面面积和扣除型钢后的混凝土截面面积;

f_a、f_c——型钢的抗压强度设计值和混凝土的抗压强度设计值。

为了保证型钢混凝土柱的延性,当考虑地震设计状况时,按式(10.51)确定的轴压比不应大于表 10.3 规定的限值。

表 10.3　型钢混凝土柱轴压比限值

抗震等级	一	二	三
轴压比限值	0.70	0.80	0.90

(2) 基本构造要求

1) 为了保证型钢混凝土柱的耐久性、耐火性、粘结性能以及便于浇筑混凝土,柱的混凝土强度等级不宜低于 C30,混凝土粗骨料的最大直径不宜大于 25mm;型钢柱中型钢的保护层厚度不宜小于 150mm,柱纵筋与型钢的最小净距不应小于 30mm。同时柱中纵向受力钢筋的间距不宜大于 300mm,间距大于 300mm 时,宜设置直径不小于 14mm 的纵向构造钢筋,以使混凝土受到充分的约束。柱纵向钢筋百分率不宜小于 0.8%。

2) 当型钢混凝土柱的型钢含钢率太小时,就没有必要采用型钢混凝土柱。所以,柱内型钢含钢率,不宜小于 4%。一般型钢混凝土柱比较合适的含钢率为 5%~8%,比较常用的含钢率为 4% 左右。另外,为充分利用型钢混凝土柱的受压承载力,其长细比不宜大于 80。

(3) 柱箍筋的构造要求

1) 为了增强混凝土部分的抗剪能力和加强对箍筋内部混凝土的约束,防止型钢失稳和主筋压曲,避免构件过早出现纵筋劈裂和混凝土保护层剥落,柱内应设置足够的箍筋。箍筋宜采用 HRB335 和 HRB400 级热轧钢筋,箍筋应做成 135° 的弯钩,非抗震设计时弯钩直段长度不应小于 5 倍箍筋直径,抗震设计时弯钩直段长度不应小于 10 倍箍筋直径。此外,在结构受力较大的部位,如底部加强部位、房屋顶层以及型钢混凝土与钢筋混凝土交接层,除需设置足够的箍筋外,型钢混凝土柱的型钢上宜设置栓钉,型钢截面为箱形的柱子也宜设置栓钉,竖向及水平栓钉间距均不宜大于 250mm,以防止型钢与混凝土之间产生相对滑移。

2) 型钢混凝土柱箍筋的直径和间距应符合表 10.4 的规定。抗震设计时,柱端箍筋应加密,加密区范围取柱矩形截面长边尺寸(或圆形截面直径)、柱净高的 1/6 和 500mm 三者的最大值,剪跨比不大于 2 的柱,其箍筋均应全高加密,箍筋间距均不应大于 100mm。加密区最小体积配箍率应符合 $\rho_v \geqslant 0.85\lambda_v f_c/f_y$。非加密区箍筋最小体积配箍率不应小于加密区最小体积配箍率的一半,剪跨比不大于 2 的柱不应小于 1.0%,9 度抗震设计时尚不应小于 1.3%。

表 10.4　柱箍筋直径和间距　　　　　　　　(单位: mm)

抗震等级	箍筋直径	非加密区箍筋间距	加密区箍筋间距
一	≥12	≤150	≤100
二	≥10	≤200	≤100
三、四	≥8	≤200	≤150

4. 型钢、钢板混凝土剪力墙的构造要求

（1）轴压比要求　抗震设计时，一、二级抗震等级的型钢、钢板混凝土剪力墙底部加强部位，其重力荷载代表值作用下墙肢的轴压比 μ_N 可按下式计算

$$\mu_N = N/(f_c A_c + f_a A_a + f_{sp} A_{sp}) \tag{10.52}$$

式中　N——重力荷载代表值下墙肢的轴向压力设计值；

其余符号含义同前。

按式（10.52）确定的轴压比不应大于表 6.8 剪力墙墙肢轴压比限值。

（2）基本构造要求　型钢、钢板混凝土剪力墙在楼层标高处宜设置暗梁；端部配置型钢的混凝土剪力墙，型钢的保护层厚度宜大于 100mm，水平分布钢筋应绕过或穿过墙端型钢，且应满足钢筋锚固长度要求；端部有型钢混凝土柱和梁的现浇钢筋混凝土剪力墙，剪力墙水平分布钢筋应绕过或穿过周边型钢，且应满足钢筋锚固长度要求；当间隔穿过时，宜另加补强钢筋。周边柱的型钢、纵向钢筋、箍筋配置应符合型钢混凝土柱的设计要求。

（3）钢板混凝土剪力墙尚应满足下列构造要求：

1）钢板混凝土剪力墙中的钢板厚度不宜小于 10mm，也不宜大于墙厚的 1/15。

2）钢板混凝土剪力墙的墙身分布钢筋配筋率不宜小于 0.4%。分布钢筋间距不宜大于 200mm，宜与钢板可靠连接。

3）钢板与周围型钢构件宜采用焊接；钢板与混凝土墙体之间连接件的构造要求按现行《钢结构设计规范》执行。

4）在钢板墙角部 1/5 板跨且不小于 1000mm 范围内，钢筋混凝土墙体分布钢筋、抗剪栓钉间距宜适当加密。

5. 节点及连接的构造要求

型钢混凝土梁柱节点区的箍筋间距不宜大于柱端加密区箍筋间距的 1.5 倍。由于在柱中型钢翼缘上开梁的纵筋贯通孔，对柱的抗弯十分不利，所以当梁中钢筋穿过梁柱节点，宜避免穿过型钢翼缘；如必须穿过型钢翼缘，应考虑型钢柱翼缘的损失。一般情况下可在柱中型钢腹板上开梁的纵筋贯通孔，但应控制孔洞的数量及大小，使型钢腹板截面损失率不宜大于 25%；当超过 25% 时，应进行补强。

在型钢混凝土结构中，钢梁或型钢混凝土梁内型钢与型钢混凝土墙内型钢暗柱的连接，宜采用刚性连接（图 10.9a），此时梁纵向受力钢筋伸入墙内的长度应满足受拉钢筋的锚固要求；也可采用铰接（图 10.9b）。在这两种连接方式中，钢梁通过预埋件与混凝土筒体的型钢暗柱连接，此时预埋件在墙内应有足够的锚固长度。钢梁或型钢混凝土梁内型钢与钢筋混凝土筒体墙的连接，一般宜做成铰接。此时应在钢筋混凝土墙的相应部位设置预埋件，并用高强螺栓将钢梁或型钢混凝土梁内型钢的腹板与焊在预埋件上的竖向钢板相连接，如图 10.9c 所示。

6. 钢筋混凝土核心筒、内筒的构造要求

钢筋混凝土核心筒、内筒的设计除了满足第 8 章的规定外，尚应满足：抗震设计时，钢框架—钢筋混凝土核心筒结构的筒体底部加强部位分布钢筋的最小配筋率不宜小于 0.35%，筒体其他部位分布钢筋不宜小于 0.30%；框架—钢筋混凝土核心筒混合结构的筒体底部加强部位约束边缘构件沿墙肢的长度宜取墙肢高度的 1/4，筒体底部加强部位以上墙体宜按第 6 章讲述的剪力墙结构设置约束边缘构件的规定。

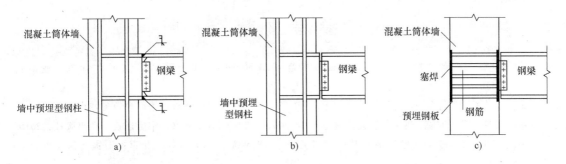

图 10.9 钢梁和型钢混凝土梁与钢筋混凝土筒体的连接构造示意图

10.5 钢管混凝土柱设计

钢管混凝土是在钢管内注入混凝土后形成的合构件。从狭义上讲，钢管混凝土仅指圆形钢管，因为方形钢管对核心混凝土套箍作用不明显；从广义上来讲，凡是在钢管内填入混凝土而形成的组合结构都属于钢管混凝土结构。早期的钢管混凝土构件多采用圆钢管，目前方形、矩形等异形钢管混凝土已在高层建筑中应用。

钢管混凝土结构形式具有承载力高、抗震性能好、构造简单、施工方便、耐火性能较好、经济效果好等优点。

高层建筑结构中圆形钢管混凝土构件及节点设计可按《高规》附录 F 进行设计。

钢管混凝土柱应满足以下构造要求：

1）柱的长细比不宜大于 80；钢管壁厚不宜小于 8mm；圆形钢管直径不宜小于 400mm；矩形钢管截面短边尺寸不宜小于 400mm，钢管截面高宽比不宜大于 2，当其截面最大边尺寸不小于 800mm 时，宜采取在柱子内壁上焊接栓钉、纵向加劲肋等构造措施。

2）圆形钢管混凝土柱的套箍指标 $f_a A_a / f_c A_c$ 不应小于 0.5，也不宜大于 2.5；轴向压力偏心率 e_0 / r_c 不宜大于 1.0（e_0 为偏心距，r_c 为核心混凝土横截面半径）；圆形钢管外径与壁厚的比值 D/t 宜为 $(20 \sim 100) \sqrt{235/f_y}$。

3）矩形钢管混凝土柱的轴压比应按式（10.51）计算，并不宜大于表 10.3 的限值；钢管管壁板件的边长与其厚度的比值不应大于 $60\sqrt{235/f_y}$。

思 考 题

10-1 混合结构体系有哪些？一般由哪些构件组成？

10-2 混合结构结构布置有哪些特殊要求？

10-3 混合结构在进行结构分析时与一般钢筋混凝土结构的分析方法有何异同？

10-4 型钢混凝土构件在进行承载力设计时，与普通混凝土构件有何异同？

10-5 型钢混凝土梁在构造上应满足哪些要求？

10-6 型钢混凝土柱在构造上应满足哪些要求？

10-7 型钢混凝土剪力墙和钢板混凝土剪力墙在构造上应满足哪些要求？

10-8 钢管混凝土构件有哪些类型？查阅《高规》，了解其推荐的圆形钢管混凝土构件设计的方法。

参 考 文 献

[1] 中国建筑科学研究院. 混凝土结构设计规范：GB 50010—2010 [S]. 北京：中国建筑工业出版社，2010.

[2] 中国建筑科学研究院. 建筑结构荷载规范：GB 50009—2012 [S]. 北京：中国建筑工业出版社，2012.

[3] 中国建筑科学研究院. 建筑抗震设计规范：GB 50011—2010 [S]. 北京：中国建筑工业出版社，2016.

[4] 中国建筑科学研究院. 建筑地基基础设计规范：GB 50007—2011 [S]. 北京：中国建筑工业出版社，2012.

[5] 中国建筑科学研究院. 高层建筑混凝土结构技术规程：JGJ 3—2010 [S]. 北京：中国建筑工业出版社，2010.

[6] 中国建筑科学研究院. 高层民用建筑钢结构技术规程：JGJ 99—2015 [S]. 北京：中国建筑工业出版社，2015.

[7] 中国建筑科学研究院. 组合结构设计规范：JGJ 138—2016 [S]. 北京：中国建筑工业出版社，2016.

[8] 哈尔滨工业大学. 钢管混凝土结构设计与施工规程：CECS 28—2012 [S]. 北京：中国计划出版社，2012.

[9] 吕西林. 高层建筑结构 [M] 3 版. 武汉：武汉工业大学出版社，2012.

[10] 钱稼茹，赵作周，叶列平. 高层建筑结构设计 [M]. 2 版. 北京：中国建筑工业出版社，2012.

[11] 史庆轩、梁兴文. 高层建筑结构设计 [M]. 2 版. 北京：科学出版社，2013.

[12] 沈蒲生. 高层建筑结构设计 [M]. 2 版. 北京：中国建筑工业出版社，2012.

[13] 刘立平. 高层建筑结构 [M]. 武汉：武汉大学出版社，2016.

[14] 周云. 高层建筑结构设计 [M]. 2 版. 北京：中国建筑工业出版社，2012.

[15] 戴葵. 高层建筑结构设计 [M]. 武汉：武汉理工大学出版社，2015.

[16] 熊仲明，王社良. 高层建筑结构设计题库及题解 [M]. 北京：中国水利水电出版社，2004.

[17] 包世华，方鄂华. 高层建筑结构设计 [M]. 2 版. 北京：清华大学出版社，1990.

[18] 方鄂华. 高层建筑钢筋混凝土结构概念设计 [M]. 北京：机械工业出版社，2004.

[19] 包世华. 新编高层建筑结构 [M]. 北京：中国水利水电出版社，2001.

[20] 程选生，何睛光，等. 高层建筑结构设计理论 [M]. 北京：机械工业出版社，2010.

[21] 翟爱良. 混凝土结构设计原理 [M]. 北京：中国水利水电出版社，2012.

[22] 郭仁俊. 高层建筑框架—剪力墙结构设计 [M]. 北京：中国建筑工业出版社，2004.

[23] 程文瀼，等. 混凝土结构：中册 [M]. 5 版. 北京：中国建筑工业出版社，2012.

[24] 傅学怡. 实用高层建筑结构设计 [M]. 北京：中国建筑工业出版社，1999.

[25] 黄东升. 剪力墙结构的分析与设计 [M]. 北京：中国水利水电出版社，2006.

[26] 唐兴荣. 高层建筑转换层结构设计与施工 [M]. 北京：中国建筑工业出版社，2002.

[27] 刘大海，杨翠如. 型钢、钢管混凝土高楼计算和构造 [M]. 北京：中国建筑工业出版社，2003.

[28] 聂建国，刘明，叶列平. 钢—混凝土组合结构 [M]. 北京：中国建筑工业出版社，2002.

[29] 徐培福，黄小坤. 高层建筑混凝土结构技术规程理解与应用 [M]. 北京：中国建筑工业出版社，2003.

[30] 叶列平，等. 混凝土框架结构的抗连续倒塌设计方法 [M] //陈肇元，等. 建筑与工程结构抗连续倒塌分析与设计方法. 北京：中国建筑工业出版社，2010.

[31] 中国建筑科学研究院 PKPMCAD 工程部. 高层建筑结构空间有限元分析与设计软件 SATWE [M]. 北京：中国建筑工业出版社，2003.